生态养殖技术丛书

生 态 养 鹅

● 许小琴　王志跃　杨海明　主编

中国农业出版社

图书在版编目（CIP）数据

生态养鹅/许小琴，王志跃，杨海明主编．—北京
：中国农业出版社，2011.12
（生态养殖技术丛书）
ISBN 978-7-109-16251-8

Ⅰ．①生⋯　Ⅱ．①许⋯②王⋯③杨⋯　Ⅲ．①鹅—饲
养管理　Ⅳ．①S835.4

中国版本图书馆 CIP 数据核字（2011）第 231527 号

中国农业出版社出版
（北京市朝阳区农展馆北路 2 号）
（邮政编码 100125）
责任编辑　颜景辰　肖　邦

中国农业出版社印刷厂印刷　　新华书店北京发行所发行
2012 年 4 月第 1 版　2012 年 4 月北京第 1 次印刷

开本：850mm×1168mm　1/32　印张：10　插页：2
字数：248 千字
定价：26.00 元
（凡本版图书出现印刷、装订错误，请向出版社发行部调换）

本书有关用药的声明

　　兽医科学是一门不断发展的学问。用药安全注意事项必须遵守，但随着最新研究及临床经验的发展，知识也不断更新，治疗方法及用药也必须或有必要做相应的调整。建议读者在使用每一种药物之前，参阅厂家提供的产品说明以确认推荐的药物用量、用药方法、用药的时间及禁忌等。医生有责任根据经验和对患病动物的了解决定用药量及选择最佳治疗方案。出版社和作者对任何在治疗中所发生的，对患病动物和/或财产所造成的损害不承担任何责任。

中国农业出版社

编 委 会

生态养鹅指根据不同养殖生物间的共生互补原理，利用自然界物质循环系统，在一定的养殖空间内，通过相应的技术和管理措施，使鹅和其他生物在同一环境中共同生长，以生产出安全、健康的鹅产品，在保持生态平衡的同时提高效益的一种养殖方式。它是介于散养和集约化养殖之间的一种规模化养殖方式，既有散养条件下产品品质优良的特点，又符合标准化规模养殖的要求，是切合养殖户自身情况、又能较好地满足社会需求的一种养殖模式。

鹅以食草为主，养鹅业是节粮型畜牧业，发展养鹅不会与人、畜争粮。另外，鹅抗病力强、用药少，瘦肉率高、脂肪含量低，且脂肪中以不饱和脂肪酸居多，胆固醇含量低，是人们理想的优质蛋白质食品来源，符合当今人们膳食结构调整的要求，越来越受到人们的青睐。养鹅业已成为近年来畜牧业中发展最快的行业之一，也已成为一些地区农业中的支柱产业。

本书从鹅场建造与环境控制、饲料与营养、鹅品种与高效繁育技术、鹅生态养殖管理、鹅疾病综合防控技术以及鹅病的中西医结合防治等方面，详细介绍了生态养鹅的各个环节，为养殖场（户）、农技推广员、兽医工作者以及大专院校相关专业师生提供了有益帮助和参考。

本书在编写过程中得到了很多领导和专家的支持和帮助，也引用了不少最新的学术论文（著作），在此一并表示衷心感谢。

我们本着认真负责的态度编写了本书，但因水平和时间所限，不当之处在所难免，恳请同行专家和广大读者不吝指正。

编　者

2012 年 2 月

目录

第一章

生态养鹅概况

一、我国养鹅业的现状及存在的问题

我国鹅品种资源丰富，饲养历史悠久。长期以来，我国鹅的饲养量和出栏量均居世界首位，但我国鹅产业仍存在产业化水平低，生产方式相对落后，良种繁育体系尚不完善，产品深加工相对滞后和科技支撑相对薄弱等问题。

（一）我国养鹅业现状

1. **鹅品种资源丰富**　我国是世界上鹅饲养、驯化最早，品种资源最丰富的国家之一。由于我国幅员辽阔，自然生态条件多样，不同时期的经济文化背景不同，对鹅的选择和利用目的不同，逐步形成了具有不同遗传特性和生产性能的 30 个地方品种。拥有闻名世界的地方品种，如豁眼鹅、四川白鹅繁殖力高，狮头鹅体型大，溆浦鹅产肥肝性能优良等。

2. **鹅饲养的区域化优势明显**　我国鹅饲养的区域化明显，主要分布在长江流域、东北和南方一些地区。据统计，2007 年，四川、重庆、湖南、江苏、河南、安徽、黑龙江、吉林、辽宁、内蒙古、江西、广东和广西 13 个省、自治区、直辖市中鹅存栏量 2.04 亿只,占全国总存栏量 2.38 亿只的 85.71%;出栏量 5.57 亿只,占全国出栏量 6.08 亿只的 91.61%。2008 年,鹅的存栏量 1.92 亿只,占全国总存栏量 2.21 亿只的 86.88%;出栏量 5.12 亿只,占全国总出栏量 5.58 亿只的 91.72%。

3. 政府扶持力度加强　政府在一定程度上加强了对鹅产业的资金和技术方面的扶持。为了加强科学技术对产业的支撑作用,财政部和农业部全面启动了 50 个现代农业产业技术体系,水禽产业是技术体系之一。另外,为了有效保护我国现有的 62 个地方水禽良种(其中鸭 32 个、鹅 30 个),国家已在福建石狮和江苏泰州建立了两个国家级水禽基因库,进行重要品种活体异地的保种工作。国家支持水禽良种项目力度也在不断加大,2007 年支持项目 7 个、2008 年 10 个、2009 年达 20 多个,鼓励进行品种资源保护和资源开发利用。

4. 产业科研贡献突出　科研院校为我国的鹅产业发展提供了强有力的技术支持,使我国在鹅的品种培育、饲料营养、疾病防疫、品种资源保护和种草养鹅配套技术等方面都取得了喜人的成绩。扬州大学与扬州市农林局联合选育的扬州鹅于 2002 年通过省级畜禽新品种审定,2006 年通过国家级畜禽新品种审定,并且迅速在省内外推广应用,年饲养量超过 2 000 万只。四川农业大学培育的天府肉鹅于 2011 年通过国家级畜禽新品种审定,表现出良好的推广应用前景。

在鹅的营养需要研究方面,以江苏省为例,经过十多年的研究,已建立了鹅饲料代谢能生物学评价的基本方法、饲料消化率的评价方法、氨基酸利用率评价方法,基本完成了仔鹅能量、蛋白质和主要氨基酸需要量的研究。另外,鹅粗纤维利用机理的研究也取得了有价值的进展。

5. 龙头企业发展迅速　随着水禽业的发展,国内涌现出了一批以鹅产品加工为特色的龙头企业,带动了鹅业产业化经营,如江苏省的常州市四季鹅业有限公司、江苏洪泽湖食品有限公司、山东六和集团和河南华英集团等。这些企业充分发挥了开拓市场、引导生产、深化加工等方面的作用，形成了种鹅繁育、商品鹅饲养、产品加工与销售一体化的产业化生产方式，促进了我国水禽产业的发展。

6. **市场前景广阔**　首先，我国鹅的养殖量大，产品占世界鹅产品的份额较大，在世界鹅产业化生产中占据主导地位；鹅的繁殖率较低，不容易产生产品过剩的现象；鹅以食草为主，耗粮较少，适于人工管理方式，发展养鹅业，符合发展"节粮型畜牧业"的要求。养鹅前景看好。

其次，鹅抗病力强、用药少，鹅肉化学药物残留低、营养成分全面，更符合集营养、保健、安全于一体的绿色食品的要求。鹅肉还具有食疗价值，其胆固醇含量低，微量元素和氨基酸种类齐全；其中，赖氨酸、丙氨酸比鸡肉高 30％，组氨酸比鸡肉高 70％。近年来，随着人们生活质量的提高，绿色安全的水禽产品越来越受到消费者的青睐。

（二）养鹅产业化发展中存在的问题

近年来，虽然我国鹅产业化发展已初具规模，产业化经营水平得到了较大的提高，体系化建设逐步完善，但在产业化发展过程中却暴露出不容忽视的问题。

1. **政府扶持力度有待进一步加强**　近年来，虽然国家加强了对鹅产业的资金和技术方面的扶持，但很多地方仍存在经费不足的现象。例如，有些地方鹅品种已列入国家畜禽遗传资保护名录，但仍存在没有保种经费或者保种经费不足的情况。很多保种工作由企业来承担，造成资金等方面的压力较大。另外，一些企业的生产方式落后，产品加工技术含量较低，发展资金不足，加工设备难以更新，发展出现"利润低、加工程度较低"的瓶颈现象。

2. **饲养方式相对落后**　从全国的情况来看，与肉鸡、蛋鸡相比，鹅的养殖技术和养殖水平较为落后，饲养方式较为粗放，养殖设施和设备简陋；饲养条件及环境较差；养殖密度大；庭院饲养和小规模大群体散养仍占较大比重。随着产业化的发展，鹅的粗放式饲养方式已不能满足生产的需要，阻碍了鹅产业化的发展。

3. **缺乏完善的繁育供种体系**　多数鹅的原种场规模小，选育和繁育手段落后，没有建立种鹅的一二级繁育体系。种群缺乏系统选育，群体整齐度差，本品种选育、品系选育和配套系杂交利用滞后。导致品种混杂，生产、孵化和育雏性能退化，良种推广工作进展缓慢等，严重影响了鹅业的快速发展和经济效益。

另外，鹅的繁殖率较低和季节性繁育也制约了养鹅业规模化和产业化的发展。鹅的繁育具有很强的季节性，因此孵化和出栏也具有一定的季节性。春、夏季牧草旺盛，鹅往往处于休产期，这些都在一定程度上影响了饲料的利用率，造成鹅产品季节性供应不均衡，限制了鹅产业的发展。

4. **缺乏鹅的饲养标准**　我国尚未制定鹅的饲养标准。在配制鹅饲料时，企业和养殖户大多参照美国 NRC（1994）或者苏联（1985）制定的家禽营养需要量标准，并根据实际养殖经验进行配制。NRC（1994）推荐的营养水平中，0～4 周龄的钙、磷、蛋氨酸、胱氨酸以及 4 周龄后的粗蛋白水平需要量的数据均较低，影响了鹅生长性能的发挥，降低了饲料转化率和经济效益。而且，微量元素及维生素 A、维生素 D、维生素 E、维生素 K、烟酸、核黄素、胆碱和叶酸等的需要量都没有明确的规定，相关的研究报道也比较少。另外，也有部分饲养场使用的饲料是用蛋鸡料或者肉鸡料配制而成的，这些都在一定程度上制约了产业的发展。因此，深入研究并制定我国鹅的饲养标准是产业化生产的必然要求，迫在眉睫。

5. **疾病防控和环境保护难度大**　长期以来，我国养鹅业一直在疾病防治等方面存在这样或那样的问题。种蛋的孵化过程中，消毒不严；养殖户防疫意识淡薄，饲养分散，防疫工作难以统一；一些大的养殖场缺乏科学管理，没有正规的免疫程序，不能做到全进全出，容易导致大群饲养交叉感染。另外，一些养殖场的环境保护意识薄弱，虽然鹅的规模养殖和孵化对环境污染极其严重，但却没有对粪便进行资源化和无公害化处理。此外，鹅的活动污染了周边的水域，无法保证它们自身的饮水和采食安全，这些不仅增大了疾病防疫和控制的难度，也影响了产品的卫生安全。

6. 市场信息体系建设尚不完善　鹅生产缺乏专门的行业协会和完善的产业化信息系统。种鹅场及商品鹅场的生产管理、品种资源等信息不能得到及时的交流，无法实现资源共享和有效利用。养殖户或者小型企业难以了解到国内外鹅产品的市场前景、价格水平、价格变动趋势、对产品品质的要求、相关产业动态等市场信息，不能准确判断市场的供求关系、市场风险、生产成本和收益。这在一定程度上会造成盲目生产和供求失衡等问题。

（三）鹅产业化发展的新思路

针对我国鹅产业化的现状，必须以国家政策扶持为基础，实行"六统一分"的管理模式和市场牵龙头、龙头带动基地、基地连农户的经营模式，加快鹅产业化建设的进程。

1. 进一步加强政策扶持　扶持不仅仅表现在资金方面，更表现在技术方面、产学研的结合方面；另外，还要扶持地方龙头企业以带动产业发展。鹅的养殖方式和加工技术相对落后，科技含量相对偏低，为了进一步加快鹅的产业化发展，不但应该加强对高校和研究单位的资金扶持，加强鹅营养需要、专用饲料和疫苗开发的研究；还必须加快科技成果的转化，及时推广新产生的研究成果和先进技术，并将科学养鹅的配套技术推广到企业和养殖户，促进鹅的产业化进程。

另外，通过提供贷款、改革引导、支持技术改造、更新工艺流程、研制开发新产品等措施，做大做强龙头企业，积极推进产销一体化的经营模式。以龙头企业来内联养殖户、外联国内和国际市场，从而引导、带动、辐射鹅产业化的发展，并建设一批相关的主导产品、服务组织和商品基地。

2. 加强地方产业协会建设　按照自愿互利的原则，建立各种类型的经济合作组织和地方产业协会，切实代表企业和养殖户的利益。地方产业协会共同分析市场的供求、养殖风险、生产成本和收益，统一品种、统一配方、统一技术，并与其他企业签订长期稳定的购销合同，实现产加销一体化，形成从基地规模生产到企业加工销售的良性循环。同时，产业协会建设将鹅的饲养管理和销售连接起来，能够规范鹅的产业化生产，这既可以避免生产的盲目性，又可以抵御市场和自然风险，保障养殖者的利益。

3. 建立、完善良种繁育体系　鹅的育种繁育要比鸡滞后很多，加快良种选育进程，改善主导品种不突出的问题是鹅产业发展的重点。以地方品种为主，根据市场需求，进行遗传改良和杂交配套。同时，针对部分地方鹅品种的退化现象，建立种鹅的一二级繁育体系，解决鹅的繁育体系不健全、群体整齐度差和生产性能退化等问题，尤其要培育出适应市场需要的专门化品系。加强国家水禽基因库的建设，在对我国现有地方鹅品种资源进行保护的基础上，有针对性地对其进行选育和开发。另外，建设完善一批鹅的扩繁场，提高优质鹅苗的供应能力，以提高良种的覆盖率。

鹅繁殖性能低并具有较强的季节性，制约了养鹅业产业化的发展。采用"北繁南养"、"秋繁冬养"等模式可以提高种鹅的繁殖率。鹅的繁殖性能在一定程度上受到温度和光照的影响。北方气温较南方低，高温持续时间短，这些有利于降低鹅的热应激，提高产蛋量。"秋繁冬养"模式可有效地改善春季休产的情况，使鹅更大程度地利用春、夏季的牧草，提高经济效益。

4. 制定鹅的饲养标准　鹅与鸡、鸭虽然具有相似的消化生理特点，但鹅具有比较发达的盲肠，其耐粗饲性更强，能够采食高纤维饲料。为此，要根据鹅的消化生理特点配制日粮，研究不同生长阶段鹅的营养需要，制定鹅的饲养标准，这是现阶段鹅产业化生产的必然要求。我国是养鹅大国，饲养量约占世界总饲养量的90%。我国也应该加强对鹅的遗传育种、生理生化和营养需求等方面的研究，加快研究鹅的营养需要特点，为鹅饲养标准的制订提供科学依据。

5. **统一卫生防疫体系**　防疫过程中，应该采用"六统一分"的管理模式，即统一品种、统一饲料配方、统一防疫治病、统一技术指导、统一保险（签订养鹅保险协议）、统一产品收购（设立收购保护价），分户饲养管理。健全鹅的防疫规程，对于规模化的养殖企业应全面推广程序化、制度化的防疫规范；对于农户散养、牧场和小区养鹅，应统一防疫，严格按照免疫程序实施强制免疫，确保小鹅瘟、副黏病毒、禽流感及禽霍乱等鹅重点疫病的免疫接种。

6. **加强市场信息体系建设**　完善鹅产业体系信息系统，将中国乃至世界鹅的保种信息、生产信息以及销售信息分类整理，建立科学准确、反应灵敏的信息体系。不仅可以了解当前的产品需求、价格波动、产品质量标准以及贸易形式，还可以研究潜在的市场需求及市场发展趋势。不仅可以看到国内市场，还要看到国际市场，及时反馈市场动态。不仅增加宏观调控和规划的准确性，还要为用户提供信息交流的平台，减少鹅养殖的风险。

二、生态养鹅的概念

生态养鹅指根据不同养殖生物间的共生互补原理，利用自然界的物质循环系统，在一定的养殖空间和区域内，通过相应的技术和管理措施，使鹅和其他生物在同一环境中共同生长，以生产出绿色食品和有机食品，同时能够保持生态平衡、提高养殖效益的一种养殖方式，它是介于散养和集约化养殖之间的一种规模化养殖方式；它既有散养的特点——产品品质高、口感好，也有集约化养殖的特点——饲养量大、生长相对较快、经济效益高。

三、生态养鹅的重要意义

生态养鹅把不同养殖生物合理地连接在一起，形成一个养殖整体，各种养殖生物之间相互促进和协调发展。这种养殖模式不但能够实现生态平衡，遏制环境污染，而且具有显著的经济效益和社会效益。

（一）养殖生物间具有互促、协调作用

生态养鹅是根据不同养殖生物间的共生互补原理，把多种生物的养殖活动连接在一起，形成一个完整的养殖体系，起到相互促进和协调发展的作用。已经应用的鹅的生态养殖模式中，大多数是"种草养鹅"模式的发展和延伸，如"草＋鹅"、"稻＋萍＋鹅"、"稻＋草＋鹅"、"稻＋马铃薯＋鹅"、"果/林＋草＋鹅"、"大棚瓜＋草＋鹅"、"鱼/虾＋草＋鹅"等。在生态养殖过程中，种植稻和瓜时的耕作次数多、施肥量大，有效地提高了萍和草的品质，这种轮作对鹅的疾病传播起到一定的隔离作用，增加了鹅的防疫效果。同时，豆科及禾本科牧草的根系发达，能积累大量的有机质，增加土壤腐殖质的含量，而养鹅过程中产出的大量鹅粪经发酵后直接用于土壤追肥，增加土壤有机质的含量，增强保水保肥能力，减少了化肥用量，能够提高稻、瓜和果等的产量与品质。因此，生态养鹅模式充分发挥了不同养殖生物间相互促进的作用。

（二）提升环境效益

生态养鹅利用自然界的物质循环系统，可以有效地遏制生态

环境的恶化，保持生态平衡。这里以"鱼/虾＋草＋鹅"模式为例作以简单介绍。传统、单一的鱼、虾养殖模式，不但用水量大，而且随着大量换水，施用的大剂量药品对环境也造成很大的破坏；同时对于鱼塘底质也造成难以估量的损害，使鱼塘生态环境遭到极大的破坏，恶性病源微生物大量增殖，农户的连续饲养使得生态环境的破坏更加严重。如果采用鱼、虾塘的"种草养鹅"模式，清塘后种草，未利用的饲料和化学肥料沉淀到池底变成了淤泥，种植的草吸取塘底淤泥中的肥料，消化底泥中的有机物质，基本不需要额外施肥；加之四周塘埂避风等有利条件，牧草生长速度快，产量高，同时避免了水土污染（连续饲养中，沉积的饲料和化学肥料会变成消耗氧气、污染水质的废弃物）。这些草可以供仔鹅食用，合理的放养密度和分批套养可以提高牧草的利用效率，同时放牧饲养改善了鹅肉的品质，造成环境污染的粪便还可以作为鱼虾的饲料。这种互补、循环的生态养殖模式，不仅充分利用了现有资源，把过剩的饲料和工业废料转化成饲草喂鹅；鹅的粪便又作为鱼虾的饲料，而且减少了对环境的污染和生态的破坏，提高了整个生产体系的稳定性。

（三）提升经济效益

生态养鹅合理地利用了空间，提高了资源的利用率。"种草养鹅"可以充分利用优越的自然环境和丰富饲料资源优势，采用放牧为主的饲养方式，以大量野草、藻种等野生动植物为饲料，适当补饲小麦、稻谷等原粮，节约了饲料成本，提高了饲养效益，改善了鹅肉品质。"果/林＋草＋鹅"的养鹅模式充分利用农村闲地进行林间空地养鹅，远离村庄，利于防疫；同时减少了疫病发生的概率，降低了饲养成本，提高了鹅肉品质，达到了效益长短相结合、项目种养相结合的要求，实现了"种养结合，长、短期效益互补"的良性循环。"鱼/虾＋草＋鹅"的模式充分利用了虾塘的休闲期，发展种草养鹅，充分挖掘了土地的利用率和产出率，营造了适宜鱼虾栖息生长的环境条件，有利于鱼虾的稳产高产，并为发展鹅业经济拓展了新的空间。总之，生态养鹅充分利用了空间，降低了养殖成本，改善了鹅肉品质，促进了相关动植物的生长，实现了人类生产力和生产资料的结合而带来的经济效益的叠加。

（四）提升社会效益

随着人们生活水平的提高，人们的环保意识逐渐加强，同时更加注重食品安全。我国是鹅产业大国，存栏量、出栏量和肉出口量均居世界首位，鹅的产品要进入国际市场，必须达到世界食品安全标准。而在提供优质、安全的鹅产品方面，生态养鹅是可行、高效的养殖模式。

生态养鹅能够充分利用农村的剩余劳力。鹅的饲养周期短，生态养鹅是在其他养殖生物特定的生产阶段时开始进行的，时间相对固定，可充分利用农村富余的劳动力资源，为促进农民增收，建设社会主义新农村增添了新途径。

总之，发展生态养鹅具有现实意义。首先，它不仅能为社会提供安全、优质、无公害的产品，而且能实现资源充分、合理地利用；其次，发展生态农业为新农村建设夯实了经济基础，有利于社会主义新农村建设。生态养鹅作为生态农业的一部分，是农业可持续发展的必由之路之一。

四、生态养鹅的发展

养鹅业是我国传统养殖产业，是畜牧业的重要组成部分，距今已有几千年的历史。20 世纪 80 年代以前，我国养鹅业主要以农户小规模散养为主，饲养量少，养殖较为分散，这种饲养方式与生态养鹅较为接近，可以看做是生态养鹅的前体。20 世纪 80年代开始，我国南方地区的养鹅业逐渐开始规模化，传统的农户小规模散养逐步向集约化、工厂化发展，饲养规模也逐渐扩大。

20 世纪 90 年代以来，随着人们对于鹅产品需求量的增加，鹅产业开始在全国范围内发展，工厂化的规模养殖方式充分利用了养殖空间，能在较短的时间内饲养并出栏大量的鹅，能够较好地满足市场对鹅产品量的需求；同时还可获得较高的经济效益，但鹅肉的口感相对较差。随着人们生活水平的提高和对无公害食品要求的提高，用集约化、工厂化养殖方式生产出来的鹅产品已不能满足广大消费者日益增长的消费需求，而农村小规模饲养的、不喂全价配合饲料的散养鹅的产品却备受消费者的欢迎。但其产量低、数量少，产品供不应求。为了满足消费者对这种鹅产品的需求，现代生态养鹅作为一种新的养殖模式便应运而生。

可以说，生态养鹅是在农户小规模饲养的基础上发展起来的，并逐步发展成以"种草养鹅"为主的多种形态的养殖模式，如"稻＋萍＋鹅"、"稻＋草＋鹅"、"稻＋马铃薯＋鹅"、"果/林＋草＋鹅"、"大棚瓜＋草＋鹅"、"鱼/虾＋草＋鹅"等，充分利用了果园、山林、草地、高秆作物地以及滩涂、荒山等自然资源，鹅可以自由采食野菜、草籽、昆虫等。这种饲养模式节约了饲养成本，减少了饲喂量；能有效清除害虫和杂草，具有生物除虫的功效，减少劳动力的投入和药物灭虫对粮食的污染；增强了机体的抵抗力及免疫调节能力；提高了肉品质和风味，较好地满足了消费者的需要。

科研工作者在"种草养鹅"等生态养鹅模式领域已做了大量研究工作。Timmler（1994）报道了鹅对红三叶、白三叶和苜蓿草消化率的研究；Tsai 等（1998）研究了不同的纤维源（大麦麸、果胶、稻谷壳、木质素）对鹅肠道的形态结构影响；王健（2002）以扬州鹅为试验素材，对鹅进行了不同纤维源的纤维利用率的研究；周秀丽（2004）研究了不同日粮纤维对食糜流通速度的影响；王娟娟（2007）研究了鹅对羊草的利用效果；张亚俊（2008）研究了不同纤维素水平对仔鹅生产性能的影响。这些都为促进"种草养鹅"等生态养鹅模式的推广奠定了良好的基础。

现代生态养鹅是有别于农村一家一户散养和集约化、工厂化养殖的一种养殖方式，是介于散养和集约化养殖之间的一种规模养殖方式。相对于散养，生态养鹅更注重保持生态平衡和区域内生物间的互促共生；相对于集约化、工厂化养殖方式来说，生态养鹅充分利用了鹅在自然生态环境下自身的生长发育规律取得快速生长，而不是在人为制造的生长环境或促生长剂条件下取得违反自身原有的生长发育规律的快速生长。随着人们生活质量的提高，国际社会对环境污染和无公害食品等越来越重视，这种能够改善肉品质、减少环境污染的生态养殖方式将是鹅产业发展的必然趋势。

第二章 鹅场建造与环境控制

第一节 选址与布局

一、鹅场的位置选择

鹅场场址选择的适合与否，是影响鹅饲养管理方式、鹅产品质量和经济效益的关键因素之一，选择时要综合考虑生产需要、建场任务和地方资源等情况，以及将来发展的可能性。场址的位置选择主要包括对场地的地形地势、水源水质、地质土壤、气候条件及鹅舍朝向、青绿饲料供应或放牧条件以及周围环境、交通和电力等因素的全面考察。

1. **远离城镇** 城镇是非农业人口集中的地区，对鹅产品的需求量大，可促进养鹅业的发展。随着鹅场规模的扩大，集约化程度越来越高，虽然可就地解决副食品的供应问题，但因周围的土地有限，需大量购进饲料，产生的大量鹅粪和污水难以就地处理；加之这些地区的农民收入较高，宁可购施化肥也不用粪肥，而从经济效益考虑鹅场又无力对粪尿及污水进行无害化处理，导致恶臭和其他环境污染。因此，鹅场距离城镇太近，不但会影响城镇环境卫生，同时也会受到城镇工厂所排放的"三废"及噪声的污染，还可能与城镇今后的发展发生矛盾。与此同时，由于鹅场的交通要求便利，距离饲料厂和生活物资销售点不宜太远，否则会大大增加生产和生活物资的运输费用及蛋品的破损率。因此，鹅场与城镇之间应有一个适宜的距离，距离的远近与城镇的大小、鹅场的性质和规模、交通运输等条件有关。总之，鹅场的场址选择必须服从城镇和村镇的建设规划，充分考虑鹅场的中长期发展，充分考虑与农、林、牧、渔业的协调发展。

2. 地势地形　鹅场的地势地形关系到光照、通风和排水等条件，虽然鹅可在水中生活，但其舍内却要保持干燥，不能潮湿，更不能被水淹。地势要向阳、避风，以保持场区小气候状况相对稳定，减少冬雪侵袭，特别是避开西北方向的山口和长形谷地。鹅场的地面要平坦而稍有坡度，以便排水，防止积水和泥泞。陆上运动场连接水上运动场的地面应有坡度，但不能是陡壁，坡度一般 30°～45°即可。

地形要开阔整齐，场地不要过于狭长或边角太多，边角太多会增加防护设施的投资。鹅舍用地的面积应根据饲养数量而定，占地不宜过大，在不影响饲养密度的情况下应尽量缩小。陆上运动场的面积必须充足，最好留有一定的发展空间。场地内阳光必须充足，鹅舍照射阳光愈多，病原微生物被杀死得愈多，鹅患病的可能性也随之降低。鹅舍四周可栽种低矮的树木。

鹅舍及陆上运动场应选在地势高燥，至少高出当地历史洪水线以上，并略向水面倾斜的地方。建筑用地要远离沼泽地区，因为潮湿的沼泽地是鹅体内外寄生虫和蚊、蛀生存聚集的场所。平原地区一般场址地下水位要低于建筑物地基 0.5 米，以利于排水；在靠近河流、湖泊的地区，则场址位置比当地水文资料中记载的最高水位高 1～2 米；山区建场宜选在较平缓的坡上，坡面向阳，鹅场总坡度不超过 14°，建筑区坡度应在 1.4°以内。

3. 水源水质　在鹅场中，鹅的饮食、饲料的调制、鹅舍和用具的清洗，以及饲养管理人员的生活，都需要使用大量的水；同时，鹅的放牧、洗浴和交配等也都离不开水源。因此，鹅舍的建设首先要考虑到水源。鹅是水禽，需水量大，故不论是地面水还是地下水，在任何时间都应确保有水。

水源应符合下列要求：①水量要充足，既要能满足鹅场内的生产、生活用水，又要能满足鹅的放牧、洗浴等所需用水；②水质要求良好，不经处理即能符合饮用标准的水最为理想。此外，在选择时要调查当地是否因水质而出现过某些地方性疾病等；③水源要便于保护，以保证水源经常处于清洁状态，不受周围环境污染；④要求取用方便，设备投资少，处理技术简便易行。

鹅场采用的水源归纳起来可分为四大类。

（1）地面水，包括江、河、湖、塘及水库等。地面水一般来源广、水量足，又由于其本身有较好的自净能力，所以是养鹅中最广泛使用的水源。但这些水主要是由降水或地下水汇集而成，其水质及水量受自然条件的影响较大，易受污染；特别是容易受到生活污水及工业废水的污染，因此常常引起疾病流行或慢性中毒。最好选择水源大，且是流动的地面水作为水源。供饮用的地面水一般应进行人工净化和消毒处理。

（2）地下水，是降水和地面水经过地层的渗滤和积聚而成。这种水源受污染的机会较少，较洁净，但要注意水中的矿物质含量，防止出现矿物质毒物。这类水源作为饮用及生产用水尚可保证，但作为规模较大的鹅场放牧、洗浴等用水时，就有困难。

（3）降水，以雨、雪等形式降落在地面而成。当雨、雾在大气中凝集和降落时，吸收了空气中含有各种杂质的可溶性气体而受到污染。且这类水贮存困难，水质难以保证，故一般不作为鹅场用水。

（4）自来水，一般在城镇居民比较集中的地方均用自来水，其水质、水量可靠，使用方便，是鹅场的理想用水。但成本相对较高，一般用于鹅的饮用水和人的生活用水；但清洗用水和鹅放牧时仍用此类水则会造成鹅场的饲养成本大幅度提高，通常不作为鹅场用水。

因此，鹅场可建在河流、沟渠、水塘和湖泊的边上，水面尽量宽阔，水深1～2米。水源最好是流动的，浪花小，不是主航道；同时要求水质良好，无污染，水中不含病菌和毒物，无异味。水源场的附近无畜禽加工厂、化工厂、农药厂等污染源，离居民点也不能太近，尽可能地建在工厂和城镇的上游，并注意避开水源防护区。为保证水源，应自备水箱，以备停水时应急，按每栋鹅舍每4米^{3}设1个水箱来安排。此外，水质必须定期选样检查。如果采用地下水，则需进行水质测定，包括酸碱度、硬度、透明度，有无污染源和有害化学物质等；有条件则应做水质的物理、化学和生物污染等方面的化验分析。

4. **地质土壤** 鹅场内的土壤应该具有透气性强、毛细管作用弱、吸湿性和导热性小、质地均匀、抗压性强的特点，以沙质土壤最适合，以便雨水迅速下渗。愈是贫瘠的沙性土地，渗水性愈强，也愈适于建造鹅舍。如果找不到贫瘠的沙土地，至少要找排水良好、暴雨后不易积水的土地，保证在多雨季节不会出现潮湿和泥泞。因为养鹅最主要的就是保持鹅舍内外环境的充分干燥。因此，建造鹅场前，应先收集拟定场区的地质勘察资料，观察地层的构造状况，如有无断层、陷落、塌方及地下泥沼地层，要求土壤压缩性小而均匀，能承载建筑物重量，并保证场地干燥，透气性和透水性良好，符合卫生要求。

5. **气候条件及鹅舍朝向** 在寒冷地区，隆冬的严寒影响鹅生产性能的发挥，常使许多种鹅停止产蛋，结果导致种鹅年产蛋量减少，对饲养者来说意味着经济效益的下降。故冬季养种鹅时，最好选择在不需要大的供温设施即能保温的地方建场。而在炎热的地区，夏季的酷暑以及蚊、蝇、虱、虫的骚扰，对养鹅也不利，会降低生产效益。因此从饲养场地来讲，应当尽量选择在气候长年温暖、夏季无高温、冬季无严寒的地区建立鹅场。即使未能找到很理想的场地，饲养者也可在酷暑采取相应的防暑降温措施，或在严寒季节采取相应的保温措施，这样在我国大部分地区均能养好鹅。

6. 青绿饲料供应和放牧条件　玉米、大麦、高粱、小麦、稻谷、饼类等是鹅精饲料的主要组成成分，但鹅是草食家禽，养鹅如果仅靠上述精饲料则不能充分发挥其食草性的特点，同时会增加饲养成本，所以养鹅生产必须有大量的青绿饲料供应，或有足够的放牧草地。因此，鹅场应建在草源丰富、草质优良的地方或可以人工种植牧草的荒滩废地附近。如果能充分地利用好饲草资源，则可大大减少精饲料的投入，降低饲养成本。当然，即使具有广阔的草场，也应注意分区轮牧，或者改放牧为刈割喂饲，以保护草地资源，这样有利于草场被持久利用。对缺乏天然草地的养鹅场，最好根据实际需要，进行人工栽培牧草；同时必须努力提高牧草质量和产量，提高单位草地面积的养鹅量。

7. 交通便利，电力充足　鹅场要求交通便利，场址要在物资集散地附近，与公路、铁路或水路相通，便于饲料等原材料的运入，以及鹅产品的运出；同时也便于鹅场对外宣传及工作人员外出。为了卫生防疫及减少噪声，鹅场要避开交通要道，不紧靠码头、车站等地段，离主要公路的距离至少在500米，同时修建专用道路与主要公路相连。

鹅场离不开电，舍内照明、饲料加工、孵化设施等都需要有稳定、充足的电力供应。因此选择场址时，还应重视供电条件，必须保证可靠的电力供应，最好靠近输电线路，并能保证24小时电力供应。另外，鹅场还要求通讯方便，场内应有电话、传真机及信息网络。

二、鹅场的布局

我国多采用开放式鹅舍，开放式鹅舍朝向与鹅舍采光、保温、舍内通风换气、排污效果和太阳光的利用等有关，其适宜朝向主要根据当地的太阳辐射和主导风向来选择；同时还要考虑通风效果，避免冷风渗透。我国处于北半球，多数地区夏季炎热，冬季寒冷，大部分地区最佳朝向是坐北朝南。南方和北方地区鹅舍朝向有一定差异，但鹅舍主要窗户要尽可能向南或基本向南，北方地区以西南向为宜，东部地区以南偏东最好，这样可充分利用太阳辐射，从而有利于鹅舍保温。场址在河渠附近，宜位于河渠水源的北坡，坡度向南或东南，水上运动场和室外运动场在南边，舍门也朝南或向东南开。这种朝向，冬季采光面积大，有利于保暖；夏季通风好，又不受太阳直晒，具有冬暖夏凉的特点。

开放式鹅舍的朝向与舍内排除污浊空气的效果有关。这种效果取决于鹅舍与主导风向的夹角。如果鹅舍朝向与主导风向夹角呈 0°时，从窗口吹入的气流则以最短距离到达对面窗口而流出，形成"穿堂风"，无窗的墙与对侧墙之间则相对形成无风带或称作"滞流区"；当朝向与主导风向夹角呈 90°时，即鹅舍主轴方向与风向平行，两侧窗的风压相等，此时通风效果最差；只有朝向与主导风向夹角呈 45°时，滞流区最小，通风效果也最佳。从防止冷风的渗透和加强排污效果等因素综合考虑，鹅舍朝向应取与主风向呈 30°~45°角最为适宜。

第二节　鹅场建设

一、鹅舍的类型和结构

目前我国鹅场有种鹅场和商品鹅场。种鹅场包括育雏舍、育成舍和种鹅舍，而商品鹅场只包括育雏舍和育肥舍。无论何种鹅场，鹅舍的建筑设计总的要求是冬暖夏凉，阳光充足，空气流通，干燥防潮，经济耐用，且设在靠近水源、地势较高而又有一定坡度的地方，排水良好，地面应有一定厚度的沙质土，能遮阴防晒、阻风挡雨、防止兽害。鹅虽是水禽，但鹅舍内忌潮湿，特别是雏鹅舍更是如此。

为了降低养鹅成本，鹅舍的建筑材料应就地取材。建筑竹木结构或泥木结构的简易鹅舍，也可是砖瓦顶或砖墙水泥瓦顶结构的鹅舍。养鹅数量不多时，可利用空闲的旧房舍或在墙院内，利用墙边围栏搭棚，供鹅栖息。另外，鹅生产区还应设置防止渗漏、径流且具一定容量的专用贮存设施和场所，以使鹅场避免被场区地下水等污染和鹅场本身污染。

1. 育雏鹅舍 育雏舍养育出壳至 4 周龄的雏鹅，育雏通常有地面育雏和网上育雏。育雏舍的建设要根据饲养地区气候条件、育雏季节和育雏任务来选用不同结构的育雏舍。3 周龄前的雏鹅由于绒毛稀少，体质较弱，体温调节能力差，故育雏舍建设应以保温、干燥、通风但无贼风为原则。为此，鹅舍内还应考虑有效放置供温设备的地方或设置地火龙。育雏温度要保持稳定，室温要求 20～28℃，总体变化为随日龄增加，室温逐渐下降。故育雏舍的建筑结构要求与其他鹅舍不同，一般房舍相对矮小，墙壁较厚，地面干燥，屋顶设天花板，便于安装保温设备；同时，要求通风良好，但气流不宜过速，避免贼风。

通常育雏舍檐高 2.0 米、宽 7.0 米。一般每个育雏室有效面积约 40 米^2，可容纳 3 周龄雏鹅 800 只，4 周龄雏鹅 600 只，窗户与地面面积比 1：10～15。室内再分成相互隔离的育雏间，若用活动隔离栅栏分隔育雏间，则可以为饲养员的饲养管理提供便利，并能清楚地比较各育雏间雏鹅的生长情况，每个育雏间养雏鹅 80～100 只。

鹅舍地面用沙土或干净的黏土铺平，并打实，舍内地面应比舍外地面高 20～30 厘米，以保持舍内干燥。育雏后期的地面可以为水泥地，并向一边倾斜，以利于消毒和排水。育雏鹅舍应在室内设水槽和料槽（或料盘），也可在鹅舍正前方统一设喂料场和水池。所有窗户、排水沟和通向外部的下水道都应设置铁丝网或网板，以利于废水渗漏和防止鼠害。

在南方较热的地区可采用开放式的简易育雏舍，单坡或双坡单列式，跨度5～6米，高2.0米左右。北面墙壁稍厚，或留1米左右的通道，南面设置小运动场，其面积约为房舍面积的2倍。室内设料槽和水槽，运动场设小水浴池，且运动场应稍倾斜，以利于排水。

育雏舍前是雏鹅的运动场，亦是晴天无风时的喂料场，场地应平坦且向外倾斜。雏鹅长到一定程度后，由于其在舍外的时间逐渐增加，且早春季节常有阴雨，舍外场地易遭破坏，所以应当注意场地的建筑和保养。总的原则是，场地必须平整，略有坡度，一有坑洼，即应填平，夯实，雨过即干。否则，雨天积水，鹅群践踏后泥泞不堪，易引起雏鹅跌伤、踩伤。运动场外紧接水浴池，便于鹅群浴水，池底不宜太深，且应有一定的坡度，便于雏鹅浴水后站立休息。

2. 育成鹅舍的结构　育成期鹅活动力强，对温度要求不严格，因此可参照育雏舍的结构，能遮风挡雨、冬暖夏凉、保持室内干燥即可。

3. 育肥鹅舍的结构　育肥鹅舍饲养育雏结束到上市期间的鹅，此阶段必须为鹅提供足够的活动场所。对于全舍饲的生长育肥鹅舍，除维持适宜的温度外，应注意和加强通风换气，保证空气新鲜。鹅舍一般为设有运动场的开放式鹅舍，运动场面积为房舍面积的3倍以上，必须能遮阴挡雨，抵挡热辐射。育肥舍外为舍外场地，且与水面相连，便于鹅群活动及嬉水。

育肥舍设单列式或双列式棚架。鹅舍长轴为东西走向，长方形，高度以人在其间便于管理及打扫为宜；南面可采用半敞式即砌有半墙，也可不砌墙用全敞式。舍内呈单列或双列式用竹围成棚栏，栏高0.6米，竹间距5～6厘米，以利鹅伸头采食和饮水。竹围南北两面分设水槽和食槽。水槽高15厘米，宽20厘米。食槽高25厘米，上宽30厘米，下宽25厘米。双列式围栏应在两列间留有通道，食槽则在通道两边。围栏内应隔成小栏，每栏10～15米^2，可容纳育肥鹅70～90只。这种棚舍可用竹棚架高，离地 70 厘米，棚底竹片之间有 3 厘米的孔隙，便于漏粪。也可不用棚架，鹅群直接养在地面上，但需定期打扫，常更换垫草，以保持舍内干燥。

4. 种鹅舍的建设　成年种鹅舍由鹅舍、陆上运动场和水上运动场构成，三者面积之比可以设为 1：1：1，或适当调整陆上运动场与水上运动场的比例，以增加陆上运动场的面积。目前种鹅舍有单列式和双列式，双列式种鹅舍中间为过道，两边设陆上和水上运动场。在寒冷地区的冬季北面易结冰，故不宜用双列式。种鹅舍每平方米可容纳中、小型鹅 2.5～3.5 只，大型鹅 2 只，以每舍饲养 400 只左右为宜。

北方鹅舍檐高 1.8～2 米，北面为墙，南面可设窗户，以利于保暖，窗户面积与舍内面积之比为 1：10～12；南方鹅舍檐高可提高到 3 米及以上，以利通风散热，窗户面积与舍内面积的比为 1：10～20。舍内地面为水泥地或砖砌地，以保证无鼠害或其他小型野生动物偷吃鹅蛋或惊扰鹅群。不仅如此，舍内地面应有适当坡度，饮水位置处设排水沟，舍内地面比舍外地面高 10～15 厘米，以利排水，防止舍内积水。鹅舍前设 2～3 个小门与运动场相通。种鹅舍的陆上运动场地面为夯实的沙土、黏土等，要求平整而有一定坡度，不易形成积水，最好不用水泥地，因为沙子或黏土地有利于保护鹅掌。陆上运动场和水上运动场的连接处用砖头或水泥制成，有一定坡度，水泥地设防滑面。陆上运动场向下为水上运动场，其面积与舍内面积可相等。水上和陆上运动场周围设高 1～1.2 米的围墙或围栏，中间连接处设遮阴棚。种鹅舍内设产蛋间，占地面积为舍内面积的 1/6～1/5，产蛋间地面为沙土或木板，其上为柔软垫草。鹅舍周围应种一些矮树，树阴可使鹅群免受酷暑的侵扰，保证鹅群正常生长和生产，或在水陆运动场交界处搭建凉棚。

5. 孵化场的总体布局与建筑设计要求　在采用天然孵化时，孵化室应选在较安静的地方。孵化室要冬暖夏凉，空气流通。窗离地面高约 1.5 米，窗要开得小，使舍内光线较暗，以利母鹅安静孵化。舍内地面用黏土铺平打实，并比舍外高 15~20 厘米。舍前有水陆运动场，陆上运动场应设有遮阴棚，以供雨天就巢母鹅离巢活动与喂饲之用。

人工孵化室要求，根据孵化用具大小、数量而定，具体规格质量要求如下。

（1）孵化场必须与外界保持可靠的隔离，为独立的隔离单元，有其专用的出入口。与禽舍的距离至少应保持 150 米，以免来自禽舍病原微生物的横向传播。孵化场也应远离饲料厂或饲料加工、贮存车间，防止废弃物对饲料等的污染。

（2）孵化场规模的大小可根据每周或每次入孵蛋数，每周或每次出雏数以及相应配套的入孵机与出雏数量来决定。孵化场的占地面积包括孵化室、出雏室以及附属的操作室和淋浴间等的建筑面积，以及废杂物、污水处理、厂内道路、停车场和绿化等的占地面积。

（3）孵化场的生产用房设计原则是：从种蛋进入孵化场到雏禽发送的生产流程，由一室至毗邻的另一室循环运行，不能交叉往返。

（4）孵化场用水量和排水量很大，因此，孵化场还应注意供水量与下水道的修建以及孵化场各类建筑物的要求。

二、鹅场设备

1. 饲养设备

（1）加温设备　这类设备按供温方式不同，分为电热伞、红外线灯、电热板、煤炉、火炕、烟道、暖气管和热水管等。

①电热伞：用铁皮或纤维板制成伞状，伞内四壁安装电热丝作热源，伞高 67 厘米，边长一般 100 厘米。

②红外线灯：由吹制的泡壳或者压制的玻璃制成，是一种反射灯，可以提供能精确控制的能量辐射。使用时成组连在一起悬

挂于离地面 45 厘米高处，随鹅日龄的增长而提高，灯下设护围。

③电热板：用电热合金丝作发热材料，用云母软板作绝缘材料，外包以薄金属板（铝板、不锈钢板等）进行加热的设备。

④煤炉：多用铁煤炉。安装时用木板、纤维板或白铁皮制成保温伞，用排烟管将煤烟导出育雏舍外，以防雏鹅煤气中毒。

⑤烟道：有地下烟道（即地龙）和地上烟道（即火龙）两种。由炉灶、烟道和烟囱 3 部分组成。地上烟道有利于发散热量，地下烟道可保持地面平坦，便于管理。烟道要建在育雏室内，一头砌有炉灶，用煤或柴作燃料；另一头砌有烟囱，烟囱高出屋顶 1 米以上。通过烟道把炉灶和烟囱连接起来，把炉温导入烟道内。建造烟道的材料最好用土坯，有利于保温吸热。我国北方农村所用的火炕就属于地下烟道式。

（2）喂料饮水设备

①喂料设备：常见的喂料设备有料盘、料桶、料槽和自动喂料系统。

料盘主要用于开食。其长 40 厘米，宽 40 厘米，边缘高 2～2.5 厘米，每个料盘可养雏鹅 35～40 只。料桶、料槽可用于各个饲养阶段，料桶材料为塑料或玻璃钢，容量 3～10 千克。其特点是容量大，可一次添加大量饲料，饲喂次数少，对鹅群影响小，但应注意布料均匀。育肥期料槽一般上宽 30～35 厘米，底宽 24 厘米，高 20～23 厘米，长 50～100 厘米，料槽底可比地面高出 20 厘米以防饲料浪费。种鹅用饲槽长 100～120 厘米，上宽 40～43 厘米，底宽 30～35 厘米，高 10～20 厘米；也可用直径 50～60 厘米，高 15～20 厘米的盆作饲槽。

上述各种喂料设施需人工喂料，而自动喂料系统则由人工加料于料箱，其余全部是自动化喂料，适用于地面或网上平养方式。该系统包括驱动器、料箱、料槽、输料管和转角器。饲料在驱动器钢缆的带动下，经料箱和输料管进入料槽供鹅采食。

②饮水设备：分为水盆、水槽或饮水器，有长流水式、真空式

和吊塔式等多种，若用水槽则可用水面恒定的长流水实现饮水的自动化。育雏期一般用真空式塑料小型饮水器，育成鹅和种鹅则用水盆或水槽。育肥期水槽宽 20 厘米，高 12 厘米；种鹅期水槽长 100～120 厘米，上宽 40～43 厘米，底宽 30～35 厘米，高 10～20 厘米；也可用直径 50～60 厘米，高 15～20 厘米的盆作水槽。

（3）笋筐　自温育雏或装运雏鹅用的笋筐。笋筐用竹篾编织而成。

①两层套筐：一般由筐盖、大筐和小筐拼合为套筐。筐盖直径 60 厘米，高 20 厘米，用作保温和喂料；大筐直径 50～55 厘米，高 40 厘米，内可设小筐；小筐直径略小于大筐，高 18～20 厘米，套在大筐之上半部。围条一般用苇条编制，长 15～20 米，高 60～70 厘米，育雏或抓鹅时使用。两筐底均铺垫草，筐壁四周可用棉絮等保温材料，每层可养初生雏鹅 10 只左右。

②单层竹筐：筐底及四周用垫草等保温材料，上面覆盖筐盖或其他保温材料。

（4）护板　在保温伞周围用木板、纸板或围席作护板，高 45～50 厘米，离保温伞边缘距离 70～90 厘米，随日龄的增加可逐渐拆除。

（5）栈条　长 15～20 米，高 60～70 厘米，用竹编成，供围鹅用。

（6）网板　多用于网上育雏或育肥，网板用铁丝或竹板制成，网眼大小为 1.25 厘米×1.25 厘米，若分群则可另设 50 厘米高的活动隔网。

（7）产蛋箱　种鹅场一般在鹅舍内分隔一小栏，铺以垫草作产蛋用。若需做产蛋的个体记录，则可设自闭木制产蛋箱，箱底无木板，直接放置于地上，箱前设自闭小门，箱顶为活动盖板。产蛋箱一般宽 60 厘米，深 75 厘米，高 70 厘米。

（8）运输笼　用于运输肥鹅。直径 75 厘米，高 40 厘米，笼顶设直径 35 厘米顶盖。

2. 孵化设施及设备

（1）种蛋接收与装盘室　此室的面积宜宽大些，以利于蛋盘的码放和蛋架车的运转。室温保持在 18～20℃ 为宜。

（2）熏蒸室　此室不宜过大，应按一次熏蒸种蛋的总数计算。门、窗、墙和天花板结构要严密，并设置通风装置。

（3）种蛋存放室　此室的墙壁和天花板隔热性能良好，通风缓慢而充分。设置空调机，使室温保持 13～15℃。

（4）孵化室、出雏室　此室的大小以选用孵化机的机型而定。孵化机顶板吊顶的高度应大于 1.6 米。无论双列或单列排放均应留足工作通道，孵化机前约 30 厘米处应开设排水沟，上盖铁栅栏，栅孔 1.5 厘米，并与地面保持平齐。孵化室的水泥地面应平整光滑，地面的承载能力应大于 700 千克/米²。室温保持 22～24℃。孵化室的废气通过水浴槽排出，以免雏禽绒毛被吹至户外后又被吸进风系统重新带入孵化场中。有可能的情况下，孵化场还可以设种蛋孵化的预热间。

（5）洗涤室　孵化室和出雏室旁应单独设置洗涤室，分别清洗蛋盘和出雏盘。洗涤室内应设有浸泡池。地面设有漏缝板的排水阴沟和沉淀池。

（6）雏禽处理室　用于性别鉴定和装箱，室温应保持在 25～30℃。

（7）雏禽存放室　雏禽装箱后的暂存房间，室外设雨篷，便于雨天装车。室温要求 25℃ 左右。

（8）照检室　应安装可调窗帘，以提供照蛋时所需的黑暗环境。

第三节　鹅场环境要求与控制

一、生态养鹅的环境要求与控制

鹅场应充分利用自然的地形、地势，如利用树林、河川等作

25

为场界的天然屏障。既要考虑鹅场遭受来自周围其他环境的污染、远离污染源（如化工厂、屠宰场等），又要注意鹅场是否污染周围环境（如对周围居民生活区的污染等）。对当地疫情要做周密的调查研究，要求土壤过去未被传染病或寄生虫等病原体污染，特别注意不要在旧养殖场上建场或扩建，还应重视兽医站、畜牧场、集贸市场和屠宰加工厂距拟建场的距离、方位、有无自然隔离条件等。与其他鹅场不能过于靠近，间隔应在 2 千米以上，以防给本场防疫工作带来不利影响。

此外，鹅场周围的自然环境应较为清净。鹅的胆子较小，警惕性较高，突然的巨响、嘈杂的汽车声、拖拉机声及由人引起的声音都会引起鹅群的惊恐和不安，进而影响其生长、产蛋、配种及种蛋孵化。鹅场应远离噪声工厂、居民点和其他家禽饲养场，最好相距 5 千米之外，且与屠宰场、垃圾清理站等易于传播疾病的地方也要尽可能隔离得远一些。因为许多病原体不但容易通过人员、交通工具及猪、犬、鼠等被带入，而且还会通过空气中的尘埃随风传播。鹅舍周围要建 2 米高的围墙，围墙与鹅舍距离在 30 米以上。鹅场的出入口应建消毒池，以便对出入车辆和人员进行消毒。

（一）搞好环境卫生

鹅舍、运动场要经常打扫，垫草要保持清洁干燥，且经常更换，食槽要经常洗刷，注意饲料、饮水的卫生。

（二）加强消毒

1. 鹅舍的消毒　鹅舍消毒是清除前一批鹅饲养期间累积污染最有效的措施，目的是为了下一批鹅能生活在一个洁净的环境里。以全进全出制生产系统中的消毒为例，空栏消毒的程序通常为粪污清除、高压水枪冲洗、消毒剂喷洒、干燥后熏蒸消毒或火焰消毒、再次喷洒消毒剂、清水冲洗和晾干后转入动物群。

（1）粪污清除　鹅全部出舍后，先喷洒消毒液，再将舍内的禽粪、垫草、顶棚上的蜘蛛网和尘土等扫出鹅舍。对平养地面上的鹅粪，可预先洒水，等软化后再铲除。为方便冲洗，可先对鹅舍内部喷雾、润湿舍内四壁，顶棚及各种设备的外表。

　　（2）高压冲洗　将清扫后舍内剩下的有机物去除，以提高消毒效果。冲洗前，先将非防水灯头的灯用塑料袋包严，然后用高压水龙头冲洗舍内所有的表面，不留残存物。彻底冲洗可显著减少细菌数。

　　（3）干燥　喷洒消毒药一定要在冲洗并充分干燥后再进行。干燥可使舍内冲洗后残留的细菌数进一步减少，同时避免在湿润状态消毒药浓度变稀，有碍药物的渗透，降低灭菌效果。

　　（4）喷洒消毒剂　用电动喷雾器喷洒消毒，其浓度应达 30 千克/厘米^3。消毒时应关闭所有门窗。

　　（5）甲醛熏蒸　鹅舍干燥后再进行熏蒸。熏蒸前将舍内所有的孔、缝、洞、隙用纸封严，使整个鹅舍密闭；否则会影响熏蒸效果。每 1 米^3 空间用福尔马林溶液 24 毫升、高锰酸钾 12 克，密闭 24 小时。经上述消毒后，进行舍内细菌采样培养，灭菌率达到 99% 以上时则达到消毒的要求；否则再重复进行药物消毒－干燥－甲醛熏蒸的过程。

　　育雏舍的消毒要求更为严格。平网育雏时，在育雏舍冲洗晾干后用火焰喷枪灼烧平网、围栏与铁质料槽等，然后再进行药物消毒，必要时需清水冲洗、晾干后再转入雏鹅。

　　2. 设备用具的消毒

　　（1）料槽、饮水器　对塑料制成的料槽与自流饮水器消毒时，可先用水冲刷，洗净晒干后再用 0.1% 新洁尔灭刷洗消毒。送回鹅舍，再经熏蒸消毒。

　　（2）蛋箱、蛋托　反复使用的蛋箱与蛋托，特别是送到销售点又返回的蛋箱，带有传染病原的危险很大；因此，必须严格消毒。用 2% 苛性钠热溶液浸泡与洗刷，晾干后再送回鹅舍。

（3）运鹅笼　送肉鹅到屠宰厂的运鹅笼，最好在屠宰厂消毒后再运回，否则肉鹅场应在场外设消毒点，将运回的鹅笼冲洗晒干再消毒。

3. 环境消毒

（1）消毒池　消毒池的消毒液可用 2％苛性钠或 0.2％新洁尔灭，并注意定期更换。大门前车辆通过的消毒池宽 2 米，长 4 米，水深在 5 厘米以上；人与自行车通过的消毒池宽 1 米，长 2 米，水深在 3 厘米以上。

（2）禽舍间的隙地　每季度先用小型拖拉机耕翻，将表层土壤翻入地下，然后用火焰喷枪对表层喷火，烧掉各种有机物，并定期喷洒消毒药。

（3）生产区的道路　每天用 0.2％次氯酸钠溶液等喷洒 1 次，如当天运鹅则在车辆通过后消毒。

发病的鹅场应停止鹅苗和种鹅的进入、出售和外调。对病鹅所在的场所、排泄物、污水及一切被污染的用具进行严格消毒。同时，严格处理病鹅尸体，应集中深埋，不能将尸体、内脏、羽毛和污物随意乱扔。

二、废弃物的处理

鹅场的废弃物主要是鹅粪。鹅场粪便是鹅粪和垫料的混合物。其中鹅粪含有大量的氮、磷、钾和微量元素以及各种生物酶，是一种很好的肥料资源，因此资源化利用是治理畜禽污染的首要原则，也是最高原则。畜禽场粪污经适当处理后可用作肥料，对促进农牧结合、有机农业和可持续农业的发展及农业良性循环起着重要作用。对于鹅场来说，处理和利用好鹅粪，不但可以获得更高的经济利益，还可以保持农业的可持续发展。在当今人们对绿色食品及有机食品的需求日益高涨的情况下，畜禽粪便将再度受到重视，并成为宝贵的资源。鹅粪经过处理和利用，可以化废为宝，主要用作肥料、饲料和沼气。

1. 用作肥料 虽然由于化学肥料在产量、价格、运输、保存和施用等方面占有一定的优势，但是随着人们对绿色食品需求的增加，畜禽的粪便用作为肥料的趋势将越来越明显。因为粪肥的碳氮比值较宽，氮素释放缓慢，其中所含的磷为有机磷，被土壤中无机物固定的可能性较少，相对提高了磷的肥效，所以粪肥在保持和提高土壤肥力方面的效果远远超过化肥。另外，粪便腐熟后可形成很多优质的腐殖酸，对土壤团粒结构的形成、含蓄和调节水分、促进养分吸收、保蓄肥料养分都大有好处，这些都是化学肥料所不能及的。

畜禽粪便还田前的处理方法有多种，如制作堆肥、制作液状圈肥、制作复合颗粒肥料、微波烘干、塑料大棚发酵干燥、玻璃钢大棚发酵干燥、圆筒搅拌发酵干燥和笼舍内自然干燥。对鹅粪便而言，堆肥发酵和制作复合颗粒肥料是比较实用的方法。

（1）堆积发酵 鹅的粪、尿是混合排出的，其中的氮素以尿酸形式为主。尿酸盐类不能直接被作物吸收利用，对作物根系的生长也不利，应先堆藏腐熟后再施用。

在鹅粪腐熟的过程中，温度可达 60～70℃，能杀灭粪中绝大部分的微生物、寄生虫卵和杂草种子。处理后的肥料含水量低、无臭味，属于迟效性肥料，使用安全方便。

堆积发酵过程可分为 3 个阶段：①温度上升期：一般 3～5 天。需氧微生物大量繁殖，能分解简单的有机物质，放出热量，使堆肥增温。②高温持续期：温度达 50℃ 以上后便维持在一定的范围内。此时，复杂的有机物（如纤维素、半纤维素、蛋白质）在大量嗜热菌的作用下，开始形成稳定的腐殖质，使病原菌、其他嗜中温的微生物和蛔虫卵死亡。温度持续 1～2 周，可杀死绝大部分的病原菌、寄生虫卵和害虫。③温度下降期：随着有机物质的被分解，放出的热量逐渐减少，温度开始下降到 50℃ 以下。嗜热菌逐渐减少，堆肥的体积减小，堆内形成厌氧环境，厌氧微生物的繁殖使有机物转变成腐殖质。

堆积发酵简单的方法是：①在水泥地或铺有塑料薄膜的泥地上将鹅粪堆成长条状，高 1.5～2 米，宽度 1.5～3 米，长度视场地大小和粪便多少而定。②先较为疏松地堆一层，待堆温达60～70℃，保持 3～5 天；或待堆温自然稍降后，将粪堆压实，在上面再疏松地堆加一层新鲜鹅粪。如此层层堆积直至 1.5～2 米为止，用泥浆或塑料薄膜密封。③为保持堆肥质量，若含水率超过75%最好中途翻堆，若含水率低于 65%最好泼些水。④密封后经 2～3 个月（热季）或 2～6 个月（冷季）才能启用。⑤为了使堆肥中有足够的氧气，可在堆肥中竖插或横插若干通气管。发达的国家采用堆肥法时，常用堆肥舍、堆肥槽、堆肥塔和堆肥盘等设施。优点是腐熟快、臭气少并可连续生产。

（2）制作有机肥　鹅粪中氮、磷和钾含量丰富，其中含氮0.55%，磷酸 0.50%，氧化钾 0.95%，是一种肥效高、肥力持久的优质有机肥料，通常用作基肥。

制作有机肥的这种处理方法目前越来越被广泛地应用，特别是用在特种种植和园艺植物栽培中，包括瓜果、花卉和苗木栽培等。

这种方法提高了堆肥的肥效价值。制作有机肥方法是：堆肥过程中根据鹅粪的肥效特性及植物对堆肥中营养素的特定要求，拌入一定量的无机肥及各种肥料添加物，使各种添加物经过堆肥处理后变成可被植物吸收和利用率较高的有机复合肥。

2. 用作饲料　在生产肥肝强制填饲的条件下，鹅每天摄入超量的饲料，饲料在鹅消化道内停留时间短，鹅对饲料的消化能力下降，鹅粪中常含有大量的、未经消化吸收的营养物质。填鹅的粪呈金黄色，粪中有许多还未消化的玉米碎块。据分析，鹅粪中粗蛋白质 22.9%，粗脂肪 17.4%，无氮浸出物 45.3%，粗纤维 7.7%，粗灰分 6.7%，营养相当丰富。可以将新鲜的填鹅粪直接用来喂猪和鱼，效果较好。值得注意的是，用来喂猪的鹅粪应是新鲜的，或者是立即烘干或晒干的，否则不能用作饲料。

鹅粪用作饲料是一笔很可观的经济收入。据统计，每只中型鹅在填饲期间消耗玉米以 15～20 千克计算，所排泄的鹅粪烘干后有 6 千克左右。如果能将填鹅的粪便充分利用，即等于回收填鹅饲料的 1/3 左右。

3. 生产沼气 用鹅粪便生产沼气也是解决环境污染问题的要求。鹅粪作为能源物质，最常用的方法就是制作沼气。沼气是鹅粪中的含碳有机物在厌氧环境中，经过一定的条件通过微生物发酵作用而产生的一种可燃气体，其主要成分是甲烷，占 60%～70%。沼气是一种能源，可用于照明、作燃料、发电等。沼气的发热量约为 23.5 兆焦/米^3，从热效率来看，每立方米沼气所能释放的能量，相当于燃烧 3.03 千克煤所能释放的热量。沼气发酵除了需要严格的厌氧环境和充足的有机物外，还要求温度、酸碱度、固液比例、碳氮比和发酵池的容积 5 个条件同时适宜，如果难以充分满足这些条件要求，就会出现产气时有时产气少，甚至不产气的现象。沼气发酵的类型有：高温发酵（45～55℃）、中温发酵（35～40℃）和常温发酵（30～35℃）。在我国，普遍采用的是常温发酵，其适宜的条件是：温度 25～35℃；酸碱度（pH）6.5～7.5，pH 低时可用石灰石或草木灰调节；碳氮比 25～30∶1；足够的有机物，一般每立方米沼气池加入 1.6～1.8 千克的固态原料为宜；适宜的容积，发酵池的容积以每只鹅占用 0.015 米^3 为宜。

三、环境绿色认证

环境污染已成为人类的重大威胁，它直接影响肉鹅品质的安全性。回归自然，保护人类自身健康状况，消费安全优质的营养食品已成为农产品消费的新时尚。因此，只有对养鹅生产的环境污染进行控制与监测，才能保护养鹅生产场地及其周边地区的农业生态环境，保证鹅产品质量，提高经济效益，从而获得良好的社会、经济和环境效益。

　　鹅场环境的控制主要是防止鹅生存环境的污染，同时鹅生活在该环境中，也或多或少地也影响着周围的环境。污染鹅场环境的因素有工业"三废"、农药残留、鹅的粪尿污水、死鹅尸体和鹅舍产生的粉尘及有害气体等。对鹅场的环境控制与监测主要是控制水质、土壤和空气。在养鹅场周围种植防护林，在各区间种植隔离林，在鹅舍周围道路两旁进行遮阴绿化，在空地、沙地植草覆盖。这些绿化措施，不仅可以优化养鹅场本身的生态条件，调节场区小气候状况，减少污染，而且有利于防疫。规模化养鹅场通过绿化能明显地改善场区的温度、湿度、气流等状况。尤其在鹅舍周围2～3米处，种植快速生长林木，通过修剪使树冠高出房梁，不但能遮阴降温，减少阳光对鹅舍顶的直射，降低高温对鹅群的应激危害，而且增加植树和绿地面积，还能减轻阳光热辐射对人体健康的损害，使人们在场区内能够舒适地工作、生活。绿化也同时改善了场区的卫生状况，净化了空气。规模化鹅场由于鹅群饲养量大，耗氧量相对较多，而由舍内排出的二氧化碳、氨气及硫化氢气体浓度相对较高。这些气体对鹅的健康和生产性能造成了严重的危害，同时也严重污染了场区及其周围地区的环境，危害了人体健康。而养鹅场绿化植树种草，通过绿色植物的光合作用和吸附作用，可以起到较好地净化作用，从而提高空气质量。

第三章 生态养鹅的饲料与营养

营养和饲料是发展养鹅业的物质基础。为了获得数量多、质量好的鹅肉、鹅蛋、肥肝及羽绒，在实际生产中必须根据鹅的生理特点、生活习性及营养需要，制定科学合理的日粮配方，以提高其生产水平，降低饲料成本，增加经济效益。

第一节 鹅的营养需要

同其他禽类一样，鹅不但具有体温高、代谢旺盛、呼吸频率及心跳快、生长发育快、易育肥、性成熟与体成熟早、单位体重产品率高的特性，而且还具有耐粗饲的消化特点。要发挥鹅最大的生产潜力，首先应满足于维持其健康和正常生命活动的营养需要，即维持需要；然后提供用于产蛋、长肉、长毛、肥肝等生产产品的营养需要，即生产需要。所需要的主要营养物质有能量、蛋白质、碳水化合物、矿物质、维生素和水。

一、能 量

能量是鹅一切生理活动的物质基础。鹅的呼吸、循环、消化、吸收、排泄、体温调节、运动、生产产品等都需要能量。能量存在于营养物质分子的化学键中，提供能量是有机营养物质的一种功能。碳水化合物、脂肪以及来源于体内的蛋白质分解产生的能量是鹅维持生命和生产产品所需的主要能量来源。

碳水化合物是自然界来源最多、分布最广的一种营养物质，是植物性饲料的主要组成部分。每克碳水化合物在鹅体内平均可产生17.15千焦的热能。碳水化合物可以分为无氮浸出物和粗纤维两类，前者在谷实、块根、块茎中含量丰富，比较容易被消化吸收，营养价值较高，是鹅的热能和育肥的主要营养来源。后者主要成分是纤维素、半纤维素和木质素，通常在秸秆和秕壳中含量最多，纤维素通过消化最后被分解成单糖供鹅吸收利用。鹅是草食家禽，粗纤维也是其能量的重要来源，且鹅能在腺胃提供的酸性环境（pH 3.04）及肠液提供的弱碱环境的化学作用下，与盲肠、大肠中的纤维素分解菌三者协同作用，使纤维素得以消化分解。鹅采食大量的粗纤维可起到填充作用，并可促进胃肠的发育和蠕动，对维持鹅的健康具有重要作用。但添加量不可过多，太多会降低饲料的利用率，特别是在育雏期和产蛋期，不能饲喂过多的粗纤维。

脂肪是体内能量供给和贮存的重要物质，也是鹅重要的供能物质。每克脂肪氧化可产生39.3千焦能量，是碳水化合物的2.29倍。适宜的脂肪含量能增加饲料的适口性与消化率。在肉用鹅的日粮中添加1%～2%的油脂可满足其高能量的需要，同时也能保证能量的利用率和抗热应激能力。但饲料或日粮中脂肪含量过高，则极易酸败变质，影响适口性和产品质量，生产上应尽量避免。

在鹅能量供应不足的情况下，蛋白质一般才分解供能，但其能量利用的效率不如脂肪和碳水化合物，还会增加肝、肾负担。因此，在配合日粮时，应将能量与蛋白质控制在适宜的水平。

鹅对能量的需要受品种、性别、生长阶段等不同因素的影响。一般肉用鹅比同体重蛋用鹅的基础代谢产热量高，用于维持需要的能量也多；公鹅的维持能量需要也比母鹅高；产蛋母鹅的能量需要也高于非产蛋鹅。不同生长阶段鹅对能量的需要也不同，对于蛋用型鹅，其能量需要一般前期高于后期，后备期和种用鹅的能量需要也低于生长期；对于肉用型鹅，其能量一般都维持在较高水平。另外，鹅对能量的需要还受饲养水平、饲养方式以及环境温度等因素的影响。在自由采食时，鹅有调节采食量以满足能量需要的本能。日粮能量水平低时，采食量多些；日粮能量水平高时，采食量少些。由于日粮能量水平不同，鹅采食量也会随之变化，这就会影响蛋白质和其他营养物质的摄取量。所以，在配合日粮时，应确定能量与蛋白质或氨基酸的比例，当能量水平发生变化时，蛋白质水平应按照这一比例作相应调整，避免鹅摄入的蛋白质过多或不足。对于温度的变化，在一定的范围内，鹅自身能通过调节作用来维持体温恒定，不需要额外增加能量。但超过了这一范围，就会影响鹅对能量的需要。当受到冷应激时，鹅消耗的维持能量就多；而受到热应激时，鹅的采食量往往减少，最终会影响其生长和产蛋率。为此，可以通过在日粮中添加油脂、维生素 C、氨基酸等方法来降低动物的应激反应。

二、蛋 白 质

蛋白质是由氨基酸通过肽键结合而成的具有一定结构和功能的、复杂的有机化合物，其在鹅营养中占有特殊重要的地位，是碳水化合物和脂肪所不能替代的，必须由饲料提供。蛋白质是构成各种组织，维持正常代谢、生长、繁殖等所必需的营养物质，是体组织细胞（细胞质、细胞核、细胞膜）的主要组成成分，是鹅体内的一切组织和器官，如肌肉、神经、皮肤、血液、内脏甚至骨骼以及各种产品，如羽毛、皮等的主要成分。在鹅的生命活动中，各种组织需要不断地利用蛋白质来增长、修补和更新。

由于鹅采食饲料的蛋白质经胃液和肠液中蛋白酶的作用，最终都被分解为氨基酸而被机体吸收和利用；因此，蛋白质的营养价值取决于它所含的氨基酸的种类和数量。氨基酸分为必需氨基酸和非必需氨基酸两大类。必需氨基酸是指在鹅体内不能合成，或合成的数量与速度不能满足需要，必须由饲料供给的氨基酸。非必需氨基酸，即在其鹅体内合成较多，或需要量较少，无需由饲料供给的氨基酸。鹅需要的必需氨基酸有赖氨酸、蛋氨酸、色氨酸、苯丙氨酸、亮氨酸、异亮氨酸、缬氨酸、苏氨酸、组氨酸、精氨酸和甘氨酸。在这些必需氨基酸中，往往有一种或几种必需氨基酸的含量低于动物的需要量，而且由于它们的不足限制了动物对其他氨基酸的利用，并影响到整个日粮的利用率。因此，这类氨基酸又称为限制性氨基酸。在生长鹅用玉米—豆粕型日粮中，限制性氨基酸的次序一般为蛋氨酸、赖氨酸、苏氨酸和色氨酸。饲料中适当添加赖氨酸和蛋氨酸能有效地提高饲料中蛋白质的利用率，故赖氨酸和蛋氨酸又称为蛋白质饲料的强化剂。只有必需氨基酸数量足够，比例适当，蛋白质才能发挥最大的效用。因此，在配合日粮时，要搭配多种蛋白质饲料，使它们所含的氨基酸互补。

鹅对蛋白质、氨基酸的需要量受多种因素影响：

（1）饲养水平　氨基酸摄取量与采食量呈正相关，饲养水平越高，采食量越多，摄取的氨基酸也越多。由于鹅采食量会随日粮能量浓度及环境温度而发生变化，日粮氨基酸浓度也要随之变动。

（2）生产力水平　氨基酸的需求量与鹅的生长速度和产蛋强度呈正相关。生长速度快，产蛋量多，氨基酸的需要量就高，反之则低。

（3）遗传性　不同品种或品系对氨基酸的需要量也有差异。

（4）饲料因素　鹅对蛋白质的需要与日粮氨基酸是否平衡有关。氨基酸平衡的日粮，其蛋白质水平可适当降低。生产上可根据不同饲料所含氨基酸的种类与数量，把多种饲料配合起来饲喂，相互取长补短，使氨基酸趋于平衡，以达到提高饲料蛋白质利用率的目的。当氨基酸不平衡，特别是化学结构相似的氨基酸比例失衡时，往往会发生氨基酸间的颉颃作用，使含量较少的那一种氨基酸的利用率下降，导致鹅对这种氨基酸的需要量增加。如饲料中赖氨酸过剩，会使精氨酸的需要量增加；精氨酸过剩也会影响赖氨酸的吸收；亮氨酸、异亮氨酸、缬氨酸之间也存在颉颃作用。

生产中，提高饲料蛋白质的营养价值可采取的措施如下：

(1) 配制蛋白质水平适宜的日粮　蛋白质水平过低会影响鹅的生长和产蛋率，如长期缺乏还会影响其健康，导致贫血、免疫功能降低，容易患其他疾病。蛋白质水平过高不仅造成蛋白质浪费，增加饲料成本，而且鹅容易患上痛风病，甚至瘫痪。因此，应根据鹅不同生长发育阶段和生产力水平，合理配制蛋白质水平适宜的日粮。

(2) 通过添加蛋氨酸、赖氨酸等限制性氨基酸，来提高饲料蛋白质品质，使氨基酸配比更理想。

(3) 注意日粮能量浓度与蛋白质、氨基酸的比值维持在适宜水平，可用蛋白能量比或氨基酸能量比表示。如比值过高或过低，都将影响饲料蛋白质的利用。

(4) 消除饲料中抗营养因子的影响　某些饲料，如生大豆中含有胰蛋白酶抑制因子和植物皂素，高粱中含有单宁，这些物质都会降低消化率，影响饲料蛋白质的利用。可通过加热等方法来消除这些抗营养因子的影响。

(5) 添加剂的使用　在饲料中添加一些活性物质，如蛋白酶制剂、代谢调节剂、促生长因子以及某些维生素能改善饲料蛋白质的品质，提高其利用率。

三、矿　物　质

矿物质又称无机物或灰分，其在鹅生命活动中起着重要的作用。它不仅是构成鹅骨骼、羽毛等体组织的主要组成成分，而且对调节鹅体内渗透压，维持酸碱平衡和神经肌肉正常兴奋性都具有重要的作用。同时，一些矿物元素还参与体内血红蛋白、甲状腺素等重要活性物质的形成，对维持机体正常代谢发挥着重要的功能。另外，矿物质也是蛋壳等的重要原料。现已证明，在鹅体内具有营养生理功能的必需矿物质元素有 22 种。按各种矿物质在鹅体内的含量不同，可分为常量元素和微量元素。把占鹅体重 0.01％ 以上的矿物元素称为常量元素，包括钙、磷、镁、钠、钾、氯和硫；占鹅体重 0.01％ 以下的元素称为微量元素，包括铁、锌、铜、锰、碘、硒、氟、钼、铬、硅、钒、砷、锡和镍。后几种必需元素鹅的需要量极微，实际生产中基本上不出现缺乏症。但是，如果其他矿物质元素缺乏或不足，将导致鹅物质代谢的严重障碍，生产力降低，甚至导致死亡。而这些矿物质元素如果过多则会引起机体代谢紊乱，严重时还会引起中毒和死亡。因此，日粮中提供的矿物质元素含量必须符合鹅的营养需要。

1. 鹅需要的常量元素

（1）钙与磷　钙、磷是鹅体内含量最多的矿物质，约占体内矿物质总量的 65％～70％。其中 99％ 以上的钙存在于骨骼中，余下的钙存在于血液、淋巴液及其他组织中。骨骼中的磷占全身总磷的 80％ 左右，其余的磷分布于各组织器官和体液中。钙是构成骨骼和蛋壳的重要成分，参与维持肌肉和神经的正常生理功能，促进血液凝固，并且是多种酶的激活剂。磷不仅参与了骨骼的形成，在碳水化合物和脂肪代谢，维持细胞生物膜的功能和机体酸碱平衡方面，也起着重要的作用。

鹅容易发生钙、磷缺乏症，其中缺钙更容易发生。缺钙时，雏鹅表现为关节肿大，骨端粗大，腿骨弯曲或瘫痪，胸骨呈 S 形；成年鹅蛋壳变薄，产软壳蛋、畸形蛋，产蛋率和孵化率下降。鹅缺磷时，食欲不振，生长缓慢，饲料转化率降低。日粮中钙、磷过多会影响鹅对其他营养物质的吸收和利用。钙过多，饲料适口性差，影响采食量并阻碍磷、锌、锰、铁、碘等元素的吸收；磷过多易降低钙、镁的利用率。因此，饲料中的钙和磷（有效磷）必须按适当的比例配合。鹅日粮中钙的需要量为：雏鹅为1%，种鹅为 3.2%～3.5%；总磷的需要量为 0.7%～0.75%。生产上常用骨粉、石灰石粉、磷酸氢钙等作为鹅补充钙或磷的饲料原料。

在生产实践中，有时日粮中钙、磷达到了鹅的需要量，但仍会出现钙、磷缺乏症，这是因为存在着许多影响钙、磷吸收利用的因素：①各种钙盐、磷酸盐都必须溶解后以离子形式才能被动物吸收，若消化道内 pH 过高，溶解的钙、磷会结合成不溶性的磷酸三钙，导致钙、磷的吸收减少。②饲料或日粮中钙、磷比例对其吸收有很大影响，即使在钙、磷供给充足时，比例不当也会严重影响其吸收利用。③尽管钙、磷充足，比例适当，但当维生素 D 不足时，吸收也会受到影响。④钙、磷来源不同，则其利用率不同。植物中的磷有 1/3～2/3 以上是以植酸磷的形式存在，鹅的利用率低于 30%。植物性饲料含有的草酸、脂肪酸，能与钙结合成草酸钙、皂钙等不溶物，从而影响钙的吸收利用。而动物性饲料中的钙、磷一般具有较高的利用率。⑤一些金属离子，如铁、铝、镁等与磷酸根结合形成不溶性的磷酸盐，影响了磷的吸收。由此可见，要提高饲料中钙、磷的利用率，避免鹅发生钙、磷缺乏症，必须保证日粮中含有丰富的、比例适当的钙和磷，对产蛋鹅更要注意钙的补充；同时通过添加维生素 D 和植酸酶制剂等来促进钙和磷的吸收利用。

（2）钠、氯和钾　这 3 种元素主要分布在鹅体液和软组织中，对鹅的生理功能起着重要的作用。钠能维持鹅体内的酸碱平衡、保持细胞和血液间渗透压的平衡、控制水盐代谢、维持神经肌肉的正常兴奋性和促进生长发育等作用。氯除有维持渗透压的作用外，还可以促进食欲，帮助消化。由于鹅没有贮存钠的能力，所以钠很容易缺乏。表现为采食量减少，生长缓慢，产蛋率下降，并发生啄癖。一般植物性饲料都缺乏钠和氯，通常以食盐的方式供给。鹅对食盐的需要量一般为日粮的 0.25%～0.5%，喂多了易引起食盐中毒，特别是在饲喂含盐分高的饲料（如鱼粉）时更应注意。钾有类似钠的作用，与维持水分和渗透压的平衡密切相关，并且对红细胞和肌肉的生长发育有特殊的功能。鹅对钾的需要量一般占饲料干物质的0.2%～0.3%。由于在植物性饲料中钾的含量丰富，可不必额外补充，如过量食入，会阻碍镁的吸收。

（3）镁和硫　镁是鹅体内含量较高的矿物元素，主要存在于骨髓中（约占70%），其余存在于体液、软组织和蛋壳中。镁是骨骼的组成成分，酶的激活剂，有抑制神经兴奋性等功能。镁不足时，鹅的神经、肌肉兴奋性增加，产生"缺镁痉挛症"，表现为肌肉痉挛，步态蹒跚，神经过敏，生长受阻，种鹅产蛋量下降。镁在植物性饲料中含量丰富，一般不需专门补充。

动物体内硫含量约占0.15%，大部分呈有机硫状态，几乎分布于全身所有的细胞，以胱氨酸、半胱氨酸、蛋氨酸等含硫氨基酸的形式存在于蛋白质中，以角蛋白的形式构成鹅的羽毛、爪、喙、跖、蹼的主要成分。鹅的羽毛中含硫量高达2.3%～2.4%。当动物性蛋白供应丰富时，一般不会缺硫。多数微量元素添加剂都是硫酸盐，食用这些添加剂时，鹅也不会缺硫。日粮中胱氨酸和蛋氨酸缺乏时会造成硫缺乏，可补饲硫酸钠、蛋氨酸或一些维生素以提高硫的含量。

2. 鹅需要的微量元素

（1）铁、铜和钴　这3种元素都与机体造血机能有关。铁是组成血红蛋白、肌红蛋白、细胞色素及多种氧化酶的重要成分，在动物体内仅占0.004%，担负着输送氧的作用，并参与复杂的氧化还原过程。铜与铁的代谢有关，参与了机体血红蛋白的形成，还能促进红细胞的成熟。由于饲料中含铁量丰富，而且鹅能较好地利用机体代谢产生的铁。因此，一般不易缺铁。但对于舍饲鹅或不放牧青饲料的鹅，日粮中应补铁。当鹅体内缺乏铁和铜时，则会引起贫血。缺铜还会影响骨骼发育，引起骨质疏松，出现腿病。另外，还会出现食欲不振、异食嗜症、生长缓慢，羽毛褪色，生长异常，胃肠机能障碍，运动失调和神经症状等。钴是维生素 B_{12} 的组成成分，能促进血红素的形成，预防贫血病，提供饲料中氮的利用率并具有促生长作用。缺钴时一般表现为生长缓慢、贫血、骨粗短症、关节肿大。鹅日粮中一般含钴不少，加之需要量较低，故不易出现缺钴现象。日粮中一般利用硫酸亚铁、氯化铁、硫酸铜、氯化钴或硫酸钴等防止鹅发生铁、铜或钴的缺乏症。

（2）锰　锰是鹅生长、繁殖和防止脱腱症所必需的微量元素，参与蛋白质、脂类和碳水化合物的代谢，对鹅的生长发育有重要的影响。缺锰时，雏鹅骨骼发育不良，生长受阻，体重下降，易患溜腱症、骨粗短症。成年鹅产蛋量下降，种蛋孵化率降低，产薄壳量，死胚增多。鹅以植物性饲料为主，通常不需要补锰。但日粮中钙、磷含量过多时，会影响锰的吸收，加重锰的缺乏。生产上常添加硫酸锰、氯化锰等来满足鹅对锰的需要。

（3）锌　锌在鹅体内的含量很少，但广泛分布于肌肉、内脏器官、羽毛和骨骼中。它是许多金属酶类和胰岛素的组成成分，参与了三大营养物质代谢和核糖核酸、脱氧核糖核酸的生物合成，与羽毛生长、皮肤健康、骨骼发育和繁殖机能有关。日粮中含锌 40～80 毫克/千克即可满足鹅的需要。缺锌时，鹅食欲不振，生长停滞，羽毛发育不良，母鹅产软壳蛋，孵化率降低。放牧青饲料的鹅一般不缺锌，但在不放牧青饲料的季节，日粮中需补锌。补饲一般选用硫酸锌或氧化锌，但应注意钙、锌之间存在颉颃作用，日粮中钙过多会增加鹅对锌的需要量。

（4）碘　在鹅体内的碘 70%～80% 存在于甲状腺中。碘是构成甲状腺素的重要组成成分，能促进雏鹅生长发育，对造血、循环、繁殖及抵抗传染病等都有显著的影响。缺碘时，甲状腺肿大，甲状腺素合成不足，基础代谢率降低，生长受阻，繁殖力下降，种蛋孵化率降低。由于谷物籽实类饲料中含碘量极低，常不能满足鹅的需要。特别是在缺碘的地区，更加需要在日粮中添加碘制剂。一般碘化钾和碘酸钙是较有效的碘源，其中碘酸钙优于碘化钾。

（5）硒 在鹅体内，肌肉、皮肤、羽毛、骨骼和肝脏中含硒量较多。硒是谷胱甘肽过氧化物酶的组成成分，以半胱氨酸的形式存在于体内。与维生素 E 之间存在协同作用，能节省鹅对维生素 E 的需要量，有助于清除体内的过氧化物，对保护细胞脂质膜的完整性，维持胰腺正常功能具有重要作用。如果缺硒，鹅易发生脑软化病、白肌病及肝坏死，并造成免疫力下降，产蛋率和孵化率降低。硒是一种毒性很强的元素，其安全范围很小，容易发生中毒。因此，在配合日粮时，应准确计量，混合均匀，添加量一般为 0.15 毫克/千克，多以亚硒酸钠形式添加。

（6）氟 氟在鹅体内的含量极少，60%～80%存在于骨骼中。氟能促进骨骼的钙化，提高骨骼的硬度。鹅对氟的需要量很少，一般不易缺乏，但应注意防止氟累积性中毒。鹅如果采食了未脱氟的磷灰石或饮用了含氟量高的地下水均易引起中毒。鹅氟中毒的临床表现主要为精神沉郁，采食量下降，腿软，无力站立，喜伏于地面，行走困难、蛋壳质量下降。

其他一些微量元素虽然为鹅所必需，但在自然条件下一般不易缺乏，无需补充。

四、维 生 素

维生素是一类具有高度生物学活性的低分子有机化合物。不同于其他营养物质，它既不提供能量，也不作为动物体的结构物质。大多数在鹅体内不能合成，必须由饲料供给。虽然动物对维生素的需要量甚微，但其作用极大，是鹅维持正常生理活动和生长、产蛋、繁殖所必需的营养物质，起着调节和控制机体代谢的作用。多数维生素以辅酶和催化剂的形式参与代谢过程中的生化反应，从而保证细胞结构的完整和功能的正常。当日粮中维生素缺乏或吸收不良时，常会导致特定的缺乏症，引起鹅机体内的物质代谢紊乱，甚至发生严重疾病，直至死亡。

维生素按其溶解性可分为脂溶性维生素和水溶性维生素两大类。脂溶性维生素可在体内蓄积，饲料中短时间缺乏不会造成缺乏症。而水溶性维生素在鹅体内不能贮存，需要经常由饲料提供，否则就容易引起缺乏症。

1. 脂溶性维生素

（1）维生素 A 又称抗干眼病维生素。包括视黄醇、视黄醛和视黄酸，在空气和光线下易氧化分解。维生素 A 仅存在于动物体内，植物性饲料中仅含有胡萝卜素，又称维生素 A 原。胡萝卜素经鹅肝脏和肠壁胡萝卜素酶的作用可不同程度地转变为维生素 A，其中 β-胡萝卜素的生物活性最高。维生素 A 的需要量通常以国际单位计算，1 国际单位（IU）的维生素 A，相当于 0.30 微克视黄醇，0.344 微克维生素 A 醋酸酯，0.54 微克维生素 A 棕榈酸和 0.6 微克 β-胡萝卜素。

维生素 A 的主要生理功能是维持一切上皮组织结构的完整性，保持眼黏膜和视力的健康，增加鹅对疾病的抵抗力，以提高产蛋率和孵化率。缺乏时，鹅易患夜盲症，泪腺的上皮细胞角化且分泌减少，发生干眼病，甚至失明。由于上皮组织增生，影响到消化道、呼吸道及泌尿生殖道黏膜的功能，导致鹅抵抗力降低，易患各种疾病，产蛋量下降，饲料利用率降低。雏鹅生长发育受阻，骨骼发育不良，种蛋受精率和孵化率降低。

维生素 A 主要存在于鱼肝油、蛋黄、肝粉和鱼粉中，青绿饲料和胡萝卜等富含胡萝卜素。鹅维生素 A 的最低需要量每千克日粮中一般 1 000～5 000 国际单位。

（2）维生素 D 又称钙化醇。维生素 D 为类固醇衍生物，对鹅有营养作用的是维生素 D_2 和维生素 D_3。其中维生素 D_3 的效能比维生素 D_2 高 20～30 倍。维生素 D_2 是由植物体中的麦角固醇经紫外线照射而产生的。生长中的植物不含维生素 D_2，随着植物的老化，便产生维生素 D_2。维生素 D_3 是由鹅体皮下、羽毛中的 7-脱氢胆固醇经紫外线照射产生的。长期舍饲的鹅缺乏阳光照射时，有时会出现缺乏，饲养中应根据情况进行补充。

维生素 D 主要与钙、磷的吸收和代谢有关。能调节鹅体内钙、磷的代谢，增加肠对钙、磷的吸收，促进软骨骨化与骨骼发育。另外，维生素 D 还能促进蛋白质的合成，提高机体的免疫功能。维生素 D 缺乏将导致钙、磷代谢障碍，发生佝偻病，骨软化症，关节变形，肋骨弯曲，产软壳蛋、薄壳蛋。在集约化饲养时，鹅容易发生维生素 D 缺乏症，放牧饲养时则不易缺乏。日粮中的钙、磷比例与维生素 D 需要量的多少有关。钙、磷比例越符合机体的需要，所需维生素 D 的量也越少。每千克日粮中维生素 D 含量一般为 200～300 国际单位时，即可满足鹅的需要。维生素 D 主要来源于鱼肝油、酵母、蛋黄和肝脏等。

（3）维生素 E　又称生育酚，有 α、β、γ 和 δ 4 种存在形式。常说的生育酶，一般指 α-生育酚。

维生素 E 主要存在于植物性饲料中，其中谷实胚芽中含量最高。新鲜青绿饲料及植物油也是维生素 E 的重要来源。维生素 E 在鹅体内起催化、抗氧化作用，维护生物膜的完整性，有保护生殖机能、提高机体免疫力和抗应激能力的作用，并与神经、肌肉组织代谢有关。缺乏时，雏鹅易发生脑软化症，步态不稳，死亡率高；毛细血管通透性增高，出现渗出性素质，引起皮下水肿；肌肉营养不良，出现白肌病。种鹅繁殖机能紊乱，产蛋率和受精率降低，胚胎死亡率提高。维生素 E 与硒存在协同作用，能减轻缺硒引起的缺乏症。另外，由于维生素 E 的抗氧化作用，还可保护维生素 A，但维生素 A 与维生素 E 存在吸收竞争。因此，维生素 A 的用量加大时，须同时加大维生素 E 的供给量。一般每千克日粮中补充 50～60 毫克即可满足鹅的需要。

（4）维生素 K　维生素 K，又称凝血维生素和抗出血维生素，是萘醌的衍生物，有维生素 K_1、维生素 K_2 和维生素 K_3 3

种存在形式，其中维生素 K_1、维生素 K_2 是天然的，维生素 K_3 是人工合成的，能部分溶于水。维生素 K 的主要生理功能是促进凝血酶原及凝血活素的合成，维持正常的凝血时间。缺乏时，鹅凝血时间延长或血流不止，导致贫血症，生长缓慢；雏鹅皮下组织及胃肠道易出血而呈现紫色血斑；种蛋孵化率和健雏率均降低。

维生素 K 主要来源于青绿饲料、鱼粉和维生素 K 制剂，生产中添加的多是人工合成的维生素 K。如果出现饲料霉变或者长期使用抗生素、磺胺类药物和发生疾病等，均会加大鹅对维生素 K 的需要量。日粮中一般补充 2～3 毫克/千克即可满足鹅的需要。

2. 水溶性维生素

（1）维生素 B_1（硫胺素）　又名抗神经炎素。维生素 B_1 是 α-酮酸脱氢酶系的辅酶，以焦磷酸硫胺素（TPP）的形式参与体内糖代谢。当维生素 B_1 缺乏时，丙酮酸不能氧化，造成神经组织中丙酮酸和乳酸的积累，能量供应减少，以致影响神经组织、心肌的代谢和机能，出现多发性神经炎，肌肉麻痹，腿伸直，头颈扭转，发生痉挛。另外，维生素 B_1 能抑制胆碱酯酶活性，减少乙酰胆碱的水解，具有促进胃肠道蠕动和腺体分泌，保护胃肠的功能。若缺乏，则出现消化不良、食欲不振、体重减轻等症状。雏鹅对维生素 B_1 缺乏较敏感。维生素 B_1 在青饲料中、糠麸、胚芽、草粉、豆类、发酵饲料和酵母粉中含量丰富。鹅对维生素 B 的需要量一般为日粮中 1～2 毫克/千克，通常以添加剂的形式补充。一些新鲜鱼和软体动物的内脏中含有较多的硫胺素酶，会破坏维生素 B_1，所以最好不要生喂。

（2）维生素 B_2（核黄素）　是由一个二甲基异咯嗪核和一个核醇结合而成。维生素 B_2 在体内以 FMN 和 FAD 的形式作为黄素酶的辅酶，参与生物氧化过程，与碳水化合物、脂肪和蛋白质代谢有关，能提高饲料的利用率，是 B 族维生素中最为重要而易缺乏的一种。缺乏维生素 B_2 时，仔鹅生长缓慢，腿部瘫痪，主要是跗关节着地，趾向内弯曲成拳状（卷曲爪），皮肤干燥而粗糙，鹅生长缓慢、腹泻、垂翅、产蛋率下降，种蛋孵化率极低。

维生素 B_2 主要存在于青绿饲料、干草粉、饼粕类饲料、糠麸及酵母中，动物性饲料中含量也较高，而谷类籽实、块根、块茎类饲料中含量很少。因此，雏鹅更容易发生维生素 B_2 缺乏症。鹅对维生素 B_2 的最低需要量一般为每千克日粮 2～4 毫克。高能量高蛋白日粮、低温环境以及抗生素的使用等均会加大对维生素 B_2 的需要量。

（3）维生素 B_3（泛酸）　泛酸是泛解酸与 β-丙氨酸缩合而成的一种酰胺类似物，是体内合成辅酶 A 的原料。以乙酰辅酶 A 形式参与机体代谢，同时也是体内乙酰化酶的辅酶，对糖、脂肪和蛋白质代谢过程中的乙酰基转移具有重要作用。缺乏时，鹅易发生皮炎，羽毛粗乱，生长受阻，胫骨短粗，喙、眼及肛门边、爪间及爪底的皮肤裂口发炎，形成痂皮。种蛋孵化率下降，胚胎死亡率高。

泛酸广泛存在于动植物饲料中，酵母、米糠和麦麸是良好的泛酸来源。鹅一般不会发生泛酸缺乏，但玉米-豆粕型日粮中需添加泛酸，其商品形式为泛酸钙。鹅对泛酸的需要量一般为日粮中 10～30 毫克/千克，但若日粮中能量浓度增加，动物对泛酸的需要量也随之增加。抗生素、维生素 B_{12} 能减少鹅对泛酸的需要量。

（4）维生素 B_4（胆碱）　胆碱是构成卵磷脂的成分，能帮助血液中脂肪的转移，有节约蛋氨酸、促进生长、减少脂肪在肝脏内沉积的作用。鹅胆碱缺乏表现为脂肪代谢障碍，形成脂肪肝，胫骨粗短，关节变形出现溜腱症，生长迟缓，产蛋率下降，死亡率提高。

与其他水溶性维生素不同，胆碱在体内可以合成，并且作为体组织的结构成分而发挥作用，故鹅对胆碱的需要量比较大，体内合成的量往往不能满足，必须在日粮中添加。饲料中，鹅对胆碱的需要量约为每千克饲料口粮 500～2 000 毫克。

（5）维生素 B_5（烟酸）　又叫尼克酸，是抗癞皮病维生素，为皮肤和消化道机能所必需，并有助于产生色氨酸。它在体内主要以辅酶Ⅰ（NAD）和辅酶Ⅱ（NADP）的形式参与机体代谢，在生物氧化中起传递氢的作用，在能量利用及脂肪、碳水化合物和蛋白质代谢方面都有重要的作用，具有保护皮肤黏膜的正常机能。缺乏烟酸时，雏鹅食欲不振，生长缓慢，羽毛粗乱，皮肤和脚有鳞状皮炎，跗关节肿大，类似骨粗短症，溜腱症；成年鹅发生"黑舌病"，羽毛脱落，产蛋量、孵化率下降。烟酸在酵母、麸皮、青绿饲料、动物蛋白饲料中含量丰富，玉米、小麦、高粱等谷物中的烟酸大多呈结合状态，鹅利用率低，需要在日粮中补充。鹅对烟酸的需要量约为每千克日粮 10～70 毫克。

（6）维生素 B_6（吡哆醇）　包括吡哆醇、吡哆胺和吡哆醛，三者的生物活性相同。维生素 B_6 是转氨酶、氨基酸脱羧酶及半胱氨酸脱硫酶的辅酶，有抗皮肤炎的作用，与机体蛋白质代谢有关。日粮中缺乏时，鹅体内的多种生化反应都遭到破坏，特别是出现氨基酸的代谢障碍，会引起雏鹅食欲不振，生长不良、中枢神经紊乱、兴奋性增高、痉挛等症状和皮炎、脱毛及毛囊出血。成年鹅产蛋率和孵化率下降，体重减轻，生殖器官萎缩等病症。

植物性饲料中含有较多的维生素 B_6，动物性饲料及块根、块茎中含量较少。鹅一般不会发生维生素 B_6 缺乏。当日粮中蛋白质水平较高时，会提高鹅对维生素 B_6 的需要量。鹅对维生素 B_6 的需要量一般为每千克日粮 2～5 毫克。

（7）维生素 B_7（生物素）　是鹅体内许多羧化酶的辅酶，参与脂肪和蛋白质的代谢。维生素 B_7 缺乏时，鹅生长缓慢，羽毛干燥，易患溜腱症与胫骨短粗症，爪底、喙边及眼睑周围裂口变性发炎，产蛋率和孵化率降低，胚胎骨骼畸形，呈鹦鹉嘴。

维生素 B_7 广泛存在于动植物蛋白质饲料和青绿饲料中，鹅一般不会出现缺乏，但饲料霉变，日粮中脂肪酸败以及抗生素的使用等因素会影响鹅对维生素 B_7 的利用。

（8）维生素 B_{11}（叶酸）　维生素 B_{11} 在植物的绿叶中含量十分丰富，故称叶酸。在体内以四氢叶酸作为一碳基团代谢的辅酶，参与嘌呤、嘧啶及甲基的合成等代谢过程，与蛋白质和核酸的代谢有关，能促进红细胞和血红蛋白的形成。

缺乏叶酸时，鹅生长受阻，羽毛褪色，出现血红细胞性贫血与白细胞减少，产蛋率、孵化率下降，胚胎死亡率高。叶酸在动、植物饲料中含量都较丰富，通常不会发生叶酸缺乏症，但长期饲喂磺胺类药物或广谱抗菌药，可能会导致叶酸缺乏。

（9）维生素 B_{12}（氰钴素）　氰钴素是唯一含有金属元素的维生素。参与核酸合成、甲基合成、三大营养物质代谢，维持造血机能的正常运转，在糖与丙酸代谢以及胆碱的合成中起着重要的作用，能提高植物性饲料蛋白质的利用率，促进红细胞的发育成熟。

缺乏维生素 B_{12} 时，鹅生长停滞，羽毛粗乱，贫血，肌胃糜烂，饲料转化率低，骨粗短，种蛋孵化率降低，弱雏增多。

维生素 B_{12} 主要存在于动物性饲料中，其中肉骨粉、鱼粉、肝脏、肉粉中含量较高，植物性饲料几乎不含维生素 B_{12}。鹅日粮中只要动物性饲料充足，一般不会发生维生素 B_{12} 缺乏，但可作为促生长因子添加到饲料中。鹅对维生素 B_{12} 需要量为每千克日粮 3～9 微克。

（10）维生素 C（抗坏血酸）　维生素 C 参与体内一系列代谢过程。例如，参与细胞间质中胶原的生成和氧化还原反应；促进肾上腺皮质激素的合成和肠道对铁的吸收；使叶酸还原成四氢叶酸；具有抗氧化作用，保护机体内其他化合物免受氧化；能提高机体的免疫力和抗应激能力。

维生素 C 缺乏时，鹅会发生坏血病，毛细血管通透性增大，黏膜出血，机体贫血，生长停滞，代谢紊乱，抗感染与抗应激能力降低，还会影响到蛋壳质量。

维生素 C 在青绿多汁饲料中含量丰富，在鹅体内可由葡萄糖合成维生素 C，故一般不会出现缺乏。但鹅群处于高温、疾病、饲料变化、转群、接种等应激情况下应另行补饲。

影响鹅对维生素需要量的因素，概括起来有以下几点：

（1）不同生理特点、生产水平对维生素的需要量不同 一般种禽对维生素的需要量高于产蛋家禽。生长速度快、生产性能高的鹅需要的维生素也多。

（2）饲养方式不同，需要量也不一样 一般放牧饲养的鹅不易发生维生素缺乏症，而圈养、笼养等集约化饲养方式会增加鹅对饲料维生素的需要量。

（3）应激、疫病及恶劣的环境条件会增加机体对维生素的需求。

（4）饲料中存在的维生素颉颃物对维生素需要量的影响 如硫胺素酶会破坏硫胺素；抗生素蛋白会结合生物素；双香豆素会竞争性抑制维生素 K 的活性等。另外，一些饲料中的维生素，如烟酸常处于结合状态，很难被鹅利用。

（5）饲料加工、贮存对维生素需要量的影响 总的来说，维生素稳定性差，受多种因素影响如酸、碱、光、热、氧化还原剂和重金属盐等影响维生素的稳定性，从而加大了维生素的需要量。

（6）抗菌药物的影响 长期使用抗菌药物，鹅自身合成的维生素量减少，增加了对日粮维生素的需要量。

（7）日粮营养浓度对维生素需要量的影响 能量水平过高，会提高维生素 B_1 和维生素 B_2 的需要量；蛋白质水平过高，会提高维生素 B_2、维生素 B_6、维生素 B_{12} 等的需要量；脂肪水平偏高，则应提高维生素 E、胆碱等维生素的需要量。

（8）机体的健康状况 消化道疾病，肝、肾功能不好时都会影响维生素的吸收与利用。

需要注意的是，我国及美国 NRC 提出的维生素需要量都只接近防止临床缺乏症出现的最低需要量，此时动物虽不表现出缺乏症，但生产性能并非最佳。而满足动物充分发挥遗传潜力、表现最佳生产性能所需要的量称为适宜需要量。显然，适宜需要量高于最低需要量。

在生产中，实际添加量即供给量要高于适宜需要量，这是因为考虑到动物个体间的差异、影响维生素的一些因素，以及为使动物获得最佳抗病力和抗应激能力而增加的一个安全系数。通常在适宜需要量的基础上增加 10%，但不可一概而论，应具体情况具体对待。

五、水

水是鹅机体及鹅产品的主要构成成分，也是鹅生理活动不可缺少的重要物质。鹅体内营养物质的消化、吸收、运输、利用及废物排出，体温调节都依赖水的作用。对鹅来说，缺水比缺食危害更大。不同生长发育阶段鹅机体含水量也不一样，如雏鹅体内含水分约 70%，成年鹅体内含水分 50%，蛋鹅含水 70%。水在养分的消化吸收与转运及代谢产物的排泄，电解质代谢与体温调节上均起着重要的作用。鹅是水禽，在饲养中应充分供水，如饮水不足会影响饲料的消化吸收，阻碍分解产物的排出，导致血液浓稠，体温升高，生长和产蛋都会受到影响。当体内损失 1%~2% 水分时，会引起食欲减退，损失 10% 的水分会导致代谢紊乱，损失 20% 则发生死亡现象。高温季节缺水的后果比低温更严重。因此，必须向鹅提供足够的清洁饮用水。俗话说，"好草好水养肥鹅"，足以表明水对鹅的重要性。

鹅体内水的来源主要有饮用水、饲料水及代谢水，其中饮用水是鹅获得水的主要来源，占机体需水量的 80% 左右。因此，在饲养鹅时，要提供充足的饮用水，同时要注意水质卫生，避免有毒、有害物质及病原微生物的污染。鹅不断地从饮用水、饲料和代谢过程中获得所需要的水分，同时还必须把一定量的水分排出体外，方能维持机体的水平衡，以保持正常的生理活动和良好的生长发育以及生产蛋肉产品。

鹅的需水量受环境温度、年龄、体重、采食量、饲料成分和饲养方式等因素的影响。一般温度越高，需水量越大；采食的干物质越多，需水量也越多；饲料中蛋白质、矿物质、粗纤维含量多，需水量也会增加，而青绿多汁饲料含水量较多则饮水减少；另外，生产性能不同，需水量也不一样。生长速度快、产蛋多的鹅需水量较多，反之则少。生产上一般对圈养鹅要考虑提供饮用水，可根据采食干物质的量来估计鹅对水的需要量。

第二节　环保型平衡饲粮的调制及其配套技术

一、鹅的饲养标准

随着饲养科学的发展，根据生产实践中积累的经验，结合消化、代谢、饲养及其他试验，科学地规定了各种畜禽在不同体重、不同生理状态和不同生产水平下，每头每天应该给予的能量和各种营养物质的数量，这种规定的标准就是"饲养标准"。饲养标准是根据科学试验和生产实践经验的总结而制定的，具有普遍指导意义。但在生产实践中，不应把饲料标准看做是一成不变的规定。因为鹅的营养需要受品种、遗传基础、年龄、性别、生理状态、生产水平和环境条件等诸多因素的影响。所以，在饲养实践中，应把饲养标准作为指南来参考，因地制宜，加以灵活应用。

饲养标准种类很多，大致可分为两类。一类是国家规定和颁布的饲养标准，称为国家标准。如美国 NRC 饲养标准，英国 ARC 饲养标准等；另一类是大型育种公司根据各自培育的优良品种或品系的特点，制定的符合该品种或品系营养需要的饲养标准，称为专用标准。

鹅的饲养标准中主要包括能量、蛋白质、必需氨基酸、矿物质和维生素等指标。每项营养指标都有其特殊的营养作用，缺少、不足或超量均可能对鹅产生不良的影响。能量的需要量以代谢能表示，蛋白质的需要量用粗蛋白质表示，同时标出必需氨基酸的需要量，以便配合日粮时使氨基酸得到平衡。配合日粮时，能量、蛋白质和矿物质的需要量一般按饲养标准中的规定给出。维生素的需要量是按最低需要量制定的，也就是防止鹅发生临床缺乏症所需维生素的最低量。鹅在发挥最佳生产性能和遗传潜力时的维生素需要量要远高于最低需要量，一般称为"适宜需要量"或"最适需要量"。各种维生素的适宜需要量不尽一致，应根据动物种类、生产水平、饲养方式、饲料组成、环境条件及生产实践经验给出相应的数值。实际应用时，考虑到动物个体与饲料原料差异及加工贮存过程中的损失，维生素的添加量往往在适宜需要量的基础上再加上一个保险系数（安全系数），以确保鹅获得定额的维生素并在体内有足够贮存，此添加量一般称为"供给量"。

与鸡饲养标准相比，鹅的饲养标准相对滞后，部分指标参考的仍然是鸡的饲养标准。特别是鹅多以放牧饲养为主，与鸡体形相差较大。因此，我国至今尚未制定出适合我国实际情况的鹅饲养标准。随着养殖规模的扩大和饲养水平的提高，鹅的饲养标准将会不断完善和发展。

目前我国所使用的鹅的营养标准见表1，表2。

表1　美国NRC（1994）鹅的营养需要量

营养素	0～4周龄	4周龄以后
代谢能（兆焦/千克）	12.13	12.55
蛋白质和氨基酸		
粗蛋白（%）	20	15
赖氨酸（%）	1.0	0.85

（续）

营养素	0～4 周龄	4 周龄以后
蛋氨酸＋胱氨酸（%）	0.60	0.50
常量矿物元素		
钙（%）	0.65	0.60
有效磷（%）	0.30	0.30
脂溶性维生素		
维生素 A（国际单位）	1 500	1 500
维生素 D_3（国际单位）	200	200
水溶性维生素		
胆碱（毫克）	1 500	1 000
烟酸（毫克）	65.0	35.0
泛酸（毫克）	15.0	10.0
维生素 B_2（毫克）	3.8	2.5

表 2　法国的鹅营养推荐量

营养素	0～3 周		4～6 周		7～12 周	
代谢能（兆焦/千克）	10.87	11.70	11.29	12.12	11.29	12.12
粗蛋白（%）	15.8	17.0	11.6	12.5	10.2	11.0
赖氨酸（%）	0.89	0.95	0.56	0.60	0.47	0.50
蛋氨酸（%）	0.40	0.42	0.29	0.31	0.25	0.27
含硫氨基酸（%）	0.79	0.85	0.56	0.60	0.48	0.52
色氨酸（%）	0.17	0.18	0.13	0.14	0.12	0.13
苏氨酸（%）	0.58	0.62	0.46	0.49	0.43	0.46
钙（%）	0.75	0.80	0.75	0.80	0.65	0.70
总磷（%）	0.67	0.70	0.62	0.65	0.57	0.60
有效磷（%）	0.42	0.45	0.37	0.40	0.32	0.35
钠（%）	0.14	0.15	0.14	0.15	0.14	0.15
氯（%）	0.13	0.14	0.13	0.14	0.13	0.14

二、鹅的环保型平衡饲粮

饲料是鹅营养物质的来源，但也是导致环境污染的主要因素。研制和推广环保型平衡饲粮是解决畜禽业污染的有效途径。所谓环保型饲料是指不会造成畜产品公害和减轻畜禽粪便对环境污染的饲料总称。在养鹅生产中，粗饲料和青贮饲料是具有环保型的饲粮。

（一）粗饲料

粗饲料是指在饲料中天然水分含量在 60％以下，干物质中粗纤维含量等于或高于 18％，并以风干物形式饲喂的饲料，如牧草、农作物秸秆、酒糟等。鹅喜欢采食鲜嫩的青草、野菜。因此，牧草是发展养鹅业的物质基础。其种类繁多，大部分都能被鹅采食利用，特别是天然草地上的豆科、禾本科、藜科、菊科以及其他杂草类的牧草，其生长期的茎叶及成熟期株穗籽实，鹅都喜欢。但天然草地牧草生长季节性强，为保证全年均衡供应青绿饲料，可将其制成干草粉，如苜蓿、三叶草等草粉，供鹅采食。这类饲料的营养价值一般较其他饲料低，每千克干物质中消化能的含量一般不超过 10.5 兆焦，有机物质消化率在 65％以下。鹅对粗饲料的消化利用率不太高，在其饲养中主要起促进胃肠蠕动的作用，而营养物质则由精饲料供给。

（二）青贮饲料

青饲料虽然产量高、营养丰富、成本低，但不同品种或多或少存在着比如适口性差、保存困难、年供应不均衡等问题，直接或间接地影响鹅对青饲料的利用率。把青饲料制成干草或青贮饲料，则可以有效地解决这些问题。而把青饲料制成青贮饲料要比平地晒成干草时营养物质损失得要少。通常青贮饲料营养物质损失 10％以下，平地晒干草则损失 20％～30％，尤其是叶片较多的青饲料，做成青贮可避免叶片损失。青饲料经青贮发酵后有酸香味，质地变软，能降低某些饲料的异味和硝酸盐含量，增强适口性。此外，青贮饲料中还含有乳酸，能刺激消化液的分泌，从而提高了饲料消化率。

青贮饲料就是将青饲料切碎后，压紧封埋，借助乳酸菌的作用，使饲料中的糖类转变为乳酸，乳酸的大量产生抑制了其他微生物的繁殖。当 pH 达到 4.2 时，在厌氧条件下，乳酸菌也几乎完全停止活动，从而使青贮饲料能长期保存。在制备过程中，青贮饲料营养物质的损失比晒干草要少，在营养上保持了青饲料原有的青绿多汁的特点，同时维生素 C 和胡萝卜素也大部分被保留，加之有酸香气味对鹅的适口性好，同时还能清除亚硝酸盐、氢氰酸及其他有害物质，对养鹅生产来说是比较环保的饲粮。青贮饲料的优点如下：

（1）青贮饲料能够保存青绿饲料的营养特性，贮藏过程中氧化分解作用微弱，养分损失少，一般不超过 10%。

（2）不受日晒、雨淋的影响，也不受机械损失的影响。

（3）既能防火，又能防潮。

（4）整个植株的各部分都能被利用，减少浪费。

（5）消化性强，适口性好。青贮饲料经过乳酸菌发酵，产生大量乳酸和芳香族化合物，具酸香味，柔软多汁，适口性好，青贮料对提高鹅日粮中其他饲料的消化也有较好的作用。

（6）管理得当，可贮藏多年，可以保证鹅一年四季都能吃到优良多汁的饲料。

秸秆青贮的方式有很多种，根据鹅场的饲养规模，地理位置，经济条件和饲养习惯可分为：窖贮、袋贮、包贮、池贮和塔贮，也可在平面上堆积青贮等。现将玉米秸秆青贮饲料的调制技术介绍如下。

1. 青贮场地和青贮容器

（1）青贮场地的选择　应选在地势高燥，易于排水，地下水位低，取用方便的地方。

（2）青贮容器的选择　青贮容器种类很多，有青贮塔、青贮
壕（大型养殖场多采用）、青贮窖（有长窖、圆窖）、水泥池（地
下、半地下）、青贮袋以及青贮窖袋等。农户采用圆形窖和窖袋
这两种青贮容器为好。

（3）青贮容器的处理　圆形青贮窖一般深3米，上径2米，
下径1.5米，窖面刨光，暴晒两日后方可起用，或按塑料袋的大
小，挖一个略小于塑料袋的圆形窖，刨光壁面，晒干后备用。

2. 青贮料的装填

（1）收运　将收获子实后挖倒的玉米秆及时运到青贮窖房。
收运的时间越短越好，这样既可保持原料中较多的养分，又能防
止水分过多流失。

（2）切装　将窖房玉米秸切碎成2～3厘米长，在窖底先铺
一层20厘米厚的干麦草，把切碎的玉米秸装入窖内，边切、边
装、边踩实。特别是窖的周边，更应注意踩实，直到装得高出窖
面20～30厘米为止。

（3）封窖　窖装满后，上面覆盖一层塑料布，布上盖30多
厘米厚的土层，密封。窖周挖好排水沟。

3. 青贮饲料的成熟

（1）青贮窖的维护　随着青贮的成熟及土层压力，窖内青贮
料会慢慢下沉，土层上会出现裂缝，出现漏气，如遇雨天，雨水
会从缝隙渗入，使青贮料败坏。有时因装窖过程中踩踏不实，时
间稍长，青贮窖会出现窖面低于地面的情况，雨天会积水。因
此，要随时观察青贮窖，发现裂缝或下沉，要及时覆土，以保证
青贮成功。

（2）成熟　装好的青贮料，在细菌的作用下进行发酵，玉米
秸青贮一般需1.5～2个月时间发酵成熟。

4. 青贮饲料的启用

（1）启封　青贮料成熟后就可启封饲用。圆形窖应从上面启

封，侧面取用，深度约 40 厘米；上面一层用完后，再取用第二层。长形窖应从一头侧面启封，每次取用一天的食用量。取完料后，应用草帘等物盖严，清理窖周废料。

（2）饲用 开始喂青贮料量要由少到多，使鹅逐步适应。霉变饲料不能饲喂。食喂量视家畜种类、年龄、体重和生理状况而定。孕畜应少喂。

5. 青贮饲料品质检测 在生产中，青贮饲料品质评定的常用方法，即观其色、闻其味和感其质。

（1）颜色 优良的青贮料颜色呈青绿或黄绿，有光泽，近于原色；中等品质的青贮料颜色呈黄褐或暗褐色；劣等品质青贮料呈黑色、褐色或墨绿色。

（2）气味 优良青贮料具有芳香酸味，中等品质青贮料香味淡或刺鼻酸，劣等青贮料为霉味、刺鼻腐臭味。

（3）质地与结构 优良青贮料柔软，易分离，湿润，紧密，茎叶花保持原状；中等品质青贮料柔软，水分多，茎叶花部分保持原状；劣等青贮料呈黏块，污泥状，无结构。

6. 青贮饲料制作成败的关键

（1）原料要有一定的含水量 制作青贮的原料水分含量一般应保持在 65%～75%，低于或高于这个含水量均不易青贮。水分高了要加糠吸水，水分低了要加水。

（2）原料要有一定的糖分含量 一般要求原料含糖量在 1%～1.5%。

（3）青贮时间要短 缩短青贮时间最有效的办法是快，一般青贮过程应在 3 天内完成。这样就要求快收、快运、快切、快装、快踩和快封。

（4）压实 在装窖时一定要将青贮料压实，尽量排出料内的空气，尽可能地创造厌氧环境。

（5）密封 青贮容器不能漏水、漏气。

三、饲料添加剂的分类及作用

　　饲料添加剂是指添加到饲粮中能保护饲料中的营养物质、促进营养物质的消化吸收、调节机体代谢、增进动物健康，从而改善营养物质的利用效率、提高动物生产水平、改进动物产品品质的物质的总称。它们在配合饲料中的添加量仅为千分之几或万分之几，但作用很大。其主要作用包括：补充饲料的营养成分，完善日粮的全价性，提高饲料的利用率，防止饲料质量的下降，促进畜禽食欲和正常生长发育及生产，防止各种疾病，减少贮存期营养物质的损失，缓解毒性以及改进畜产品品质等。合理使用饲料添加剂，可以明显地提高鹅的生产性能，提高饲料的转化效率，改善鹅产品的品质，从而提高鹅的经济效益。饲料添加剂的种类繁多，目前国内大多是按其用途，将饲料添加剂分为营养性饲料添加剂和非营养性饲料添加剂两大类。这里所述的饲料添加剂，实际上是指全部非营养性添加物质。

　　添加剂分类：

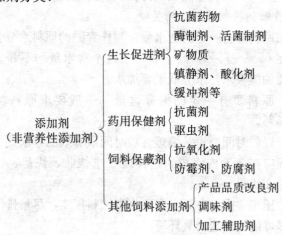

　　1. 抗生素添加剂　　抗生素（又称抗菌素）是微生物（细菌、放射菌、真菌等）的发酵产物，对微生物的生长有抑制或杀灭作

用。除可用作防治疾病外，还可作为生长促进剂使用，特别是在卫生条件和管理条件不良的情况下，使用效果更好。在育雏阶段或处于逆境如高密度饲养时，加入低剂量可提高鹅的生产水平，改善饲料报酬，促进健康。常用的有金霉素、杆菌肽锌、多黏菌素、恩拉霉素、泰乐菌素、维吉尼霉素、北里霉素等。

使用抗生素添加剂时，要特别注意长期使用和滥用抗生素产生抗药性和在产品中的残留问题，要了解药物的使用和禁用范围，严格控制用量，并按规定停药。

2. **药物添加剂**　磺胺类如磺胺噻唑、磺胺嘧啶、磺胺脒等，用于鹅的疾病治疗和保健；驱虫保健剂有越霉素A、氨丙啉、氯苯胍、莫能霉素钠、盐霉素钠、克球粉等。日粮中添加这类药物时，应经常更换药物种类，否则会产生抗药性，导致使用药量越来越大。

3. **抗氧化剂**　抗氧化剂可以防止饲料有机物质，特别是不饱和脂肪酸的氧化和酸败，防止饲料中的维生素等活性物质氧化和效价降低。但是抗氧化剂不起生物抗氧化作用，它不能防止细胞中的过氧化过程。目前经常使用的抗氧化剂有乙氧基喹啉（又称乙氧喹、山道喹）、BHA（丁羟基茴香醚）、BHT（二丁基羟基甲苯）等，其一般在配合饲料中的添加量为每千克150毫克。

4. **防霉、防腐添加剂**　在高温高湿季节，饲料容易霉变，这不仅影响其适口性，降低营养价值，还会引起动物中毒。因此，在贮存的饲料中应添加防霉剂。目前常用的防霉剂有丙酸、丙酸钠和丙酸钙、山梨酸与山梨酸钾、苯甲酸与苯甲酸钠、甲酸与甲酸钠、乳酸和乳酸钙等。

5. **着色剂和调味剂**　在饲料中添加香甜调味剂，有增加鹅采食量和提高饲料利用率的功效。常用的调味剂有糖精、谷氨酸钠（味精）、乳酸乙酯和柠檬酸等。在饲料中添加着色剂能提高鹅产品的商品价值，如在饲料中添加叶黄素和胡萝卜素，可使鹅蛋蛋黄的色泽鲜艳，其添加量为每千克饲料 0.01～0.02 克。

　　添加剂种类繁多，应根据鹅不同生长发育阶段、不同生产目的、饲料组成、饲养水平与饲养方式及环境条件，灵活选用。添加剂应与载体或稀释剂配合制成预混料后再添加到饲粮中。

四、中兽药添加剂的正确使用及药物残留控制

　　随着我国养殖业的发展，饲料添加剂的应用日益广泛。然而，目前应用的饲料添加剂大多都属于化学合成类的，如磺胺等。这类添加剂虽然可以提供畜禽的养殖效益，但长期使用抗生素、化学合成药物和激素类物质会导致微生物间的生态失衡。此外，抗生素、激素类药物在畜禽体内的残留也会降低畜产品的品质，进而影响人体的健康。因此，具有低毒、低残留、不易产生耐药性的中草药饲料添加剂的研究及药物残留控制也越来越受到国内外的高度重视。中药的天然性、无残留性和无抗药性是化学药品所无法比拟的，这也是现代畜牧业医药应用发展的必然趋势。然而中兽药的一些副作用却鲜为人知，科学使用中兽药可使其在现代畜牧业的发展中得到充分发挥。

（一）中兽药添加剂的正确使用

　　中兽药添加剂可以是单味中药，也可以是由若干味中药组成的复方制剂。复方添加剂的组成，除应遵从中兽药的组方和配伍原则外，还有其自身的特点，所以在使用过程中还应注意以下几点：

　　1. 以法统方　　"法"是组方的基本原则，在对复方中药饲料添加剂进行组方时，首先应根据其应用目的确立相应的法则，然后在立法的基础上进行组方，也就是"方从法立，以法统方"。用于促进鹅生长、增加鹅产品产量的添加剂，多以健脾开胃、补气养血为法则；用于防病治病的添加剂，则往往以调整阴阳、祛邪逐疫为原则；有的中药饲料添加剂组成复杂，具有多方面的综

合作用。

2. 扬长避短　与常规西药饲料添加剂相比，中药饲料添加剂具有辨证优势和无害优势。辨证优势是指辨证论治的优势，即根据动物发病过程中所表现出的症状来进行用药防治，主要体现在扶正固本和协调整体两个方面。无害优势是指中草药毒副作用小，不易在动物产品中残留有害成分。当然，中草药也有理论比较抽象、特异性差、用量较大、药效比较缓慢等缺点，组方时应尽量发挥其优势，克服和改进其不足。

3. 中西结合　中西结合包括两个方面的含义，一是结合传统中医药和现代西医药两个方面的理论进行立法组方。例如，在组方时既要遵循补养气血、健脾开胃的中兽药法则，又要参照补充营养物质的现代兽医学观点。二是在一个处方中既有中药又有西药，二者组合配伍，取长补短，以完善或增强方剂的某些功能。

中兽药饲料添加剂，主要采用群体用药的方式，其用量一般占日粮的 0.5%～2%。为了达到促进生产、防病治病等目的，饲料添加剂或混饲剂的运用要做到适时、适量、适度。适时就是抓住时机及时应用；适量就是添加的量不可多，也不可少，应在剂量允许的范围之内；适度是指添加剂投药日程的长短要适当。添加日程的长短要根据添加剂或混饲剂的作用以及生产需要而定，大体可分为长程添加法、中程添加法和短程添加法 3 种。长程添加法持续添加时间一般在 4 个月以上，甚至终生；中程添加法持续添加时间一般为 1～4 个月；短程添加法持续添加时间一般是 2～30 天。有时还可以采用间歇式添加法，如三二式添加法（添加 3 天，停止 2 天）、五三式添加法（添加 5 天，停止 3 天）、七四式添加法（添加 7 天，停止 4 天）等。对鹅来讲，还应注意选择那些挥发性小、异味小的中草药，以免影响其适口性和药物在肉、蛋中的残留。

（二）兽药残留控制的措施

对鹅疫病用药、使用饲料和添加剂时加强监控，防止在源头上产生药物污染，这是有效控制鹅产品药物残留的一种有效途径。

1. 规范饲养场管理，确保鹅健康养殖过程的规范，突出强调从源头质量抓起，必须建立有效的、一体化的"五统一"管理体系，即出口企业实施统一供应鹅苗、统一供应饲料、统一防疫消毒、统一使用药物、统一收购屠宰。加强饲养场管理，建立饲养场备案制度，主要内容有：饲养场设有卫生防疫领导小组，备有专职或兼职兽医，具有健全的卫生防疫和饲养管理制度。

2. 在过去 6 个月内，饲养场及其周围半径 50 千米范围内未发生禽流感、新城疫等传染病。饲养场与周围环境隔离，大门处应设有车辆、人员消毒设施。场内没有同时饲养其他禽类。《用药记录卡》或《饲养日记》详细记录饲养过程使用疫苗、药物情况、鹅死亡情况等。

3. 严格执行休药期停药。场区具有与饲养规模配套的粪便、污水处理设施。饲料及饲料添加剂不得添加任何药物，符合国家关于食用动物饲用饲料的规定。做到规模饲养，肉鹅全进全出，严格保证空舍时间，彻底消毒。规范饲养防疫措施，减少产品源头污染。从源头上应减少用药途径的污染，这对提高鹅产品品质有治本的效果。

为此，养鹅企业必须做好三方面的工作：做好鹅场所选址和增加防疫设备条件，做好生产人员、运输工具、周边环境的防疫措施；减少在饲养过程中使用药物的频率和数量，规范饲料生产，通过饲养源头采购的饲料与饲料添加剂、预混料、各种药品制剂等必须经药物成分检测合格后方准使用；饲养户在喂养时，要远离违禁药物，确保鹅产品的质量安全，建立饲养场使用饲养管理记录制度。规范饲养用药，防止药物污染，养殖户在饲养过程中按《兽药管理条例》购药。对于出口鹅产品，还应按《出口肉禽饲养用药管理办法》防治疾病，建立饲养场用药记录管理制度。注意用药剂量，给药方式、使用量和休药期停药，保证鹅在饲养过程中科学、合理地使用药物，确保出口鹅产品的安全卫生质量。使用来源明确并经有关部门确认安全的饲料和药品。对药品使用进行登记、备查，并且药物的使用需在兽医的指导下进行，禁止使用违禁药物。兽医应不定期地对所使用的药物进行监督检查，建立药物残留自检系统，提高监测水平。加大对饲料、药品及鹅的日常检测，从源头抓起，做好食物链全过程每个环节的控制，同时加大对鹅药物快速检测方法的研究力度，提高快速检测能力，以满足国际市场对鹅产品质量的需要。

五、环保型饲粮的饲料添加剂配套技术

在饲料资源日趋紧缺、养殖环境日趋严重的今天，如何充分提高鹅对饲料的利用效率，减少饲料原料的浪费，并降低鹅生产对环境的污染，是我国营养学界目前极为关注的一个问题。中国加入 WTO 后，一些发达国家设置的绿色壁垒使我们面临巨大的压力，而饲料产业是农业产业化中极其重要的一个环节。鹅产品的绿色要求，首先在于对饲料产品的要求。

环保型饲料添加剂即绿色饲料添加剂是指添加于饲料中，能够改善饲料的适口性、利用率、抑制胃肠道有害菌感染，增强机体的抗病力和免疫力，无论时间长短都不会发生毒副作用及有害物质在畜禽体内和产品内残留，能够提高畜禽产品的产量，改善其品质，对消费者的健康有益无害，对环境无污染的饲料添加剂。以下介绍的几种添加剂都是目前人们公认的，并取得了较好应用效果的环保型饲料添加剂。

1. 微生态制剂 是动物有益菌经过工业厌氧发酵生产出来的活菌剂。这种活菌剂被鹅采食后，在其消化道内形成优势的有益菌群，使肠道中的有害菌落减少，从而增进动物健康，促进动

物生长发育及提高饲料利用率，并减少对药物的依赖作用。

根据微生态制剂的作用特点，可以把微生态制剂分为药用型、助消化促生长型和综合型。药用型主要由正常消化道优势菌群的乳酸菌、双歧杆菌等种、属菌株组成，具有很强地调整消化道内环境和微生物区系平衡的作用，主要用于预防和治疗消化机能紊乱和消化道感染。由于此类制剂以保健为主，间接地起到促生长、提高饲料利用率的作用，所以通常称为益生素、促生素和利生素等。助消化促生长型主要由真菌、酵母、芽孢杆菌等具有很强消化能力的种属菌株组成，在消化道中能产生多种消化酶、丰富的 B 族维生素、维生素 K、未知生长因子和菌体蛋白等，添加于饲料中主要起辅助消化，促进生长的作用，同时也有一定的防治疾病的作用。这类以直接提高饲料利用率，促进动物生长为主，通常也称为饲用微生物生长促进剂。综合型是由多种属菌株配合而成，有的还配有多种消化酶或霉菌、酵母提取物，具有一定的整肠保健，防治疾病的作用，又有较好地辅助消化，促进生长等作用。例如，酪多精含有 8 种产乳酸和 3 种消化酶以及 B 族维生素、菌体未知生长因子。在鹅日粮中添加的微生态制剂，可较大幅度地提高鹅生长速度、产蛋率、孵化率及饲料利用率，且能有效改善鹅的胴体品质。

2. 大蒜素　它是百合科、多年生宿根草本蒜中所含的主要生物活性有效成分。大蒜素在养殖业中已经被成功地开发利用，饲料工业使用的大蒜素一般是指以人工合成的大蒜油为原料合成的预混剂。饲料中大蒜素可用作杀菌剂、杀虫剂、解毒剂、调味剂、动物保健增产剂及产品改善剂。鹅喜欢大蒜素的气味，在饲粮中添加大蒜素，可增加鹅的采食量、提高其产蛋性能，降低料蛋比。此外，大蒜素还能增加鹅肉、鹅蛋中的香味成分，使鹅肉、蛋味道更加鲜美。

3. 有机酸　有机酸是国内外研究最为活跃的添加剂之一。它是体内能量转化过程中的重要介质，有利于维持鹅嗉囊内适宜的内环境和促进乳酸菌的生长；促进无活性的胃蛋白酶原激活，使之转化为有活性的胃蛋白酶，从而提高日粮蛋白质的消化吸收；可起螯合作用，促进肠道对矿物质的吸收，对胃肠道微生物有广谱杀菌和抑菌作用；对饲料也有防腐作用。有机酸可分为两大类：第一类是通过降低环境 pH 对减少细菌菌群仅具有间接作用的有机酸，如延胡索酸、柠檬酸、苹果酸和乳酸。这类酸添加到饲料中只能在胃中起作用，对小肠 pH 无明显影响。第二类有机酸，如甲酸、乙酸、丙酸和山梨酸，除了可降低环境 pH 外，还能通过干扰细菌细胞内的酶复合物、破坏细胞膜和影响 DNA 复制机理而对革兰氏阴性菌起直接的抗菌作用。

在养鹅生产中，有机酸可直接刺激鹅的味蕾细胞，使唾液分泌增多，从而起到调味作用。此外，有机酸还可提高鹅机体的抗应激能力和抵抗疾病的能力。例如，用延胡索酸可预防鹅在应激时的不良刺激，减少小肠和盲肠内肠球菌的数量。

4. 植酸酶　植酸酶是催化植酸及其盐类水解为肌醇与磷酸（盐）的一类酶的总称，属磷酸单酯水解酶。植酸酶具有特殊的空间结构，能够依次分离植酸分子中的磷，将植酸（盐）降解为肌醇和无机磷，同时释放出与植酸（盐）结合的其他营养物质。它是目前为止研究得最为透彻的饲用酶制剂，已经被饲料工业广泛认可。它不仅可以促进植酸磷的消化吸收，还可改善蛋白质、氨基酸和能量的利用效果，提高日增重。

在现代养鹅生产中，饲料原料中最缺乏的常量矿物元素是磷。虽然豆粕、棉子粕、菜粕、玉米和麸皮等作物子实里的磷含量达 70%，但植酸磷而不能被鹅等单胃动物所利用。因此，为预防磷缺乏，必须向饲料中添加无机磷酸盐。而未被消化的植酸磷被排出体外，不仅造成资源浪费、环境污染，并且植酸在鹅消化道内以抗营养因子存在，影响钙、钾、镁、铁等离子和蛋白质、淀粉、脂肪、维生素的吸收。而植酸酶则能催化植酸及其盐类水解，释放出可被吸收的有效磷。这不但消除了抗营养因子，还增加了有效磷，进而提高了被颉颃的其他营养素的吸收利用率。因此，植酸酶作为一种新型饲料添加剂，无论是对养鹅生产还是对环境保护都具有重要的作用，且其应用前景十分乐观。

六、鹅的常用饲料及饲草

品质优良、营养丰富的饲料是发展养鹅业的物质基础，解决饲料供应和合理利用饲料始终是发展养鹅业所面临的关键问题。由于各种饲料所含营养物质的量和比例都有很大的差别，且任何一种饲料所含养分均不能完全满足鹅体的需要。因此，了解各种饲料的营养特点与影响其品质的因素，对于合理调制和配合日粮，提高饲料的营养价值具有重要意义。

按照饲料的营养特性，可将鹅的常用饲料分为能量饲料、蛋白质饲料、青绿饲料、矿物质饲料、维生素饲料等。由于鹅具有食草和杂食的习性，所以能够利用的饲料种类较多，现按类分述如下。

1. 能量饲料　能量饲料是指饲料干物质中粗纤维含量小于18%、粗蛋白质含量小于20%的谷实类、糠麸类、块根块茎类等饲料。这类饲料在鹅日粮中占的比重较大，是能量的主要来源。

（1）谷实类　谷实类饲料基本属于禾本科植物成熟的种子。包括玉米、大麦、小麦、高粱等粮食作物的籽实。其营养特点是淀粉含量高、有效能值高、粗纤维含量低、适口性好、易消化，但粗蛋白含量低，氨基酸组成不平衡，色氨酸、赖氨酸和蛋氨酸少，生物学价值低；矿物质中钙少磷多，植酸磷含量高，鹅不易消化吸收；另外还缺少维生素 D。因此，在实际生产中应与蛋白质饲料、矿物质饲料和维生素饲料配合使用。

①玉米：玉米号称"饲料之王"，是配合饲料中的主要能量饲料。玉米有效能值高，代谢能含量达 13.50～14.04 兆焦/千克，粗纤维少，适口性好，消化率高，是鹅的优质能量饲料。但

玉米的蛋白含量低，只有 7.5%～8.7%，缺乏赖氨酸、蛋氨酸和色氨酸，矿物质元素和维生素也缺乏，在配合饲料中需补充其他饲料和添加剂。黄玉米中含有胡萝卜素和叶黄素，对保持蛋黄、皮肤及脚部的黄色具有重要作用，能满足消费者的爱好。

②大麦：大麦主要用于酿酒，有皮大麦和裸大麦之分，在饲料中应用不多。大麦能量水平低于玉米和小麦，其代谢能 11.34兆焦/千克左右；粗纤维含量较高，达 8% 左右。大麦外壳粗硬，不易消化，宜破碎或发芽后饲喂。但粗蛋白质含量较高，约11%～12%，且品质优于其他谷物。大麦在鹅饲粮中的用量一般为 15%～30%，雏鹅应限量。

③小麦：小麦含能量高，代谢能约为 12.5 兆焦/千克，粗纤维少，适口性好，其粗蛋白质含量在禾谷类中最高，达 12%～15%。小麦中 B 族维生素的含量丰富，但缺乏维生素 A、维生素 D，无机盐少，黏性大，苏氨酸和赖氨酸缺乏，钙、磷比例也不当。因此，使用时必须与其他饲料配合。

④高粱：高粱代谢能为 12～13.7 兆焦/千克，主要产地在我国北方地区。高粱的蛋白质含量与玉米相当，但品质较差。高粱中单宁含量较多，味苦，适口性差。因此，在鹅日粮中应限量使用，不宜超过 15%，低单宁高粱的使用量可适当提高。

⑤燕麦：燕麦代谢能为 11 兆焦/千克左右，粗蛋白质 9%～11%，含赖氨酸较多，但粗纤维含量也高，达到 10%，故不宜在雏鹅和种鹅中过多使用。

⑥稻谷：稻谷的粗纤维含量较高，粗蛋白的含量比玉米稍低，氨基酸的含量与玉米相近，其适口性好，是我国水稻产区常用的养鹅饲料，在日粮中可占 10%～50%。

⑦碎米：也称米硒，是稻谷加工大米筛选出来的碎粒，粗纤维含量低，易于消化，也是农村养鹅常用的饲料。用量可占日粮的 30%～50%。但应注意，用碎米作为主要能量饲料时，要相应补充胡萝卜素或叶黄素。

（2）糠麸类　糠麸类饲料主要是小麦麸和大米糠，是谷类籽实加工制米或制粉后的副产品。其营养特点是无氮浸出物比谷实类少，粗蛋白含量与品质介于豆科籽实与禾本科籽实之间，粗纤维与粗脂肪含量较高，矿物质中磷大多以植酸磷形式存在，钙、磷比例不平衡（钙少磷多）。这类饲料中B族维生素的含量丰富，尤其是硫胺素、烟酸、胆碱和吡哆醇的含量较高。

①麦麸：包括小麦、大麦等加工的副产品，含粗蛋白质、磷、锰和B族维生素较多，适口性好，质地蓬松，具有轻泻作用，是饲养鹅的常用饲料。但粗纤维含量高，用量不宜过大。一般雏鹅和产蛋期日粮中麦麸占5%～15%，育成期占10%～25%。

②米糠：米糠是稻谷加工的副产品，其营养价值与加工程度有关。含粗蛋白质12%左右，钙少磷多，B族维生素丰富，粗脂肪含量高，极易氧化酸败，故不能长时间存放。由于米糠中粗纤维较多，影响其消化率，应限量使用。一般雏鹅日粮中米糠占5%～10%，育成期占10%～20%。

③次粉：又称四号粉，是面粉工业加工的副产品。营养价值高，适口性好，但与小麦相同，多喂时也会产生黏嘴现象，制作颗粒料时则无此问题。一般可占日粮的10%～20%。

④高粱糠：含碳水化合物及脂肪较多，能量较高。因含单宁多，适口性差，蛋白质的含量和品质都较低。因此，在鹅的日粮中应比高粱低5%。

（3）块根、块茎和瓜类　这类饲料含水分高，自然状态下可达70%～90%。干物质中淀粉含量高，纤维少，蛋白质含量低，缺乏钙、磷，维生素含量差异大。常用的有甘薯、马铃薯、胡萝卜、南瓜等。由于这类饲料水分含量高，多喂会影响鹅对干物质的摄入量，从而影响生产力。此外，发芽的马铃薯含有毒物质，不可饲喂。

2.蛋白质饲料　蛋白质饲料是指干物质中粗纤维含量在

18％以下，粗蛋白含量大于或等于 20％的饲料。它又可分为植物性蛋白质饲料、动物性蛋白质饲料、单细胞蛋白质饲料和合成氨基酸 4 类。这类饲料营养丰富，特别是蛋白质含量高，易于消化，能值较高，含钙磷多，B 族维生素亦丰富。

（1）植物性蛋白质饲料　植物性蛋白质饲料包括豆科籽实、饼粕类及部分糟渣类饲料。鹅常用的是饼粕类饲料，它是豆科籽实和油料籽实提油后的副产品，其中压榨提油后块状副产品称作饼，浸提出油后的碎片状副产品称粕。常见的有大豆饼（粕）、菜子饼（粕）、棉仁饼（粕）、花生饼（粕）等。这类饲料的营养特点是粗蛋白含量高，氨基酸较平衡，生物学价值高；粗脂肪含量因加工方法不同差异较大，一般情况下，饼类含油量高于粕类；粗纤维的含量与加工时原料是否有壳相关；矿物质中钙少磷多；B 族维生素含量丰富。这类饲料往往含有一些抗营养因子，使用时应注意。

①大豆饼（粕）：大豆类为养鹅最优良的植物性蛋白质饲料，大豆饼（粕）的蛋白质含量达 40％～50％，赖氨酸含量高。它是饼粕类饲料中质量最好的，与玉米配合使用效果较好，缺点是蛋氨酸和胱氨酸含量偏低。此外，生豆饼（粕）中含有胰蛋白酶抑制因子、血凝素、皂角素等物质，会影响蛋白质的利用，可以通过加热处理来破坏这些有害物质。目前，国内一般多用 3 分钟、110℃热处理，其用量可占鹅日粮的 10％～25％。

②菜子饼（粕）：油菜子榨油后所得副产品为菜子饼（粕），其粗蛋白质含量为 34％～38％；含硫氨酸较丰富，达 0.6％左右；赖氨酸含量在 1.5％～2.5％；精氨酸含量低，是饼粕类饲料中最低者。菜子饼与棉仁饼配合使用，可改善赖氨酸和精氨酸的比例。但所含硫葡萄糖苷在芥子酶的作用下，可分解为异硫氰酸盐和噁唑烷硫酮等有毒物质，会引起动物甲状腺肿大，激素分泌减少，生长和繁殖受阻，并影响其采食量，严重时中毒死亡。在实际使用时，应限量饲喂，一般占日粮 5％～8％为宜。如果

与棉仁饼配合使用，则效果较好。

③棉子饼（粕）：棉子饼（粕）是提取棉子油后的副产品，含粗蛋白质32%～37%，脱壳的棉仁饼粗蛋白质可达40%。精氨酸含量高，但赖氨酸和蛋氨酸含量偏低。粗脂肪含量较高，是维生素E和亚油酸的良好来源，但不利于保存。棉子饼（粕）中存在游离棉酚，对鹅的代谢和体组织有破坏作用，过多饲喂易引起中毒。可采用长时间蒸煮或用0.05%硫酸亚铁溶液浸泡去毒，以减少棉酚对鹅的毒害作用。其用量一般可占鹅日粮的5%～8%。

④花生饼：花生饼是花生榨油后的副产品，也分去壳与不去壳两种，其营养成分差异较大，以去壳的较好。花生饼的成分与豆饼基本相同，略有甜味，适口性好，可代替豆饼（粕）饲喂。花生饼含脂肪高，在温暖而潮湿的地方容易腐败变质，产生剧毒的黄曲霉毒素。因此不宜久存，其用量约占日粮的5%～10%。

（2）动物性蛋白质饲料　这类饲料主要是水产品、肉类、乳和蛋品加工的副产品，还有屠宰场和皮革厂的废弃物及缫丝厂的蚕蛹等。其特点是蛋白质含量高，氨基酸组成全面，矿物质含量丰富，比例适当，B族维生素丰富，碳水化合物含量低，不含纤维素，因此消化率高。但含有一定数量的油脂，容易酸败，影响产品质量，且容易被病原细菌污染。动物性蛋白饲料包括鱼粉、肉粉、肉骨粉、血粉、羽毛粉及蚕蛹粉。

①鱼粉：鱼粉是鹅的优良蛋白质饲料，包括进口鱼粉和国产鱼粉。进口鱼粉一般由鲱鱼、鲭鱼、沙丁鱼等全鱼制成，其蛋白质含量高，一般在60%～70%；赖氨酸和蛋氨酸含量也高。另外，鱼粉中含有脂溶性维生素，水溶性维生素中的核黄素、生物素和维生素B_{12}的含量丰富，钙、磷的含量也丰富且比例适宜。此外，鱼粉中还含有未知生长因子，进口鱼粉主要来自秘鲁、智利等国。

国产鱼粉的质量差异较大，蛋白质含量高者可达60%以上，低者不到30％，并且含盐量较高。因此，在日粮中的配合比例不能过高，若用量超过鹅饲养标准的规定量，极易造成食盐中毒。由于鱼粉价格较贵，在鹅的日粮中用量一般不超过5％，主要是配合植物性蛋白质饲料使用。

②肉粉、肉骨粉：由动物下脚料及废弃屠体经高温高压灭菌后的产品。含磷量在4.4％以上的为肉骨粉，在4.4％以下的为肉粉。因原料来源不同，骨骼所占比例不同，营养物质含量变化很大。粗蛋白质在20％～55％，赖氨酸含量丰富，但蛋氨酸、色氨酸含量较鱼粉低，钙、磷、维生素 B_{12} 含量高，缺乏维生素A、维生素D、维生素E、烟酸等。鹅日粮中的添加量在5％左右，使用时应注意如果处理不好或者存放时间过长，发黑、发臭则不能作饲料用，以免引起鹅瘫痪、瞎眼、生长停滞甚至死亡。

③血粉：血粉是屠宰牲畜所得血液经干燥后制成的产品。含粗蛋白质80％以上，赖氨酸含量7％～8％，色氨酸和组氨酸的含量高，但异亮氨酸严重缺乏，蛋氨酸也较少。由于血粉的加工工艺不同，导致蛋白质和氨基酸的利用率有很大差别。低温高压喷雾干燥的血粉，其赖氨酸利用率为80％～95％，而老式干燥方法仅为40％～60％。血粉中含铁多，而钙、磷少，且具有特殊的臭味，适口性差，氨基酸组成不均匀。因此，在日粮中不宜多用，通常占1％～3％。

④羽毛粉：由禽类羽毛经高压蒸煮、干燥粉碎而成。含粗蛋白质83％以上，但蛋白质品质差，赖氨酸、蛋氨酸和色氨酸含量很低，胱氨酸含量高。羽毛粉适口性差，不易消化吸收，使用时应控制用量，日粮中添加量一般不超过3％。

⑤蚕蛹粉：蚕蛹粉是缫丝过程中剩留的蚕蛹经干燥粉碎后的产品，含有较高脂肪，易酸败变质，影响肉、蛋品质。脱脂蚕蛹粉含蛋白质60％～68％，含蛋氨酸、赖氨酸和核黄素较高，且富含钙、磷及B族维生素。一般占日粮的5％左右，用量过大则会影响产品的品质。

（3）单细胞蛋白饲料 这类饲料是利用各种微生物制成的蛋白质饲料，包括酵母、非病原菌、原生动物及藻类。在饲料中应用较多的是饲料酵母。饲料酵母中含粗蛋白质 $40\% \sim 50\%$，蛋白质生物学价值介于动物蛋白与植物蛋白之间，赖氨酸含量高，蛋氨酸含量偏低，B 族维生素丰富。日粮中添加单细胞蛋白饲料，可以改善蛋白质的品质、补充 B 族维生素和提高饲粮的利用效率。饲料酵母具有苦味，适口性差，在日粮中所占比例一般不超过 5%。

（4）氨基酸 按国际饲料分类法，氨基酸属于蛋白质饲料，在生产上习惯称之为氨基酸添加剂。目前工业化生产的饲料级氨基酸有蛋氨酸、赖氨酸、苏氨酸、色氨酸、谷氨酸和甘氨酸；其中蛋氨酸和赖氨酸最易缺乏，是限制性氨基酸，在生产上应用最为普遍。

①赖氨酸：饲料用赖氨酸是 L-赖氨酸盐酸盐，它是白色结晶，纯度为 98%，相对分子量为 182.7，含氮量为 15.3%，粗蛋白等价 95.8%，代谢能（禽）16.7 兆焦/千克，其中 L-赖氨酸含量为 78%。因此，在计算添加量时，应考虑其有效含量，特别要注意动物不能利用 D-赖氨酸。

②蛋氨酸：又叫甲硫氨酸，D 型和 L 型蛋氨酸具有相同的生物学活性。工业生产用的是 DL-蛋氨酸。DL-蛋氨酸相对分子量为 149.2，含氮量为 9.4%，粗蛋白等价 58.6%，纯度最低为 98%，代谢能（禽）21 兆焦/千克，添加时不必折算。另外，还有一种蛋氨酸羟基类似物（MHA），常为钙盐形式，其生物学活性只有蛋氨酸的 80% 左右。

3. 青绿饲料 天然水分含量在 60% 以上的青绿饲料均属此类。青绿饲料主要包括牧草类、叶菜类、水生类、根茎类等。青绿饲料具有来源广泛、成本低廉的优点，是养鹅最主要、最经济的饲料。

青绿饲料的营养特点是：干物质中蛋白质含量高，品质好；

钙含量高，钙、磷比例适宜；粗纤维含量少，消化率高，适口性好；富含胡萝卜素及多种 B 族维生素。但由于青绿饲料一般含水量较高，干物质含量少，有效能值低；因此，在放牧饲养条件下，对雏鹅、种鹅要注意适当补充精饲料。农村流传的"鹅吃百样草"、"青草换肥鹅"、"不喂鹅青草，下蛋必定少"等谚语，都说明青绿饲料营养价值高，可以满足鹅只的营养需要。通常，精饲料与青绿饲料的重量比为雏鹅 1∶1、中鹅 1∶2.5、成鹅 1∶3.5。青绿饲料在使用前，应进行适当地处理，如清洗、切碎或打浆，这有利于采食和消化。还应注意避免有毒物质，如氢氰酸、亚硝酸盐的影响、农药中毒以及寄生虫感染等。在使用过程中，应考虑植物不同生长期对养分含量及消化率的影响，适时刈割。由于青绿饲料具有季节性，为了做到常年供应，满足草食禽类的需求，可有选择地人工栽培一些生物学特性不同的牧草或蔬菜。常用青绿多汁饲料营养成分见表 3。

表3 常用青绿多汁饲料营养成分

饲料	水分（%）	代谢能（兆焦/千克）	粗蛋白质（%）	粗纤维（%）	钙（%）	磷（%）
苜蓿	70.8	1.05	5.3	10.7	0.49	0.09
三叶草	88.0	0.71	3.1	1.9	0.13	0.04
苦荬菜	90.3	0.54	2.3	1.2	0.14	0.04
聚合草	88.8	0.59	3.7	1.6		0.06
黑麦草	83.7	—	3.5	3.4	0.10	0.04
狗尾草	89.9	—	1.1	3.2	—	
苕子	84.2	0.84	5.0	2.5	0.20	0.06
紫云英	87.0	0.63	2.9	2.5	0.18	0.07
胡萝卜秧	80.0	1.59	3.0	3.6	0.40	0.08
甜菜叶	89.0	1.26	2.7	1.1	0.06	0.01
莴苣叶	92.0	0.67	1.4	1.6	0.15	0.08

（续）

饲料	水分（%）	代谢能（兆焦/千克）	粗蛋白质（%）	粗纤维（%）	钙（%）	磷（%）
白菜	95.1	0.25	1.1	0.7	0.12	0.04
苋菜	88.0	0.63	2.8	1.8	0.25	0.07
甘薯	75.0	3.68	1.0	0.9	0.13	0.05
胡萝卜	88.0	1.59	1.1	1.2	—	—
南瓜	90.0	1.42	1.0	1.2	0.04	0.02

常用的栽培牧草、水生类和瓜菜类主要有以下几种：

①苜蓿：为豆科牧草，包括紫花苜蓿和黄花苜蓿。在全国大部分地区都有栽培，种1次可利用多年，可春播，更适于秋播，每年刈割3～5次，每公顷产75～90吨，一般在花前期刈割，此时粗纤维含量少，粗蛋白质含量高，适口性也好。苜蓿可鲜喂，也可制成干草、干草粉与精饲料混合饲喂。

②三叶草：为豆科牧草，包括红三叶和白三叶。在我国种植也较广泛，可春、秋播种。在现蕾前期叶多茎少，草柔嫩，品质较好，应在此时刈割。每年可刈割3～4次，每公顷产75吨左右。

③苦荬菜：又称鹅老菜，其鲜嫩多汁，味稍苦，适口性好，干物质中粗蛋白含量较高。其特点是生长快，产量高，再生能力强。每年可刈割3～5次，每公顷产量可达90吨左右。

④聚合草：聚合草适应性和耐阴性强、利用期长、产量高。1年可刈割3～5次，每公顷产112.5～150吨。聚合草的营养丰富，并富含多种维生素。主要利用其叶，但叶上通常带有粗硬的短刚毛，饲喂鹅时应打浆使用。

⑤菊苣：菊苣叶质柔嫩，再生性好，利用期长，产量高，适应性广。一般在长到40厘米时刈割，每年收6～8次，每公顷产量可达300吨。

⑥水生饲料：水生饲料具有生长快、产量高，不占耕地和饲用时间长等优点，利用河流、湖泊和水库等水面养殖。常见的有绿萍、水芹菜等。水生饲料水分含量高，干物质少，能量低，应与精饲料配合使用。

⑦瓜菜类：各种瓜菜，如胡萝卜、南瓜、白菜等在冬、春缺乏青绿饲料的季节，可切碎或打浆拌料饲喂鹅。瓜菜类由于水分含量较高，其喂量不宜过大，一般占精饲料的 5%～10%。

另外，在放牧饲养时，田间地头、河渠两岸生长的野草、野菜也是鹅良好的饲料来源。

4. 矿物质饲料 鹅生长发育、机体新陈代谢都需要钙、磷、钠等多种矿物质元素，上述青绿饲料、能量饲料和蛋白质饲料中虽均含有矿物质，但含量远不能满足鹅生长和产蛋的需要。因此，在鹅的日粮中需要专门加入矿物质饲料。在国际饲料分类中，矿物质饲料属第六大类，包括提供钙、磷、钠、氯等常量元素的矿物质饲料和提供铁、铜、锰、锌、碘、硒等微量元素的无机盐类或其他产品。

(1) 钙、磷饲料

1) 钙源饲料 常用的有石灰石粉、贝壳粉和蛋壳粉，另外还有工业碳酸钙、磷酸氢钙及其他钙源饲料。

①石灰石粉：简称石粉，为石灰岩、大理石矿综合开采的产品。主要化学成分为碳酸钙，含钙量不低于 35%，是补充钙质最廉价的矿物质饲料，但要注意镁的含量不得过量。

②贝壳粉：由海水或淡水软体动物的外壳加工而成，其主要成分也是碳酸钙，含钙量在 34%～38%。

③蛋壳粉：由蛋品加工厂或大型孵化场收集的蛋壳，经灭菌、干燥、粉碎而成。钙含量在 30%～35%。

④碳酸钙：俗名双飞粉。工业用材料，也可用为饲料的钙源和添加剂预混料的稀释剂，含钙量较高，可达 40%。

2) 磷源饲料 只提供磷源的矿物质饲料主要有磷酸及其磷

酸盐，如磷酸二氢钠和磷酸氢二钠各含磷 25％和 21％，同时也提供 19％和 32％的钠。其他的一些磷饲料也同时含有一定量的钙，称为钙、磷平衡饲料。常用的磷源饲料有骨粉和磷酸盐。

①骨粉：骨粉是由动物杂骨经热压、脱脂、脱胶后干燥、粉碎制成的，其基本成分是磷酸钙。钙、磷比为 2：1，是钙、磷较平衡的矿物质饲料。骨粉中含钙 30％～35％，含磷 13％～15％。未经脱脂、脱胶和灭菌的骨粉易酸败变质并有传播疾病的危险，应特别注意。在日粮中的用量为 1％～2％。

②磷酸钙盐：磷酸钙盐是补充磷和钙的矿物质饲料。最常用的是磷酸氢钙和磷酸二氢钙。它们的溶解性要好于磷酸钙，动物对其中的钙、磷吸收利用率也较高。使用磷酸盐矿物质饲料要注意其中氟的含量不宜超过 0.2％，否则会引起鹅发生氟中毒，甚至大批死亡。含氟量高的磷矿石应作脱氟处理，其在日粮中的用量为 1％～2％。

（2）食盐　食盐是鹅必需的矿物质饲料，能同时补充钠和氯，不仅具有刺激唾液分泌，促进消化的作用；还能改善饲料味道，增进食欲，维持机体细胞正常渗透压。植物性饲料中钠和氯的含量大多不足，动物性饲料中含量相对较高，由于鹅日粮中动物性饲料用量很少，故需补充食盐。在日粮中的添加量一般为 0.25％～0.5％。鹅对食盐较敏感，过多会中毒，应注意避免。饲料中若有鱼粉，应将鱼粉中的含盐量计算在内。另外，生产鹅肥肝时，日粮中食盐含量以 1.0％～1.6％为宜。

（3）微量元素矿物质饲料　这类饲料虽属矿物质饲料，但在生产上，常以微量元素添加剂预混料的形式添加到日粮中。主要用于补充鹅生长发育和产蛋所需的各种微量元素。

①微量元素化合物的种类和元素含量：常用的微量元素化合物都是一些无机化合物，而有机化合物如蛋氨酸锰、蛋氨酸锌、苏氨酸铁等虽然元素利用率高，但价格贵，在生产中尚未被广泛应用。

②微量元素化合物中元素可利用性：一般来说，动物对微量

元素的吸收利用率较高。由于机体组织代谢的影响，很难准确测定微量元素的生物学效价，各种化合物的可利用性差异较大。在无机化合物中，以选择硫酸盐较好，氧化物较差。鹅对微量元素的需要量按饲养标准中列出的微量元素推荐量添加，把饲料中天然含有量作为补充或安全系数来看待。

鹅对微量元素的需要量极微，不能直接加到饲料中，否则混合不均可能导致部分鹅食入过多，从而引起中毒；部分鹅也可能食入不足，从而影响其健康和生产性能。有些化合物不稳定，易吸潮，所以在添加之前必须把微量元素化合物按照一定的比例和加工工艺配合成预混料，再添加到饲粮中。

5. 维生素饲料 在放牧条件下，青绿多汁的饲料可满足鹅对维生素的需要，但在舍饲的条件下则必须补充维生素，其方法是补充维生素饲料添加剂或饲喂富含维生素的饲料。

维生素饲料是指由工业合成或提纯的维生素制剂，不包括富含维生素的天然青绿饲料，习惯上称为维生素添加剂。

维生素制剂的种类很多，同一制剂其组成及物理特性不一样，维生素的有效含量也有所不同。因此，在配制维生素预混料时，应了解所用维生素制剂的规格。鹅对维生素的需要量受多种因素的影响。例如，环境条件、饲料加工工艺、贮存时间、饲料组成、动物生产水平与健康状况等因素都会增大鹅对维生素的需要量。因此，维生素的实际添加量远高于饲养标准中列出的最低需要量。

一些富含维生素的青绿饲料、青干草粉等虽不属于维生素饲料，但在生产实际中被用作鹅维生素的来源，尤其是用于放牧饲养的鹅群，这不仅符合鹅的采食习性，节约精饲料，还减少了维生素添加剂的用量，从而降低了生产成本。

七、生态鹅饲料的绿色认证

饲料是养鹅生产的物质原料，其质量不仅影响鹅的生长发育与肉品质，而且关系到人类健康和生命安全。加强鹅饲料的质量管理，从源头上控制鹅产品安全和鹅食品品质，是世界各国确保动物性食品安全的一项重要措施。在全国饲料行业推行饲料产品认证，是适应饲料工业新阶段、新任务而采取的一项带有战略意义的新措施。

生态饲料又名环保饲料，它是指围绕解决畜产品公害和减轻畜禽粪便对环境的污染问题，从饲料原料的选购、配方设计、加工饲喂等过程，进行严格质量控制和实施动物营养系统调控，以改变、控制可能发生的畜产品公害和环境污染，达到低成本、高效益、低污染等效果的饲料。就现实情况而言，在鹅实用日粮的配方中，必须放弃常规的配合模式而尽可能地降低日粮蛋白质和磷的用量，以解决环境恶化的问题；同时要添加商品氨基酸、酶制剂和微生物制剂，可通过营养、饲养办法来降低氮、磷和微量元素的排泄量；采用消化率高、营养平衡、排泄物少的饲料配方技术。因此，生态饲料可以用公式表示为：生态饲料＝饲料原料＋酶制剂＋微生态制剂＋饲料配方技术。

（1）饲料原料型生态饲料 这种饲料的特点是所选购的原料消化率高、营养变异小、有害成分低、安全性高；同时，饲料成本低，如秸秆饲料、青贮饲料等。当然，以上的饲料并不能单方面起到净化生态环境的功效，它需要与一定量的酶制剂、微生态制剂配伍和采用有效的饲料配方技术，才能起到生态饲料的作用。

（2）微生态型生态饲料 在饲料中添加一定量的酶制剂和益生素，能调节胃肠道微生物菌落，促进有益菌的生长繁殖，提高饲料的消化率，具有明显地降低污染的能力。如在饲料中添加一定量的植酶酸、蛋白酶、聚精酶等酶制剂能有效控制氮、磷对环境的污染。

（3）综合型生态饲料 这种饲料综合考虑了影响环境污染的各种因素，能全面有效地控制各种生态环境污染，但这种饲料往往成本较高。

生态鹅饲料必须具备以下 4 个条件：

（1）饲料或饲料原料产地必须符合绿色产品生态环境质量标准。

（2）饲料作物种植、鹅的饲养及其产品的加工必须符合绿色产品生产操作规程。

（3）产品必须符合绿色产品标准。

（4）产品的包装、贮运必须符合绿色产品包装贮运标准。

申请生态饲料绿色认证的企业应当向认证机构提交相关材料，其认证程序简要介绍如下。

（1）申请绿色饲料认证的企业应当向认证机构提交书面申请，并提交相关资料：①企业的基本情况，包括名称、地址、规模、硬件设施、资产状况、信用等级、经营情况等；②企业的营业执照、卫生许可证、证明其合法经营的其他资质证明复印件；③企业的管理体系文件及相关文件；④地方商务主管部门提供的有关企业信誉证明材料；⑤保证执行绿色饲料标准和技术规范的声明；⑥如需要，还需提交与其相关的其他材料。

（2）认证机构负责受理认证企业的申请。认证机构自收到认证申请之日起，应在 10 个工作日内完成对申请材料的审核。材料审核不符合要求的，应当书面通知认证企业。

（3）对申请材料审核符合要求的认证企业，认证机构应当在规定时限内委派认证人员，按照绿色饲料标准和技术规范对其进行现场审核。

（4）认证机构应当根据申请材料、现场审核报告等进行综合评价，在 10 个工作日内做出认证决定。向获得认证的企业颁发绿色饲料认证证书，准许使用绿色产品标牌，绿色饲料认证证书有效期为 3 年。

（5）认证机构应当将其颁发的认证证书的副本报国家认证认可监督管理委员会和商务部备案。

（6）国家认证认可监督管理委员会、商务部定期联合公布绿色饲料产品名单。

（7）认证证书期满需要继续使用的，应当在有效期满 90 天前向认证机构申请复审，复审的申请手续同初次申请，复审通过后重新颁发认证证书。

获得绿色饲料认证证书的企业，可以在认证有效期内使用绿色饲料产品的认证标牌，并接受认证机构的监督管理，还可以在宣传材料等信息载体上印制绿色饲料产品的认证标志，但不得在销售的产品或者产品的销售包装上使用绿色饲料产品的认证标志。印制绿色饲料产品认证标志时，可根据需要按基本图案规格等比例放大或缩小，但不得变形、变色。

认证机构对有下列情形之一的，应当注销认证证书并停止其使用认证标牌：①认证适用的标准变更，获得绿色饲料认证证书的企业不能满足变更要求的；②认证证书超过有效期，获得绿色饲料认证证书的企业未申请复审的；③获得绿色饲料认证证书的企业申请注销的。发生以下情形之一的，认证机构应当暂停其使用认证证书和认证标牌：①获得绿色饲料认证证书的企业未按规定使用认证标牌；②监督检查结果证明获得绿色饲料认证证书的企业在运营中不符合认证要求，但是不需要立即撤销认证证书的。而对下列情形之一的，认证机构应当撤销认证证书并停止其使用认证标志：①监督检查结果证明运营中不符合认证要求，需要立即撤销认证证书的；②认证证书暂停使用期间，获得绿色饲料认证证书的企业未采取有效纠正措施的；③绿色饲料出现严重质量、安全和卫生事故的。

任何单位或个人不得伪造、冒用、转让、买卖绿色饲料标牌。此外，认证机构应当对获得绿色饲料认证的企业，每年进行一次跟踪监督检查，也可根据情况进行不定期抽查。监督检查合格的，认证证书可继续使用；监督检查不合格的，暂停使用认证证书和绿色饲料标牌并限期整改。整改合格的可继续使用认证证书和绿色饲料标牌；整改无效的，撤销其认证证书并停止使用认证证书和绿色饲料标牌。认证企业对认证机构的认证决定或者处理有异议的，可以向做出决定的认证机构提出申诉，对认证机构处理结果仍有异议的，还可以向国家认证认可监督管理委员会申诉、投诉。

第四章

鹅的品种与高效繁育技术

在动物学分类上，鹅属鸟纲、雁形目、鸭科、鹅属，由雁类野鸟经人类长期驯化而成。一般认为，中国家鹅与欧洲家鹅由不同雁类驯化形成，中国家鹅由鸿雁和灰雁驯化。中国家鹅品种中，除原产于新疆的伊犁鹅起源于灰雁外，其他品种均源于鸿雁；欧洲家鹅由灰雁驯化形成。

鹅的品种是指来源相同、形态相似、结构完整、遗传性能稳定、具有一定数量和较高经济价值的鹅群。由于各地自然环境、社会经济条件、饲养管理技术以及培育目的不同，经过长期选种选育，形成了许多不同的品种。我国是世界上畜禽遗传资源最丰富的国家之一，不仅物种、类群齐全，而且种质特性各异。为满足人们对肉、蛋等产品的需求，自改革开放以来，我国相继引进了一些国外高生产性能的鹅品种，对国内地方品种进行杂交改良。

第一节 引 种

随着经济的发展以及人们生活水平的提高，人们对鹅产品数量和品质要求均在逐步提高，有选择性的引进优良鹅品种将成为现代养鹅业的趋势。为了避免盲目引种，保证引种成功，在选择

82

引入品种和引种过程中，应把握好几个原则和技术要点。

一、引种原则

1. **与生产目的相符**　引种地需根据当地市场需求确定养鹅的生产目的，肉用、产绒还是生产肥肝等，引入品种的主要生产性能必须要与确定的生产目的相符，这样才能达到提高生产效益的目的。例如，长江以北一般以盐水鹅或加工产品（风鹅等）生产为主，对鹅的生长期和体重要求不严，一般以中型鹅品种为宜。江南地区烧鹅、烤鹅等消费量大，要求提供的加工肉鹅生产期短、肉质嫩，应选择一些早期生长速度快的品种和一些大型品种。此外，有些地区消费者有一些特殊要求，如东北有的地区喜食鹅蛋，浙江东部地区喜爱用肉质细嫩的鹅做成"白斩鹅"；也有的对鹅的羽色、外形有不同要求，如华南、港澳台地区及东南亚以灰鹅为主。

2. **生产性能高且稳定**　引入的品种一定要具有生产性能高且稳定的特点，否则，引入品种未起到提高生产性能的作用，或者是引入品种繁殖的后代变异较大，不能达到引种的目的。所以引种前要对各品种鹅的生产特性进行正确比较。例如，从肉鹅生产角度出发，既要考虑其生长速度，降低出栏日龄，提高出栏体重，尽可能高地增加肉鹅的生产效益，又要考虑其产蛋量，降低雏鹅的单位生产成本。另外，还应考虑肉质，同时要求各种性状能保持稳定和统一。一般大型鹅种生长速度快，产肉率高，但繁殖率低，种鹅生产成本高。

3. **能适应当地生产环境**　引种前必须对引入品种的产地气候环境条件、饲养方式等进行分析，并与引入地进行比较，同时还要考察该品种在不同环境条件下的适应能力，综合选出生活力强、成活率高，适于当地饲养的优良品种。例如，南方从北方引种要了解北方鹅是否适应湿热气候，北方从南方引种则要考虑南方鹅是否能安全过冬等。

在引种过程中，既要考虑品种的生产性能，又要考虑环境条件与原产地是否有很大差异或能否为引入品种提供适宜的环境条件。

二、引种的技术要点

1. 了解品种特性 引种前必须对引入品种的生产性能、饲养环境、饲料组成及营养要求有足够的了解，掌握其外貌特征、遗传稳定性、饲养管理特点和抗病力等资料，以便引种后参考。一般要求引入良种要符合本品种标准，并有当地畜禽品种生产许可证书，否则易造成引入品种纯度不够，甚至鱼龙混杂，导致引种损失或失败。

2. 引入健康品种 引种时，应引进体质健康、发育正常、无遗传疾病及传染病的未成年种鹅，以使其适应当地环境，确保引种成功。不仅如此，引入品种后还要对其进行观察一段时间的隔离，确认其健康后再做生产及杂交配套处理。

3. 实行批次引种 首次引入数量要少些，待引入后观察1~2个生产周期后，确实其能适应本地区饲养，且能表现正常的生长性能及生产性能，再适时增加引种数量，并扩大繁殖。

4. 选择引种季节 为避免季节差异较大而导致引入品种不适应，最好在两地气候差异较小的季节进行引种，使引入品种能逐渐适应气候的变化。从寒冷地区向温热地区引种一般以秋季为好，而从温热地区向寒冷地区引种则以春末夏初为宜。

5. 严格执行检疫制度 引种时必须符合国家法规规定的检疫要求，认真检疫，办齐一切检疫手续。严禁从疫区引种，引入品种必须单独隔离饲养，经观察确认无病后方可入场。有条件的可对引入品种及时进行重要疫病的检测，发现问题，及时处理，减少引种损失。

6. 做好引种准备 引种前，要根据引入地的饲养条件和引入品种的生产要求，准备圈舍和饲养设备，做好清洗、消毒，备足饲料和常用药物，培训饲养和技术人员。

7. 注意引种过程安全　搞好引种运输组织安排，选择合理的运输途径、运输工具和装载物品，缩短运输时间，减少途中损失。长途运输时应加强途中检查，尤其注意过热或过冷和通风等环节。夏季引种时，尽量选择在傍晚或清晨凉爽时运输，冬、春季节尽量安排在中午风和日丽时运输。

第二节　鹅品种选择

一、鹅品种分类

由于各地生态环境、社会经济条件、饲养管理技术和人们养鹅目的等方面的不同，在鹅的驯化过程中形成了鹅的众多品种。为了有目的、有计划地利用鹅的这些品种资源，发挥各品种的遗传潜力和杂交优势，培育新品种或杂交配套系，从而进一步提高养鹅的经济效益，人们从不同角度对现有鹅品种进行了分类。目前，一般从体型大小、经济用途、产蛋性能、羽毛颜色、地理特征和性成熟早晚等进行分类。

（一）按体型大小分类

这是目前最常用的分类方法，根据鹅活体重的大小分为大型、中型、小型 3 类。大型品种公鹅体重为 10～12 千克，母鹅 6～10 千克，如我国的狮头鹅、国外的图卢兹鹅等；中型品种公鹅体重为 5.1～6.5 千克，母鹅 4.4～5.5 千克，如我国的浙东白鹅、皖西白鹅、溆浦鹅、四川白鹅、雁鹅等，德国的莱茵鹅等；小型品种公鹅体重为 3.7～5.0 千克，母鹅 3.1～4.0 千克，如我国的太湖鹅、豁眼鹅、乌鬃鹅、籽鹅、长乐鹅、伊犁鹅等。

（二）按经济用途分类

由于人们对鹅产品需求不同，从而形成了鹅不同的经济用途。按照鹅的主要经济用途将鹅品种分为肉用型、羽绒用型和肥肝用型。

1. 肉用型　适宜作为肉用鹅的大多属中、大型鹅种。其特点是早期增重快，肉质好，上市日龄早，即仔鹅 60～70 日龄体重可达 3 千克以上。主要有四川白鹅、浙东白鹅、皖西白鹅、长白鹅、固始鹅以及从国外引进的莱茵鹅等。

2. 羽绒用型　各品种的鹅均产羽绒，专门把某些鹅种设定为羽绒用型似乎不科学，但在众多鹅品种中，皖西白鹅的产绒品质最好，以羽绒洁白、绒朵大而著称；尤其是进行活鹅拔毛时，更应选择该品种。其他白鹅，如浙东白鹅、四川白鹅、承德白鹅等也具有较好的产绒性能。

3. 肥肝用型　国内品种主要有狮头鹅和溆浦鹅，国外品种主要有朗德鹅等。这类鹅经填饲后的肥肝重达 600 克以上，高产者可达 1 000 克以上。当然这类鹅也可用作产肉，但习惯上把它们作为肥肝专用型品种。

（三）按产蛋性能的高低分类

各品种鹅之间的产蛋性能差异很大，按照产蛋性能的高低分为高产、中产和低产。高产品种年产蛋 100～150 枚，如豁眼鹅；中产品种，年产蛋 60～80 枚，如太湖鹅、雁鹅、四川白鹅等；低产品种，年产蛋 25～40 枚，如我国的狮头鹅，法国的图卢兹鹅、朗德鹅等。

（四）按羽毛颜色分类

按照羽毛颜色的不同，将我国鹅分为白鹅和灰鹅两大类。在我国北方以白鹅为主，南方灰白品种均有；但在白鹅中往往带有数量不等的灰褐毛，在灰鹅中亦有带白色或羽色深浅的差异。白羽鹅种，有太湖鹅、豁眼鹅、籽鹅、浙东白鹅、皖西白鹅、四川白鹅和河北白鹅等。灰羽鹅种，有狮头鹅、雁鹅、乌鬃鹅、钢鹅、阳江鹅、伊犁鹅、永康鹅和长乐鹅等。国外鹅种羽色较丰富，有白、灰、浅黄、黑色和杂色等，以灰鹅占多数；有的品种如丽佳鹅苗鹅呈灰色，长大后逐渐转白色。

（五）按地理特征分类

以往多从地理环境分布对鹅的品种进行分类，如中国鹅、法国图卢兹鹅、英国埃姆登鹅、德国鹅、埃及鹅、加拿大鹅、东南欧鹅等。这些仅是世界上部分国家鹅种中的一些代表品种，其性状具有一定的代表性。

（六）按性成熟早晚分类

按照性成熟的日龄可分早熟型、中熟型和晚熟型。早熟型为开产期在 130 日龄左右的小型和部分中型鹅种；中熟型开产期在 150～180 日龄的中型鹅种；晚熟型开产期在 200 日龄以上的大型鹅种。

二、国内鹅品种

我国养鹅历史悠久，是世界上鹅品种资源最多的国家，有许多优良鹅的品种。同时，由于我国地域辽阔，地理纬度独特，自然生态条件优越，很适宜鹅的养殖，使得我国成为世界上养鹅最多的国家。目前我国饲养的鹅品种绝大多数是中国鹅（分为许多品变种），此外还有少量的新疆伊犁鹅。由于我国各地生态环境、社会经济条件、饲养管理技术和养鹅目的等不同，在鹅品种的漫长培育过程中形成了许多优良的地方品种或杂交配套系，这些品种既具有中国鹅典型的特征，也具有自身所特有的性状。现介绍一些具有代表性的国内鹅品种。

（一）太湖鹅

1. *产地与分布*　太湖鹅原产于长江三角洲的太湖地区，分布于江苏省、上海郊县、浙江省杭嘉湖地区，在东北、河北、湖南、湖北、江西、安徽、广东、广西等地均有分布，现有种鹅约100万只。太湖鹅产区城市集中，人口稠密，经济繁荣，气候温和，年平均气温15℃左右，雨水充沛，年降水量1 200毫米。全区河流纵横，湖泊棋布，水草丰茂，盛产稻麦，素称"鱼米之乡"。

2. 品种特征　太湖鹅是我国小型白鹅的优良品种之一，最具中国鹅的典型特征，具有生长快、成熟早、饲料报酬高、产蛋量高、就巢性弱、肉质细嫩等特点。太湖鹅体型较小，全身羽毛洁白，偶在眼梢、头顶、腰背部有少量灰褐色斑点；前躯高抬，体态高昂，体质细致紧凑，全身羽毛紧贴。肉瘤圆而光滑，呈姜黄色，无皱褶；颈细长呈弓形，咽袋不明显；眼睑淡黄色，虹彩灰蓝色；喙、胫、蹼均呈橘红色，喙端色较淡，爪白色；雏鹅全身乳黄色，喙、胫、蹼橘黄色。从外表看，公、母鹅差异不大，公鹅体型较高大雄伟，常昂首挺胸展翅行走，叫声洪亮，喜追逐啄人；母鹅性情温驯，叫声较低，肉瘤较公鹅小，喙较短。

3. 生产性能

(1) 肉用性能　太湖鹅产肉性能好，主要作为生产肉用仔鹅的优良母本。雏鹅初生重91.20克左右。在充分放牧的条件下，只需补饲碎米、瘪谷等。70日龄即可上市，平均体重达2.32千克左右；舍内饲养条件下，可达3.08千克。一般采用舍饲，肉料比1：2.5～4.5。在放牧条件下，70日龄仔鹅半净膛率和全净膛率分别为78.64%和64.05%；在舍内饲养条件下，分别为81.78%和69.42%。成年母鹅半净膛屠宰率为79.25%，全净膛屠宰率为68.73%。成年公鹅体重4～4.5千克，母鹅体重3～3.5千克。

(2) 产蛋性能和繁殖性能　性成熟比较早，160日龄左右即开始产蛋。平均年产蛋60～70枚，高产鹅群达80～90枚，平均蛋重135克。公、母配种比例1：6～7，受精率90%，孵化率

85%。70 日龄肉仔鹅成活率可达 92% 以上。就巢性弱,群体中仅有 10% 的个体有就巢性,且就巢时间短。

(3) 产肥肝及产羽绒性能 经填饲,平均肥肝重 251.4 克,最大达 638 克,二级以上肥肝占 44.4%,合格率 81%,填饲期成活率 79.3%;太湖鹅羽绒洁白如雪,经济价值高,每只鹅产羽绒 0.2~0.25 千克。

(二) 豁眼鹅

1. 产地与分布 豁眼鹅又称五龙鹅、疤拉眼鹅和豁鹅,辽宁昌图地区叫昌图鹅。原产于山东莱阳地区,主产于莱阳、海阳、莱西等地,分布于山东栖霞、乳山、即墨等周边地区,后经山东移民带至东北,现广泛分布于山东、东北的辽宁昌图、吉林通化地区以及黑龙江延寿县等地。豁眼鹅产区的地理条件包括丘陵、平原和半山区,年平均气温从 11.2~4℃,绝对温差从 35℃到 -30℃,年降水量 600~1 100 毫米,无霜期 110~193 天。各产区的共同特点为草地植被茂盛,水源充足,农业生产发达,饲料资源丰富,具有发展养鹅的良好自然条件。

2. 品种特征 豁眼鹅为白色中国鹅的小型品变种之一,以优良的产蛋性能著称于世。豁眼鹅体型轻小紧凑,全身羽毛洁白,喙、肉瘤、胫、蹼橘红色。头中等大小,额前长有表面光滑的肉质瘤,颌下偶有咽袋。眼呈三角形,两眼上眼睑均有一疤状缺口,为该品种独有的特征,眼睑黄色,虹彩蓝灰色,颈长呈弓形。成年公鹅头颈粗大,肉瘤突出,前躯挺拔高抬,叫声高而洪亮。成年母鹅腹部丰满略下垂,羽毛紧贴,偶有腹褶,性情温驯,叫声低而清脆。山东产区的鹅颈较细长,腹部紧凑,有腹褶者占少数,腹褶较小,颌下有咽袋者亦占少数;东北三省的豁眼鹅多有咽袋和较深的腹褶。

3. 生产性能

(1) 肉用性能 公鹅初生重 70~78 克,母鹅初生重 68~79

克；60 日龄公、母鹅体重分别为 2.25～2.38 千克和 1.99～2.18 千克；90 日龄公、母鹅体重分别为 2.96～3.09 千克和 2.65～2.72 千克；公、母鹅成年体重分别为 3.95～4.15 千克和 2.86～3.70 千克。公鹅半净膛率和全净膛率分别为 78.3％～81.2％和 70.3％～72.6％；母鹅半净膛率和全净膛率分别为 75.6％～81.2％和 69.3％～71.2％；肉料比为 1：2.76。

（2）产蛋性能和繁殖性能　母鹅平均开产日龄 220 天，是产蛋量最高的鹅种。在半放牧饲养条件下，年产蛋量 100 枚左右；在以放牧为主的粗放饲养条件下，年产蛋量 80 枚。一般第 2、3 年产蛋达到高峰；产蛋旺季为 2～6 月份，通常 2 天产 1 枚蛋，在春末夏初产蛋旺季可 3 天产 2 枚蛋。在冬季，给予高产鹅必要的保温和饲料，可以继续产蛋。在饲料充足、管理细致的条件下，年产蛋量 120～130 枚，蛋重 120～130 克。公、母配种比例为 1：5～7，受精率达 85％以上，受精蛋孵化率 80％～85％。母鹅无就巢性。

（3）产肥肝及产羽绒性能　仔鹅经人工填饲后，平均肥肝重为 325 克，最大达 586 克，料肝比为 39.8：1。羽绒洁白，含绒量高，但绒絮稍短。公、母成年鹅一次活拔羽绒量分别为 0.2 千克和 0.15 千克。

（三）四川白鹅

1. 产地与分布　主产于四川省温江、乐山、宜宾、永川、内江和达县等地，广泛分布于四川省的平坝和丘陵水稻产区。产区海拔在 300～800 米，境内有岷江、沱江和嘉陵江等水系，水库塘堰多，水域广阔。气候温和，雨水充沛，饲草长年繁茂，为养鹅业的发展提供了良好的天然牧地。

2. 品种特征　四川白鹅是中国鹅种中基本无就巢性、产蛋量较高、肉仔鹅生长速度快、适应性强、耐粗饲、肉质较好、有较好的产羽绒性能的优质地方品种。该鹅放牧饲养 90 天左右即

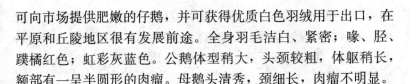

可向市场提供肥嫩的仔鹅，并可获得优质白色羽绒用于出口，在平原和丘陵地区很有发展前途。全身羽毛洁白、紧密；喙、胫、蹼橘红色；虹彩灰蓝色。公鹅体型稍大，头颈较粗，体躯稍长，额部有一呈半圆形的肉瘤。母鹅头清秀，颈细长，肉瘤不明显。

3. 生产性能

（1）肉用性能　初生重 71 克，60 日龄重 2.48 千克，90 日龄重 3.52 千克，成年公鹅体重 5 千克、母鹅体重 4.9 千克，90 日龄即可上市。6 月龄成年公鹅半净膛率和全净膛率分别为 86.28% 和 79.27%，母鹅半净膛率和全净膛率分别为 80.69% 和 73.1%。

（2）产蛋性能和繁殖性能　平均开产日龄 220 天，年产蛋 60~80 枚，高产者达 110 枚，蛋重 146 克。公鹅性成熟期约 180 日龄，公、母鹅配种比例以 1∶5~6 为宜。受精率 85% 以上，孵化率在 84% 以上。母鹅无就巢性。

（3）产肥肝性能　经填饲后，肥肝平均重 344 克，最大肝重 520 克，料肝比为 42∶1。

（四）皖西白鹅

1. 产地与分布　皖西白鹅产于安徽省西部丘陵山区和河南省固始一带，主要分布在皖西霍邱、寿县、六安、肥西、舒城、长丰等县以及河南的固始等县。产区气候温和，年平均气温 15~16℃，雨水充沛，年降水量 1 150 毫米，无霜期 214~226 天，年日照时数 2 000~2 200 小时。产区盛产稻、麦，河湖水草丰茂，丘陵草地广阔，放牧条件较为优越。

2. 品种特征　皖西白鹅是我国优良鹅种之一。具有早期生长快、耗料少、肉质好等特点，但产蛋量较少。体型中等，体态高昂，胸深广，背宽平，细致紧凑，全身羽毛白色，颈长呈弓形。肉瘤橘黄色，圆而光滑无皱褶。喙橘黄色，喙端色较淡，虹彩灰蓝色，胫、蹼橘红色，颌下带有咽袋的鹅约占 6%。皖西白鹅类型分为有咽袋腹皱褶多、有咽袋腹皱褶少、无咽袋有腹皱褶、无咽袋无腹皱褶等。公鹅肉瘤大而突出，颈粗长有力；母鹅颈较细短，腹部轻微下垂。少数个体头顶后部生有球形羽束，称为"顶心毛"。

3. 生产性能

（1）肉用性能　初生重90克左右；30日龄体重可达1.5千克；60日龄达3.0～3.5千克；90日龄达4.5千克；成年公鹅体重达6.12千克，母鹅体重5.56千克。8月龄放牧饲养且未进行催肥的鹅，其半净膛率和全净膛率分别为79.0%和72.8%。肉质好，制作"烤鹅"和"腊鹅"，鲜嫩可口，风味独特。

（2）产蛋性能和繁殖性能　开产日龄180天。但当地习惯早春孵化，人为将开产期控制到9～10月，产蛋多集中在1月和4月。年产蛋量25枚左右，平均蛋重142克。公、母鹅配种比例以1∶4～5为宜，受精率88.7%，孵化率91.1%。雏鹅生活力和抗病力强，30日龄平均存活率96.8%。母鹅就巢性强，每产一期，就巢一次。公鹅使用年限3～4年或更长，母鹅4～5年。

（3）产羽绒性能　产绒性能极好，羽绒洁白质量好，尤其以绒毛的绒朵大而著称。平均每只鹅产羽绒349克，其中产绒毛量40～50克。产区出口绒占全国出口量的10%，居全国第一位。

（五）浙东白鹅

1. 产地与分布　浙东白鹅主要产于浙江省东部的奉化、象山、定海等县市，主要分布在浙江东南沿海的名胜山、定海、奉化、宁海、勤县、绍兴、余姚、上虞、嵊州、新昌等地。当地群众习惯于小群饲养，现已成为一项重要的家庭副业。产区属亚热带海洋性气候，年平均气温在16.5℃左右，无霜期240天以上，年降水量1 500毫米左右。沿海平原，江河交叉，湖泊棋布，稻田连片，水草丰茂，具有养鹅的良好自然条件。

2. 品种特征　浙东白鹅是浙江地区优良肉用型鹅种，具有体型大、生长快、肉质好、耐粗饲等特点。体型中等大小，体躯长方形。额上方肉瘤高突成半球形，随年龄增长突起明显；颌下无咽袋；颈细长；全身羽毛洁白，约有 15％的个体在头部和背侧夹杂少量斑点状灰褐色羽毛；喙、胫、蹼幼年时橘黄色，成年后变橘红色，爪玉白色；肉瘤颜色较喙的颜色略浅；眼睑金黄色，虹彩灰蓝色。成年公鹅高大雄伟，肉瘤高突，耸立头顶，鸣声洪亮，好斗逐人；成年母鹅肉瘤较低，性情温驯，鸣声低沉，腹部宽大下垂。

3. 生产性能

（1）肉用性能　初生重 105 克；30 日龄体重可达 1.32 千克；60 日龄达 3.51 千克；75 日龄达 3.77 千克；成年公鹅体重达 5.04 千克，母鹅体重 3.99 千克。70 日龄即可上市，其半净膛率和全净膛率分别为 81％和 72％。

（2）产蛋性能和繁殖性能　母鹅在 150 日龄左右开产，一般每年有 4 个产蛋期，每期产蛋量 8～13 枚，年产蛋 40 枚左右，平均蛋重 149 克。公鹅 4 月龄开始性成熟，初配控制在 160 日龄以后，公、母鹅配种比例以 1：6～10，受精率 90％以上，孵化率也可达 90％。母鹅一般都有就巢性。

（3）产肥肝及产羽绒性能　经填饲后，肥肝平均重 392 克，最大肥肝重 600 克，料肝比为 44：1。肉用仔鹅烫煺毛平均 213 克，最少 125 克，最多 400 克。

（六）扬州鹅

1. 产地与分布　主产于江苏省扬州市各地区，分布于江苏、上海、安徽、河南等地区的一些市（县）。

2. 品种特征　扬州鹅是由扬州大学动物科学与技术学院联合扬州市多管局及高邮市、仪征市、邗江区等几个县市的推广和生产部门，共同协作攻关培育而成的新品种，被誉为我国第一个新鹅种。在培育过程中利用皖西白鹅、四川白鹅与太湖鹅母鹅杂

交，经在当地选育形成，具有遗传性能稳定、生长速度快、繁殖
率高、适应性强、仔鹅饲料转化率高、肉质优（细、嫩、滑香）
及耐粗饲等特点。扬州鹅头中等大小，高昂；前额有半球形肉
瘤，瘤明显，呈橘黄色；颈匀称，粗细、长短适中，母鹅颈略比
公鹅细；体躯方圆、紧凑；羽毛洁白、绒质较好，在鹅群中偶见
眼梢或头顶或腰背部有少量灰褐色羽毛的个体；喙、颈、蹼橘红
色（略淡）；眼睑淡黄色，虹彩灰蓝色；公鹅体型略大，雄壮，
母鹅清秀。雏鹅全身乳黄色，喙、胫、蹼橘红色。

3. 生产性能

（1）肉用性能　初生重 82 克左右；舍饲条件下，70 日龄仔
鹅平均体重可达 4.05 千克，成活率达 96.5%；放牧补饲的饲养
条件下，70 日龄仔鹅的平均体重达 3.52 千克左右，料肉比为
2.07∶1，成活率达 93.3%。70 日龄公鹅半净膛率和全净膛率分
别为 89.4% 和 68.0%，母鹅半净膛率和全净膛率分别为 85.9%
和 67.7%。

（2）产蛋性能和繁殖性能　开产日龄一般 185～200 天，种
鹅在 60 周龄入舍平均可产蛋 59.6 枚，平均蛋重达 140 克；种鹅
在 68 周龄入舍产蛋 70～75 枚，平均蛋重达 141 克，产蛋期成活
率达 95.3%。公、母鹅配种比例 1∶4～5，种蛋受精率平均
92.1%，出雏率 87.2%。

（七）籽鹅

1. 产地与分布　籽鹅又称为东北籽鹅，主要产区是黑龙江
省绥化和松花江地区，其中以肇东、肇源、肇州等县（市）最
多，黑龙江全省均有分布。

2. 品种特征　籽鹅具有耐寒、耐粗饲和产蛋能力强的特点，
可作为理想的母本品种生产商品杂交鹅。体型小而紧凑，略呈长
圆形。羽毛白色，头顶有缨，颈细长，肉瘤较小，颌下偶有咽袋
但很小。喙、胫、蹼均为橙黄色，虹彩为蓝灰色。腹部一般不

下垂。

3. 生产性能

(1) 肉用性能　初生重公、母鹅分别为 89 克和 85 克；8 周龄时，公鹅体重 2.96 千克左右，母鹅体重 2.58 千克左右；10 周龄时，公鹅体重 3.28 千克左右，母鹅体重 2.86 千克左右；20 周龄时达成年体重，公、母鹅分别为 4.0～4.5 千克和 3.0～3.5 千克。20 周龄屠宰时，公、母鹅半净膛率分别为 81.52% 和 81.29%；全净膛率分别为 76.21% 和 75.53%。

(2) 产蛋性能和繁殖性能　母鹅的开产日龄 180～210 天，年产蛋一般在 100 枚以上，多的可达 180 枚，平均蛋重 131 克。公、母配种比例比一般为 1:5～7，受精率 90% 以上；春季尤高，孵化率一般在 90% 以上，高的可达 98%。母鹅无就巢性。

(八) 溆浦鹅

1. 产地与分布　溆浦鹅产于湖南省沅水支流的溆水两岸，中心产区在溆浦县城附近的新坪、马田坪、水车、仲夏、麻阳水、桐水溪、大湾等地，分布遍及溆浦全县及怀化地区各县 (市)。溆浦县为山丘区，年平均气温 16.9℃，年降水量 1 419 毫米，年日照时数为 1 552 小时，无霜期 284 天，主要产区海拔 161 米。溆水两岸地势平坦，土质为沙质土、肥沃，植被稠密，农作物以水稻为主，经济作物也占有相当比重。房前、屋后、河滩、田野、池塘、沟港水草繁茂，为养鹅提供了优越的条件。

2. 品种特征　溆浦鹅是我国著名生产特级肥肝的优良肝用鹅种，同时也是优良的肉用品种。体型高大、体躯稍长、呈圆柱形。肉瘤突起，表面光滑、呈灰黑色。眼睛明亮有神，眼睑黄色，虹彩灰蓝色。胫、蹼都呈橘红色，喙黑色。羽毛颜色主要有白、灰两种，以白色居多数。白鹅全身羽毛白色，喙、肉瘤、胫、蹼都呈橘黄色。灰鹅背、尾、颈部为灰褐色，腹部呈白色。成年鹅在枕骨后方着生一簇旋毛，这样的个体约有 20%。公鹅头颈高昂，直立雄壮，叫声清脆洪亮，护群性强。母鹅体型稍小，性温驯，觅食力强，产蛋期间后躯丰满、呈蛋圆形。腹部下垂，有腹褶。

3. 生产性能

(1) 肉用性能　初生重 122 克；30 日龄体重 1.54 千克；60 日龄重 3.15 千克；90 日龄重 4.42 千克；180 日龄公鹅体重达 5.89 千克，母鹅体重达 5.33 千克。6 月龄屠宰公鹅半净膛率和全净膛率分别为 88.6% 和 80.7%，母鹅半净膛率和全净膛率分别为 87.3% 和 79.9%。

(2) 产蛋性能和繁殖性能　母鹅开产在 7 月龄左右，一般年产蛋约 30 枚，平均蛋重 212.5 克。产蛋季节集中在秋末和初春两期，每期可产蛋 8～12 枚，一般年产 2～3 期，高产者可达 4 期。公鹅 6 月龄即可配种，公、母鹅配种比例 1:3～5，受精率 97.4%，受精蛋孵化率 93.5%。公鹅利用年限 3～5 年，母鹅 5～7 年。母鹅就巢性强，一般每年就巢 2～3 次，多者达 5 次。

(3) 产肥肝及产羽绒性能　产肝性能良好，成年鹅经填饲 3 周，肥肝平均重 627 克，最大肥肝重达 1.33 千克。平均体重 3.4 千克的溆浦鹅，每次拔毛量为 45.75 克。

(九) 狮头鹅

1. 产地与分布　狮头鹅产于广东省韩江下游的饶平、澄海、潮安及汕头市郊等地，以饶平较为集中。目前黑龙江、河北、辽宁、陕西、山西、山东等省均有饲养。

2. 品种特征　狮头鹅是我国唯一的大型优良鹅种，也是世界大型鹅种之一，是我国体型最大、产肥肝性能最好的灰羽品种。因前额和颊侧肉瘤发达呈狮头而得名。狮头鹅生长速度快，与其他品种母鹅杂交，能明显提高仔鹅的生长速度和产肥肝性能，因此常作为杂交配套的父本品种。与亚洲和欧洲的大多数鹅种不同，该鹅种具有独特的外貌和体型。狮头鹅体躯硕大，呈方形；头部前额肉瘤发达，覆盖于喙上，显黑色或黑色而带有黄斑；颌下有发达的咽袋延伸至颈部，呈三角形。喙短，黑色，质坚实，眼凹陷，眼皮突出，多呈黄色，虹彩褐色，胫粗蹼宽，为橘红色。全身背面羽毛、前胸羽毛及翼羽均为棕褐色，由头顶至颈部的背面形成如鬃状的深褐色羽毛带，全身腹部的羽毛白色或灰白色。

3. 生产性能

（1）肉用性能　在以放牧为主的传统饲养条件下，初生公鹅体重134克、母鹅133克；30日龄公、母鹅体重分别为2.25千克和2.06千克；60日龄公、母鹅体重分别为5.55千克和5.12千克；70～90日龄上市未经育肥的仔鹅平均体重5.80千克（公鹅6.18千克、母鹅5.51千克）。成年公鹅体重达12～17千克，母鹅9～13千克。公鹅半净膛率和全净膛率分别为81.9%和71.9%，母鹅半净膛率和全净膛率分别为84.2%和72.4%。

（2）产蛋性能和繁殖性能　母鹅开产日龄160～180天，一般控制在220～250天。狮头鹅产蛋量较低，第1个产蛋年度平均产蛋量24枚，平均蛋重176.5克。2岁以上母鹅平均产蛋量28枚，平均蛋重为217.2克。年产蛋20～38枚，产蛋盛期为第2～4年。公、母鹅配种比例1：5～6。母鹅就巢性强，每产完一期蛋则就巢1次，全年可产蛋就巢3～4次。

（3）产肥肝性能　平均肥肝重600克，最大可达1 400克，肥肝占屠体重达13%，料肝比40：1。

（十）乌鬃鹅

1. 产地与分布　乌鬃鹅原产于广东省清远县，主要产区在清远县北江两岸的江口、源潭、洲心、附城等乡镇；此外，邻近的花县、佛岗、从化、英德等县均已引种饲养。产区位于广东省北部，毗邻珠江三角洲，气候温和，年平均气温20℃，最高气温29℃，最低气温2℃，雨水充沛，年平均降水量2 000毫米；

土地肥沃，农作物以水稻为主，农副产品丰富，池塘河涌周围水草繁茂，具有养鹅的良好自然条件。

2. **品种特征** 乌鬃鹅属小型鹅品种，体质结实，被毛紧凑、头小、颈细、腿短、体躯宽短。公鹅体型比母鹅大，呈榄核形，肉瘤发达，雄性特征明显；母鹅呈楔形，脚矮小，颈细而灵活。眼大小适中，虹彩褐色；喙和肉瘤黑色、较深；胫、蹼黑色；尾羽呈扇形，稍向上翘起；羽毛大部分呈乌棕色，成年鹅的头部自喙基和眼的下缘起直至最后颈椎有一条由大渐小的鬃状黑色羽带；颈部两侧的羽毛为白色，翼羽、肩羽和背羽乌棕色，并在羽毛末端有明显的棕褐色镶边，故俯视呈乌棕色；胸羽灰白色，尾羽灰黑色，腹尾的羽绒白色；在背部两边，有一条起自肩部直至尾根2厘米宽的白色羽毛带，在尾翼间不被覆盖部分呈现白色圈带。青年鹅的各部羽毛颜色比成年鹅深。

3. **生产性能**

(1) **肉用性能** 乌鬃鹅初生重95克，30日龄重695克，70日龄重2.58千克，90日龄重3.17千克；成年公鹅平均体重3.50千克，母鹅3.00千克，料肉比2.31∶1。在不放牧条件下，育肥15天，可增重725克，日增重50克。成年公鹅半净膛率和全净膛率分别为88.8%和77.9%，母鹅半净膛率和全净膛率分别为87.5%和78.1%。

(2) **产蛋性能和繁殖性能** 母鹅开产日龄为140天左右，1年有4～5个产蛋期，平均年产蛋30枚左右，平均蛋重144.5克。母鹅有很强的就巢性，可进行天然孵化；公鹅性欲很强，自然交配公、母鹅配比1∶8～10。在配种旺季，1只公鹅每天可交配15～20次，受精率87.7%，孵化率92.5%。

(十一) 伊犁鹅

1. **产地与分布** 伊犁鹅又称塔城飞鹅。中心产区位于新疆维吾尔自治区伊犁哈萨克自治州各直属县（市），分布于新疆西北部的伊犁哈萨克自治州其他地区及博尔塔拉蒙古自治州一带。主产区的北部有科古琴山，中部有伊什格里克山，南有天山山脉。年平均气温 3～9℃，最高气温 40℃，最低气温为－44℃，年降水量为 200～500 毫米，积雪深度一般达 560～600 毫米，无霜期 96～180 天，冰冻期 4～5 个月，年蒸发量为 1 200～1 900 毫米，相对湿度为 65% 左右。产区的地形东高西低，南、北、东三面环山，山谷东窄西宽，地势向西敞开，境内的地形、地势和地貌较为复杂，构成各种草场植被和生物群落。谷川幅员广阔，土地肥沃，发展农牧业生产的自然条件优越。夏季，从大西洋吹来的湿气团余波受到高山阻挡，凝集成雨，同时山上积雪融化，故水源丰富，形成无数的河谷洼地沼泽，为野生雁类秋去春来提供了理想的生态环境。

2. 品种特征 伊犁鹅是我国唯一来源于灰雁的品种。伊犁鹅体型中等与灰雁非常相似。头上平顶，无肉瘤突起，颌下无咽袋，颈较短，胸宽广而突出，体躯呈扁平椭圆形。雏鹅上体黄褐色，两侧黄色，腹下淡黄色，眼灰黑色，喙黄褐色，胫、趾、蹼橘红色，喙豆乳白色。成年鹅喙象牙色，胫、趾、蹼肉红色，虹彩蓝灰色。

3. 生产性能

(1) 肉用性能 初生重 100 克左右；在放牧饲养下，30 日龄公、母鹅体重分别为 1.38 千克和 1.23 千克；60 日龄公、母鹅体重分别为 3.00 千克和 2.77 千克；90 日龄公、母鹅体重分别为 3.40 千克和 2.70 千克；120 日龄公、母鹅体重分别为 3.70 千克和 3.40 千克；成年公、母鹅体重分别达 4.29 千克和 3.53 千克。8 月龄育肥 15 天的肉鹅屠宰显示，平均活体重 3.81 千克的鹅，半净膛和全净膛率分别为 83.6% 和 75.5%。

(2) 产蛋性能和繁殖性能 一般每年只有一个产蛋期，出现在 3～4 月份，也有个别鹅分春、秋两季产蛋。全年可产蛋 5～24 枚，平均年产蛋量 10.1 枚，平均蛋重 156.9 克。公、母鹅配种比例 1:2~4，平均受精率 83.1%，孵化率 81.9%。母鹅每年在春季产蛋结束后就巢 1 次。

（3）产羽绒性能　鹅绒是当地群众养鹅的主要产品之一，平均每只鹅可产羽绒 240 克，其中纯绒 192.6 克。

（十二）长乐鹅

1. 产地与分布　长乐鹅主产于福建省长乐县的潭头、金峰、湖南和文岭 4 个乡镇，分布于长乐县及邻近的闽侯、福州、福清、连江、闽清等各县（市）。主产区位于福建省的东部沿海、闽江口的南岸，属冲积土平原，土壤肥沃。年平均气温 16~19℃，夏季长达 4~5 个月；冬季较短，只有 2 个月。无霜期 330 天，年降水量为 1 200~1 700 毫米，属亚热带气候区。农作物一年 2~3 熟，大量的农副产品和各种菜类是养鹅的好饲料，沿海广阔的滩涂生长着各种牧草，是放牧鹅群的好场所。

2. 品种特征　长乐鹅是福建省的优良地方鹅种。成年鹅昂首曲颈，胸宽而挺，体态俊美，具有中国鹅的典型特征。绝大多数该鹅种的个体羽毛呈灰褐色，纯白色仅占 5% 左右。灰褐色羽的成年鹅，从头部至颈部的背面有一条深褐色的羽带，与背、尾部的褐色羽区相连接；颈部内侧至胸、腹部呈灰白色或白色，有的在颈、胸、肩交界处有白色环状羽带；肉瘤黑色或黄色带黑斑；喙黑色或黄色；皮肤黄色或白色，胫、蹼黄色；虹彩褐色（颈、肩、胸交界处有白色羽环者虹彩天蓝色）。公鹅肉瘤高大，稍带棱脊形；母鹅肉瘤较小，且扁平，颈长呈弓形，蛋圆形体躯和高抬而丰满的前躯，无咽袋，少腹褶。

3. 生产性能

（1）肉用性能　初生重 99 克；30 日龄重 1.30 千克；60 日龄仔鹅体重 2.70~3.50 千克；70 日龄重 3.10~3.60 千克；成年公鹅体重 3.3~5.5 千克，母鹅 3.0~5.0 千克。70 日龄公鹅半净膛率和全净膛率分别为 83.43％和 71.69％，母鹅半净膛率和全净膛率分别为 82.25％和 70.23％。

（2）产蛋性能和繁殖性能 开产日龄 210 天，一般年产蛋 2～4 次，平均年产蛋量 30～40 枚，平均蛋重为 153 克。公鹅 7 月龄前后性成熟，公、母鹅配种比例 1∶6，受精率 80％以上。母鹅就巢性较强。

（3）产肥肝性能 长乐鹅肝相对较重，经填饲的肝更大。经填饲 23 天后，肥肝平均重为 220 克，最大肥肝 503 克。填饲 28 天，公鹅肥肝平均重 420 克，母鹅肥肝重 398 克。

（十三）酃县白鹅

1. 产地与分布 产于湖南省炎陵县（原酃县）沔水流域的河渡和十都等地，以沔水和河漠水流域饲养较多。分布于酃县及毗邻的资兴、桂东、茶陵和江西的宁冈等县（市），莲花县的莲花白鹅与酃县白鹅系同种异名。酃县位于湖南与江西接壤的东南边陲，地处罗霄山脉的西麓。境内山峦重叠，森林茂密，植被覆盖占总面积的 85％，有"九山半水半分田"之称。年平均气温 17.5℃，年降水量 1 503 毫米，无霜期为 292 天。冬暖夏凉，属亚热带气候。境内耕地少，产粮不多，但水草丰盛，青草终年不缺，主要粮食作物为单季稻，茬后晒田时间较长，具有发展以草食为主的养鹅业的良好自然条件。

2. 品种特征 酃县白鹅体型小，体躯宽而深，近似于短圆柱体。全身羽毛雪白，个别鹅头上有一簇旋毛。皮肤淡黄色。成年公鹅头部有明显的肉瘤，肉瘤圆而光滑无皱褶；母鹅肉瘤不发达，呈扁平状。公、母鹅下颌均无咽袋，鸣叫时头颈弯呈半月状，自卫时头颈硬直，两翅平举。公鹅体型较大而雄壮，前胸发达，叫声洪亮，母鹅后躯发达，经产母鹅沿腹线有垂皮。喙、肉瘤、蹠、蹼均呈橘黄色，但喙端颜色较淡，爪呈玉白色。眼睛明亮有神，眼球稍突出，眼睑淡黄色，虹彩呈墨玉色。

3. 生产性能

(1) 肉用性能 鄱县白鹅平均初生重 107 克。自然放牧条件下 30 日龄平均体重 1.376 千克，60 日龄的平均体重 2.931 千克，90 日龄的平均体重 3.843 千克。90 日龄以后，鄱县白鹅的生长速度趋于缓慢。鄱县白鹅有较高的屠宰率及良好的屠体品质，以 70～90 日龄的仔鹅屠宰效率最高，90 日龄公鹅半净膛率 75.93%、全净膛率 63.42%、屠宰率 87.00%。90 日龄母鹅半净膛率 79.15%、全净膛率 68.39%、屠宰率 88.92%。

(2) 产蛋性能和繁殖性能 鄱县白鹅母鹅开产年龄为 8 月龄，产蛋季节集中在每年的 10 月至次年 4 月。一个繁殖年度产蛋 3 期，每一产蛋期约 20 天。2 天产 1 枚或 3 天产 2 枚蛋，连产 8～12 枚，年产蛋 24～36 枚。初产母鹅的平均蛋重 126.57 克，经产母鹅的蛋重平均为 154.43 克。蛋壳均为白色。公鹅 6 月龄开始具有配种能力，公、母鹅繁殖配比为 1∶4～5。

（十四）阳江鹅

1. 产地与分布 阳江鹅又叫黄鬃鹅，中心产区位于广东省湛江地区阳江市，主要在该县的塘坪、积村、北贯、大沟等乡。分布于邻近的阳春、电白、恩平、台山等县（市），在江门、韶关、湛江、海南等地及至广西也有分布。

2. 品种特征 阳江鹅是性成熟最快的肉用鹅种。体型中等，行动敏捷。从头部经颈向后延伸至背部，有一条宽 1.5～2 厘米的深色毛带，故又叫黄鬃鹅。在胸部、背部、翼尾和两小腿外侧为灰色毛，毛边缘都有宽 0.1 厘米的白色银边羽。从胸两侧到尾椎，有一条葫芦形的灰色毛带。除上述部位外，均为白色羽毛。肉瘤、喙为黑色，喙端有一坚硬发达的喙豆，公鹅的喙豆稍弯，胫、蹼为黄色、黄褐色或黑灰色。公鹅头大颈粗，躯干略呈船底形，雄性明显。母鹅头细颈长，躯干略似瓦筒形，性情温顺。

3. 生产性能

（1）肉用性能　成年公鹅体重 4.35 千克，母鹅 3.75 千克。在饲养条件好的情况下，70～80 日龄时体重可达 5 千克。9 周龄屠宰时，公鹅半净膛率和全净膛率分别为 82.23% 和 74.10%，母鹅半净膛率和全净膛率分别为 82.00% 和 72.91%。

（2）产蛋性能和繁殖性能　开产日龄为 150～160 天，一年产蛋 4 期，平均每年产蛋 26～30 枚，平均蛋重 145 克。公鹅性成熟早，70～80 日龄即开始爬跨，适宜配种时间为 160～180 日龄，公、母配种比例 1∶5～6，受精率为 84%，孵化率为 91%。母鹅就巢性强，每年平均就巢 4 次。

（3）产羽绒性能　70 日龄肉用仔鹅烫煺毛产量，公鹅 144 克，母鹅 103 克。

（十五）闽北白鹅

1. 产地与分布　主产于福建省北部的松溪、政和、浦城、崇安、建阳和建瓯等县，分布于南平市的邵武市、宁德地区的福安、周宁、古田和屏南等县市。

2. 品种特征　闽北白鹅属小型、肉用型鹅种，具有生长较快，育肥性能好，产肉率高，耐粗力强的特点。全身羽毛洁白，喙、胫、蹼均为橘黄色，皮肤为肉色，虹彩灰蓝色。公鹅头顶有明显突起的冠状皮瘤，颈长胸宽，鸣声宏亮。母鹅臀部宽大丰满，性情温驯。雏鹅绒毛为黄色或黄中透绿。

3. 生产性能

（1）肉用性能　平均初生体重 95 克；30 日龄重 0.81 千克；60 日龄重 1.88 千克；90 日龄重 2.90 千克；120 日龄重 3.18 千克；成年公鹅体重 4.0 千克，母鹅体重 3.5 千克。未经育肥的 6 月龄，成年公鹅屠宰时，半净膛率和全净膛率分别为 84.15% 和 78.17%，母鹅半净膛率和全净膛率分别为 83.95% 和 75.68%。

（2）产蛋性能和繁殖性能　开产日龄为 150 天左右，一年产蛋 3~4 期，平均每期产蛋 8~12 枚，年平均产蛋 30~40 枚，平均蛋重 150 克以上。公鹅 7~8 月性成熟，公、母配种比例 1：5，受精率为 85％以上，孵化率为 80％。母鹅就巢性较强，每年就巢 3~4 次。

（十六）永康灰鹅

1. 产地与分布　原产于浙江省永康县及武义县的部分毗邻地区，目前，雏鹅、仔鹅销往浙江省内各地及江苏、上海等省直辖市。

2. 品种特征　永康灰鹅属中国鹅灰羽小型品的变种，成熟早、育肥快、肥肝性能优良。体躯呈长方形，头大，呈楔形；颈长而弯；喙长而宽，冠隆起圆形成瘤，喙、肉瘤均为黑色；颌下无咽袋，无腹褶；羽毛的颜色如群众俗称的"乌云盖雪"。总体来看，上部颜色较下部深，颈部正中至背部主翼羽颜色灰黑色，颈部两侧和前胸部为灰白色，腹部为白色，尾部为灰下白。皮肤为淡黄色，胫、蹼均为橘红色。公鹅颈长而粗，肉瘤较大，前躯较发达，叫声洪亮，眼球突出，好斗啄人；母鹅颈略细长，后躯较发达，肉瘤较小。

3. 生产性能

（1）肉用性能　30 日龄的平均体重 1.43 千克；60 日龄体重 2.52 千克；成年公鹅体重 4.18 千克，母鹅体重 3.73 千克。60~70 日龄仔鹅半净膛率为 82.36％，全净膛率为 61.81％。

（2）产蛋性能和繁殖性能　平均开产日龄 128 天，多为隔日产蛋。一年产蛋 4 期，每期产蛋 8~15 枚，产蛋期大致在农历 1、3 和 8 月份及 10 月下旬至 11 月上旬。年产蛋量 40~60 枚，蛋重为 145 克，最小的 100 克，最大的 200 克。公鹅 90 日龄性成熟开始配种，在人工辅助配种的情况下，公、母配种比例可达 1：20~30，受精率 90％，孵化率 90％。种鹅每产蛋一次，交配一次，每期产蛋结束即就巢，抱孵蛋数以 10~15 个为宜，平均

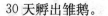

30 天孵出雏鹅。

（3）产肥肝性能 据县农业局填饲试验，永康灰鹅肥肝重最大达 1.14 千克，平均重 487.26 克，料肝比 40：1。

（十七）雁鹅

1. **产地与分布** 雁鹅又名苍鹅、萋鹅，由栖居在我国东北、华北的一种有肉疱野鹅演化而来，是我国古老而稀有的优良家禽品种。原产于安徽省西部的六安地区，主要是霍邱、寿县、六安等县（市），后来逐渐向东南移，现在安徽的宣城、郎溪、广德一带和江苏西南的丘陵地区形成了新的饲养中心。

2. **品种特征** 雁鹅体型中等，体质结实，全身羽毛紧贴。雁鹅全身羽毛呈灰褐色和深褐色，体躯的羽毛从上往下由深渐浅，至腹部成为灰白或白色；背羽、翼羽、肩羽为灰底镶白边羽；腹部为灰白羽。头呈方圆形，大小适中，前上端有黑色的瘤疱。眼睑为黑或灰黑色，虹彩为灰蓝色。喙扁阔，呈黑色，喙边有尖锐的锯齿。蹼橘黄色或灰白色。雁鹅具有适用性强、耐粗饲、生长速度快、肉用性能好和抗病力强等特点。

3. **生产性能**

（1）**肉用性能** 公鹅初生重 109 克、母鹅 106 克；30 日龄公、母鹅体重分别为 792 克和 810 克；60 日龄公、母鹅体重分别为 2.44 千克和 2.17 千克；90 日龄公、母鹅体重分别为 3.95 千克和 3.46 千克；120 日龄公、母鹅体重分别为 4.51 千克和 3.96 千克；成年公、母鹅体重分别为 6～7 千克和 5～6 千克。成年公鹅半净膛率和全净膛率分别为 86.1% 和 72.6%，母鹅半净膛率和全净膛率分别为 83.8% 和 65.3%。

（2）**产蛋性能和繁殖性能** 一般母鹅开产在 7～8 月龄，年产蛋 2～3 次，年产蛋 25～30 枚，平均蛋重 150 克，蛋壳白色。一般可间隔产蛋 3 期，每产一期蛋后即就巢休产，也有少数鹅可产蛋 4 次。其中第一个产蛋期产蛋 12～15 枚，第 2、3 个产蛋期产蛋 8～20 枚，第 4 个产蛋期产蛋较少。公鹅 4～5 月龄即可进行配种。公、母鹅配种比例 1∶5，种蛋受精率在 90% 以上，孵化率 70%～80%，雏鹅 30 日龄成活率在 90% 以上。母鹅就巢性强，一年就巢 2～3 次。公鹅利用年限 2 年，母鹅 3 年。

三、引进的国外鹅品种

(一) 朗德鹅

1. **产地与分布**　朗德鹅又称西南灰鹅，原产于法国西南部靠比斯开湾的朗德省。目前，不少国家都从法国引进朗德鹅，现已成为世界著名的肥肝生产专用品种。除直接用于肥肝生产外，主要是作为父本品种与当地鹅杂交，提高后代的生长速度。我国已引入并在江苏、浙江、山东、辽宁及黑龙江等多地饲养。

2. **品种特征**　朗德鹅为中型鹅种，是法国生产肥肝的主要品种。标准的灰雁体型，体型中等，颈粗大，无肉瘤，喙橘黄色，胫蹼为肉色。毛色灰褐，在颈背部接近黑色，在胸部毛色较浅，呈银灰色，到腹下则呈白色。羽毛颜色原为变色种，现已培育出白色种。灰羽的羽毛较松，白羽的羽毛紧贴。

3. **生产性能**　朗德鹅仔鹅生长迅速，8 周龄体重可达 4.5 千克左右。成年公鹅体重 7～8 千克，母鹅 6～7 千克。肉用仔鹅经填肥后，活体重可达 10～11 千克。母鹅性成熟期 180 日龄，年平均产蛋量 35～40 枚，蛋重 180～200 克。公、母配种比例 1∶3，种蛋受精率较低，约 65%。该品种是当今世界上最适宜生产鹅肥肝的鹅种，在适当的填饲条件下，肥肝重 700～800 克，但其缺点是肥肝太软，容易破碎。该品种的羽绒产量也较高，对人工拔毛的耐受性强，每年拔毛 2 次，产羽绒 350～450 克。

(二) 莱茵鹅

1. **产地与分布**　原产于德国莱茵河流域的莱茵州，现广泛分布于欧洲各国。从 1989 年开始，江苏省自法国引种饲养，现已在江苏的兴化、高邮、金湖、洪泽等 10 多个县（市）推广。1998 年，黑龙江省鹅育种中心大批量引进该品种并投入生产。现在，山东、吉林、上海和重庆等地都已引进了该鹅种并进行生产。

2. 品种特征　莱茵鹅是欧洲产蛋量最高的鹅种，适应性强，耐粗饲，食谱广，成熟期较早，合群性强，适合大群舍内饲养，是理想的肉用鹅种。体型中等偏小，额上无肉瘤，颈粗短，无咽袋和腹褶。初生雏鹅头、背部羽毛为灰褐色，从 2～6 周龄逐渐转变为白色，成年时全身羽毛洁白，啄、胫和蹼均呈橘黄色，眼呈蓝色。

3. 生产性能　公鹅初生重 102 克，母鹅为 96 克。前期生长速度快，肉用仔鹅在适当的饲养条件下，8 周龄仔鹅体重达 4.2～4.3 千克，肉料比 1:2.5～3.0；成年公鹅体重 5.0～6.0 千克，母鹅体重 4.5～5.0 千克。母鹅开产日龄 210～240 天，年产蛋量 50～60 枚，平均蛋重 150～190 克。种公鹅性成熟早，210 日龄即可配种，公、母鹅配种比例 1:3～4，种蛋平均受精率 74.9%，受精蛋孵化率 80%～85%。产肥肝性能中等，一般填饲条件下，肥肝重 350～400 克。可作为母本与朗德鹅杂交配套，杂交后代具有良好的肥肝性能。

（三）丽佳鹅

1. 产地与分布　原产于丹麦，我国于 2001 年引种饲养。

2. 品种特征　丽佳鹅是著名的肉蛋兼用型品种，适应能力强，耐暑热，适合舍内饲养，性情温顺，合群性强，耐粗饲，食草性广。头长而直，喙短而基部粗，眼睛淡蓝色，体宽粗壮，胸圆，喙、腿、脚掌橘黄色，羽毛坚硬而紧贴体躯，颈部簇羽为纯白色。

3. 生产性能　丽佳鹅自引进后，经过多年的饲养观察，其生产性能基本稳定。丽佳鹅商品代初生重约 89.5 克，6 周龄体重约 2.73 千克，8 周龄体重约 4.16 千克。种鹅开产日龄为 293 日龄，母鹅开产体重为 5.89 千克，入舍母鹅年平均产蛋数 44.2 枚，种蛋受精率约为 89%，受精蛋孵化率为 84%左右。

四、生态养鹅的品种选择

优良品种是养鹅获得高产、高效的基础。因此，在生态养鹅中品种的选择非常关键。在选择鹅的品种时，养殖企业和养殖户应以经济用途与消费者的喜好为主，以市场为导向，选准类别，然后再选具体的品种。在选择饲养品种时，可参考以下注意事项：

1. 及时了解市场需求　由于受经济条件和人们消费习惯的影响，不同地区存在着不同的消费群体。因此，在生态养鹅中，养殖者必须首先对产品销售地区目前的消费习惯、市场需求量和将来的市场发展趋势等作全面而细致地调查与分析，确定适宜的饲养品种，这样才能获得较高的经济效益。

2. 产品要适销对路　我国养鹅的主要目的是用来生产鹅肉及相应的鹅产品，其次是鹅蛋、羽绒和一些副产品。由于鹅肉消费习惯的差异，形成了两大不同消费需求的市场。一部分是广东、广西、云南、江西、香港、澳门以及东南亚地区，该市场对鹅品种要求为灰羽、黑头、黑脚，饲养的品种主要以当地的灰鹅品种为主。近年来，多数养鹅场（户）以本地灰鹅品种（如马岗鹅、合浦鹅）为父本，与产蛋量高的天府肉鹅配套系母系、四川白鹅等为母本进行杂交，利用杂种优势来提高其生产性能。另一部分是我国绝大部分地区的消费市场，对主要鹅种的要求为白羽肉鹅配套系。生态养鹅的养殖场应考虑其产品销路和效益来选择适合的鹅品种。

3. 正确认识自身条件

（1）技术水平　初学者应先培训学习再上岗。对于有一定规模的养殖企业，应配备相应的畜牧兽医技术人员，并加强有关鹅饲养管理方面的培训工作；同时，经常与供种单位和科研院校保持联系，及时了解市场行情和养殖新技术。通过科学饲养，总结制定出一套适合于本场的饲养管理操作程序。

（2）经济能力 鉴于鹅饲养周期较长、投入成本较大，养殖企业无论在引种时还是在日后的生产管理中，必须根据自身的经济能力合理使用资金，做到"看菜吃饭、量体裁衣"。

（3）养殖规模 企业应视自身的技术水平和经济能力而定。有条件的企业可以一次性完成规模化生产；但对自身经济和技术条件等都有欠缺的企业，可以采用由小到大、逐步发展的模式。

（4）当地环境 养殖者应结合当地的地势、气候、降水量、河流、饲草生长情况等条件，综合分析选择适合当地饲养的鹅品种，做到充分地利用当地自然资源进行养鹅，实现生态养鹅。

4. 品种要求生命力强，成活率高，适于当地饲养 每个品种都是在特定的环境条件下形成的，对原产地有特殊的适应能力。当被引入到新的地区后，如果新地区的环境条件与原产地差异过大，引种就不易成功。所以，选择品种时，既要考虑引进品种的生产性能，又要考虑当地条件与原产地条件的差异状况；此外，还要考虑能否为引入品种提供适宜的环境条件。

5. 了解供种单位的技术背景、品种结构、种质性能与服务水平 生态养殖企业在选定鹅种后，需要从外地引种，在引种前必须全面了解供种单位的技术背景、品种结构、种质性能与服务水平。重点了解其是否具备育种与制种的能力。一般来说，除中介机构外，供种单位应具备较为完善的包括育种场、祖代场和父母代场在内的良种繁育体系，并拥有上级畜牧兽医主管单位验收颁发的种禽场合格证和上级工商行政管理部门颁发的生产经营许可证。此外，供种单位还要具备以下条件：①拥有一支学科齐全、研发力量雄厚的专业队伍；②具有较好的系谱记录；③"三证（场地检疫证，运输检疫证和运载工具消毒证）"齐全。

父母代种鹅生产性能的优劣直接关系到养殖企业的饲养效

益。为此，了解供种单位的品种结构与种质性能，是引种的基本出发点。关于供种单位的服务水平，其中包括售前、售中与售后服务，也应作必要地了解。服务体系的良好与否，代表供种单位的综合水平与声誉。在当前市场竞争白热化之际，当几个供种单位的品种与市场价位基本接近时，凡是服务态度好、服务质量高、品种质量市场认可的供种单位理应作为引种的首选单位。

第三节　鹅的高效繁育技术

鹅的繁育是生态养鹅中必不可少的环节，做好选种、选配工作，利用常规育种和分子生物学技术相结合的方法，在开展系统选育的基础上加快建立鹅的良种繁育体系十分重要。

一、鹅的品种选育

（一）种鹅的选择

在鹅的品种选育工作中，种鹅的选择是进行纯种繁育和杂交改良工作的前提条件，种鹅遗传基础和稳定性直接影响后代的生长发育和生产性能；因此，种鹅的选择是关键。鹅的选种方法，常见的有根据鹅的体型外貌和生理特征进行选择以及根据记录资料进行选种两种方法。此外，还可依据孵化季节进行选留、公鹅性器官的发育和精液品质选留等。

1. 根据鹅的体型外貌与生理特征选择　鹅的外貌体型结构和生理特征反映出种鹅的生长发育和健康状况，可作为判断其生产性能的参考依据。该选种方法适合于一般不进行个体生产性能记录的生产商品鹅的种鹅繁殖场。从生产用途的角度选种，外貌条件首先要符合品种特征。

（1）蛋用型　母鹅的要求是：头部清秀，颈细长，眼大而明亮，胸饱满，腹深，臀部丰满，肛门大而圆滑，脚稍高，两脚间

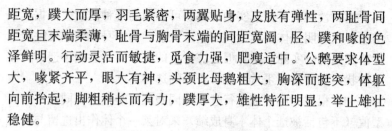

距宽，蹼大而厚，羽毛紧密，两翼贴身，皮肤有弹性，两耻骨间距宽且末端柔薄，耻骨与胸骨末端的间距宽阔，胫、蹼和喙的色泽鲜明。行动灵活而敏捷，觅食力强，肥瘦适中。公鹅要求体型大，喙紧齐平，眼大有神，头颈比母鹅粗大，胸深而挺突，体躯向前抬起，脚粗稍长而有力，蹼厚大，雄性特征明显，举止雄壮稳健。

（2）肉用型　种鹅总的要求是：喙宽而直，头大而圆，颈粗、中等长度，胸部丰满向前突出，背长而宽，腹深但不垂地，脚粗、稍短，两脚间距宽。对公鹅要着重选择个大体长，背宽直，胸骨正直，体型呈长方形与地面接近平行，尾稍上翘，腿位于体躯中央，阴茎发育正常，性欲旺盛，精液品质好。

2. 根据记录资料选择　体型外貌和生理特征与生产性能有密切关系，但单靠外貌难于准确地选出具有优良性能并能够真实遗传给后代的种鹅，尤其是像产蛋性能这样遗传力低的性状更是如此。因此，只有依靠科学的记录资料，进行统计分析才能作出较准确地选择。为此，育种场必须做好主要经济性状的记录工作，通常必须记录的项目有：开产日龄、年产蛋量、蛋重、蛋形指数、饲料转化比、种蛋受精率、孵化率、雏鹅成活率、育成鹅成活率、雏鹅初生重、育雏结束时体重、育成期末体重、开产期体重和 500 日龄体重等。肥肝用型要测定种鹅后裔的肥肝重，产绒用型要测定年产毛量和含绒率等。

（1）根据系谱资料选择　通过分析父母本及祖代的生产性能、发育情况及其他材料来推测其后代可能出现的品质，这种选择法适合于幼年和青年时期尚无生产性能记录的雏鹅、育成鹅或公鹅选择时采用。血缘关系愈近的祖先对后代的影响愈大；因此，在运用系谱资料种鹅时，父母本的作用最重要，一般着重比较亲代和祖代即可。使用该方法时，应尽量结合其他一些方法同时进行，可以提高选种的准确率。

（2）根据本身成绩选择　本身成绩是鹅在一定的饲养管理条

件下生产性能最直接真实的反映，可以作为选种的重要依据。系谱选择仅说明个体可能达到的生产性能，而本身成绩是反映该个体已经达到的实际水平。但应该注意的是，这只适用于遗传力高的性状，如体重、蛋重、胸骨长等的选择。

（3）根据同胞成绩进行选择　同胞测定是根据其同胞平均表型值（不包括被选个体本身成绩）来对某一个体作出选留与淘汰的决定。同胞可分为全同胞和半同胞两种亲缘关系。在选择种鹅尤其是早期选择种公鹅时，由于种公鹅既不产蛋，又无后代母鹅产蛋；在这种情况下，如要鉴定该种公鹅的产蛋性能，就只能根据该种公鹅的全同胞或半同胞的成绩进行选择。因此，通过全同胞或半同胞生产成绩的评定可以对种鹅的优势作判断。对于一些遗传力低的性状（如产蛋量、生活力等），用同胞成绩进行选种的可靠性更大。此外，对于屠宰率和胴体品质等不能活体度量的性状，同胞选择就更有意义。但是同胞选择只能区别家系间的优劣，同一家系内的个体就难以鉴别好坏。

（4）根据后裔成绩选择　后裔测定是根据后裔各方面的表现情况来评定种鹅好坏的一种选种方法，是评定种鹅最可靠的方法。通过这种方法选出的种鹅不仅可判断其本身是否为优良的个体，而且通过其后代的成绩可以判断它的优秀品质是否能够真实稳定地遗传给下一代。根据后裔成绩选择种鹅历时较长，种鹅选择一般至少在两年半以上，但可建立优秀系，使种公鹅得到充分地利用。

（5）家系选择与合并选择　家系选择是指根据家系（半同胞、全同胞、半同胞与全同胞混合同胞）性状平均值的高低所进行的选择。这种方法适用于遗传力低、家系大、共同环境造成的家系间差异小的情况。合并选择是指对家禽均值及家系内偏差两部分给予不同程度最适当的加权，以便更好地利用两种来源的信息。理论上讲，合并选择是获得最大选择反应的最好方法。

（6）根据综合指数进行选择　前面介绍的各种选择方法都是

针对单个性状的选择，但在实际选种工作中，经常要同时对多个性状，如繁殖性能、生长速度、饲料利用率和肉品质等进行综合选择。对于多个性状的选择，常采用综合选择指数法，即根据各自的相对经济重要性和遗传力以及性状间的遗传相关和表型相关，按遗传学原理构成一个统一的选择指数，而后根据每个个体的指数值进行排序。

3. 根据孵化季节选留　由于孵化季节不同，孵出的雏鹅对以后个体的发育和生产性能影响很大。早春，由于气候环境逐渐转暖，日照时间长，育雏条件好，此时孵出的仔鹅待育雏结束后，脱温的仔鹅逐渐有了较好的发育条件，生长发育快，体质健壮；因而体型大，开产早，有的品种或个体在当年就可产蛋。我国疆域辽阔，气候条件复杂，各地的选种季节也不一样。例如，我国北方一般选用3～4月的雏鹅，江苏苏南地区习惯将早春入孵的1～3批雏鹅留种，而苏北地区则把第4批以后入孵发蛋所产的雏鹅用作种鹅。

4. 根据公鹅性器官的发育和精液品质选留　公鹅的性器官发育不一致。有部分公鹅的阴茎发育不全，细而小。阴茎发育好的公鹅，个体间精液量和精液品质也存在差异。选留公鹅时，开始应多留一些后备种公鹅，而后再根据公鹅的配种能力进行定群选留。选留种公鹅的数量可根据繁殖交配方式而定，自然交配可按公、母配比1∶4～8选留，人工授精公、母比例可按1∶10～15选留。

（二）种鹅的纯种繁育和杂交利用

1. 纯种繁育　纯种繁育简称"纯繁"，是指在本种群范围内，通过选种选配、品系繁育、改善培育条件等措施，以提高种群性能的一种方法，其基本任务是保持和发展一个种群的优良特性，增加种群内优良个体的比重，克服该种群的某些缺点，达到保持种群纯度和提高整个种群质量的目的。纯繁有两个作用，一是巩固遗传性，使种群固有的优良品质得以长期保持，并迅速增加同类型优良个体的数量；二是提高现有品质，使种群水平不断稳步上升。

鹅的纯种繁育首先要针对品种特点，确定选育目标，然后进行严格地选种选配，提纯复壮，同时加强饲养管理，最终达到提高鹅群的整体性能。我国具有丰富的鹅品种资源，各地应结合实际的保种情况，对地方品种进行纯种繁育。

2. 杂交利用　杂交繁育是指选择不同种群的个体进行配种。不同品种间的交配叫做"杂交"；不同品系间的交配叫做"系间杂交"；不同种或属间的交配叫做"远缘杂交"。

杂交产生的后代既具有亲代品种的某些特征和性能，又可以将一些有害基因掩盖起来，使得杂种后代的生活力更强，丰富和扩大了遗传物质基础和变异性。因此，杂交是家禽育种中一种极为重要的繁育手段。常用的杂交改良方法有级进杂交、导入杂交、育成杂交和杂交的配套利用。

（1）级进杂交　又称改良杂交、改造杂交和吸收杂交，是指用高产的优良品种公鹅与低产品种母鹅杂交，所得的杂种后代母鹅再与优良品种公鹅杂交。一般连续进行 3～4 代就能迅速而有效地改良低产品种。这种杂交适用于需要彻底改善生产性能或者是改变生产性能方向的种群（品种、品系）。

（2）导入杂交　导入杂交是在原有种群的局部范围内引入不高于 1/4 的外血，以便在保持原有种群特性的基础上克服个别缺点的杂交方法。当某一品种基本上能满足人类的要求，但尚存在个别缺点时，可采用导入杂交。但应注意，引入的品种应具有原品种缺点相对应的优点，而在其他性状方面应尽可能与原有品种类似。引入外血不能过多，以便保持原品种的特性，对于杂种后代要加强选择和培育。

（3）育成杂交　指用两个或更多的种群相互杂交，在杂种后代中选优固定，育成一个符合需要的品种。当原有品种不能满足需要，又没有任何外来品种能完全替代时则采用育成杂交。应注意：要求外来品种生产性能好、适应性强；杂交亲本不宜太多以防遗传基础过于混杂，导致固定困难；当杂交出现理想型时应及时固定。

（4）杂交的配套利用 专门化品系的培育及杂交配套系的生产是现代养鹅业生产的必然要求。在杂交配套利用中，经常采用二元杂交、三元杂交和四元杂交等多种杂交形式。

二元杂交又叫二系配套，指两个不同品种、品系或地方类型间的杂交，所获得的一代杂种中公、母鹅均作为商品鹅利用，不再用于繁殖。

三元杂交又叫三系配套，是指两个不同品种或品系间交配后所获得的一代杂种再与第 3 个品种或品系进行交配。所得的三元杂种后代作为商品鹅利用。

四元杂交又叫四系配套，是指 4 个不同品种或品系参加杂交，先分别进行两两杂交，产生一代杂种后，再在这两种杂种间进行一次杂交。所产生的后代供商品利用。

二、鹅的繁殖技术

（一）自然交配

将选择好的公、母鹅按比例放在适宜的环境中，让其自行交配，一般受精率较高。配种季节一般为每年的春、夏、秋初。自然交配有大群配种和小群配种两种方式。

1. 大群配种 将公、母鹅按一定比例合群饲养，群的大小视种鹅群规模和配种环境的面积而定，一般利用池塘、河湖等水面让鹅嬉戏交配。这种配种方式的受精率较高，尤其是放牧的鹅群受精率更高，适用于繁殖生产群。这种方法能使每只公鹅都有机会与母鹅自由组合交配。但大群配种时需注意，种公鹅的年龄和体质要相似，体质较差和年龄较大的种公鹅，没有竞配能力，不宜做大群配种用。

2. 小群配种 将每只公鹅及其所负担配种的母鹅单间饲养，每个饲养间设水栏，使每只公鹅与规定的母鹅自由交配。公鹅和母鹅均编上脚号，每只母鹅晚上在固定的产蛋窝产蛋，种蛋记上公鹅和母鹅脚号。这种方法能确知雏鹅的父母，适用于鹅的育种，是种鹅场常用的方法。

（二）人工辅助配种

在孵化繁育季节，有的鹅因体型大、行动笨或公、母体重悬殊，自然交配比较困难；为了使每只母鹅都能与公鹅交配，可实行人工辅助配种，能够提高受精率。其方法是：在水面或地面上捉住母鹅的两腿和两只翅膀并轻轻摇动以引诱公鹅接近。当公鹅开始对母鹅进行爬跨时，一只手托住母鹅，另一只手将母鹅尾羽向上提起，公鹅看到就会主动地接近母鹅，进行配种。人工辅助配种时，最好是间隔5～6天给母鹅配种1次，1只公鹅可配3～5只母鹅。

（三）人工授精

人工授精就是用人工的方法采出公鹅的精液，并用特制的器械将精液输入母鹅的生殖道内，实现配种的目的。这样既可以使与配母鹅的数量增加，提高公鹅的利用率，减少公鹅饲养量，节约成本；还可以克服部分公、母鹅因体型悬殊差异所造成的配种困难和漏配现象。此外，还避免了公、母鹅生殖器官因相互接触而传染疾病。

1. 采精 公鹅的采精方法包括电刺激法、台鹅诱情法和按摩法。其中以按摩法最为简便可行，是最常采用的一种方法。

（1）电刺激法 这是通过专用的电刺激采精仪产生的电流刺激公鹅射精的一种采精方法。采精时先将公鹅固定，打开仪器开关，正电极探针置于公鹅荐骨部的皮肤上，负电极探针插入其泄殖腔内，用40～80毫安、30～80伏的电流。开始时给予较弱的电流，每隔2～3秒刺激一次，每次持续3～5秒，重复4～5次，当公鹅阴茎勃起后，用手挤压其泄殖腔，即可使阴茎伸出并射精。也可把正极探针刺入公鹅髂骨部的皮层下，负极探针插入直肠约4厘米处进行刺激，也可使公鹅射精。

（2）台鹅诱情法 首先将母鹅固定于诱情台上，然后放出经调教的公鹅，公鹅会立即爬跨台禽，当公鹅阴茎勃起伸出交尾时，采精人员迅速将阴茎导入集精杯而取得精液。如有的公鹅只爬跨台鹅而不伸出阴茎时，可迅速按摩公鹅泄殖腔周围，使其阴茎勃起而伸出射精。

（3）按摩法 按摩采精法中以背腹式效果最好。具体操作：由3人合作进行公鹅采精，1人保定，1人采精，1人集精。保定者将公鹅两腿自然分开，鹅头被夹在左腋下，鹅尾朝向采精者。采精者左手从翅膀的基部向尾部方向进行按摩，同时右手掌心放在公鹅的腹部。当按摩公鹅背部4～5次后，公鹅即有性反射。当鹅尾出现上翘时便可挤压其尾部，同时，右手对腹部有节奏地按摩（从胸骨前端向泄殖腔方向）使阴茎勃起。在阴茎勃起的一瞬间，采精者左手拇指和食指从尾部移向鹅泄殖腔背部，并轻轻挤压泄殖腔背侧。阴茎勃起射精时，阴茎基部的输精沟完全闭锁，使精液沿着输精沟从阴茎顶端射出，此时集精者用玻璃集精杯或10毫升的三角量筒收集精液。采精者挤压泄殖腔上部位的拇指和食指，应有节奏地挤压和放松。反复此动作，直至公鹅不排精或精液稀薄为止。

采精时按摩的力度要适当，用力过猛容易引起生殖器出血，污染精液。另外，注意防止公鹅排出粪便。引起排粪的原因有两个：一是按摩手势不当，挤压泄殖腔上部时压迫了直肠导致排粪；二是采精前公鹅饱食，肠道排泄物过多，应在采精前4小时停止饲喂。

2. 精液品质检查

（1）外观检查　无污染的精液呈乳白色，无异味。混入血液时呈粉红色，粪便污染时呈黄褐色；有尿酸盐混入时，呈粉白色棉絮块状；过量的透明液混入，则见有水渍状。凡被污染的精液，精子会发生凝集或变形，不能用于人工授精。

（2）精液量检查　采用有刻度的吸管或结核菌素注射器等度量器将精液吸入，测量一次射精量。公鹅的射精量一般为 0.1～1.38 毫升。射精量随鹅的品种、年龄、季节、个体差异和采精操作的熟练程度而有较大的变化。通常要选择射精量多而稳定的公鹅。

（3）精子活力检查　以显微镜下观察直线前进运动的精子所占比例为依据，分别用 1～9 级表示。

（4）精子密度检查　分为血球计数法和精子密度估测法两种检查方法。血球计数法是在显微镜下用血球计数板计算精子数。精子密度估测法是在显微镜下，根据精子密度分为密、中等、稀 3 种情况。

3. 精液的稀释和保存　在精液中加入稀释液可以冲淡或螯合精液中的有害因子，有利于精子在体外存活更长的时间。稀释液的主要作用是为精子提供能源，保障精细胞的渗透平衡和离子平衡。稀释液中的缓冲剂可以防止乳酸形成时的有害作用。在稀释保存液中添加抗菌剂可以防止细菌的繁殖。在稀释精液前，应首先检查其质量，然后根据其活力和密度，确定稀释倍数，常规输精时，稀释倍数用 1∶1、1∶2、1∶3 的效果较好。一只优良种公鹅的精液，经稀释一般可以配 20～30 只母鹅。注意：不可将几只公鹅的精液混合后共同稀释，以免出现精子凝集现象，使精液品质下降，降低种蛋的受精率。

具体在保存精液时，应视预定保存时间而采用不同的保存方法。如果是短时间（72 小时以内）保存，保存温度应为 2～5℃；如果长时间保存，应采取冷冻超低温（－196℃）保存。无论是采用何种保存方法，在使用精液前，都应把精液的温度提升到

38～39℃。采精后，如果其活力低于 0.5，则没有保存的必要。若使用冷冻精液，只有其被解冻后，精子的活力在 0.3 以上时，才可用于输精。

4. 输精　母鹅的泄殖腔较深，阴道部不像母鸡那样容易外翻进行输精，所以常规输精以泄殖腔输精法最为简便易行。具体操作是：助手将母鹅仰卧保定，输精员先用左手挤压泄殖腔下缘，迫使其张开，再用右手将吸有精液的输精器从泄殖腔的左方徐徐插入，当感到推进无阻挡时，即输精器已准确进入阴道部。一般深入至 3～5 厘米时左手放松，右手即可将精液注入。

对于输精器不易直接插入生殖道内的母鹅，常采用手指引导法输精。母鹅的保定及操作方法基本同泄殖腔输精法，只是输精时，先以消毒后的食指插入母鹅阴道内，然后把输精器顺食指插入 3～5 厘米，抽出食指后再进行输精。如果用此法给 2 只以上母鹅输精时，一定要注意手指的消毒。

输精时间和剂量直接影响种蛋的受精率。因此，应选择恰当的输精时间和适合的输精剂量。输精一般应在下午进行，避免因抓鹅影响其上午的产蛋。一般 5～6 天输精 1 次。如果使用未稀释的精液，输精剂量为 0.03～0.05 毫升；如果用稀释的精液，用量 0.05～0.1 毫升即可。在鹅产蛋期如果开始第一次输精，剂量还应增加 1 倍。

总之，人工授精时，首先要保证精液品质不下降，精液采集后应尽快使用。同时，要防止精液受到污染，选用棕色玻璃瓶盛装精液防止其受到阳光直射。输精操作要缓慢稳当，不可操之过猛，以免损伤母鹅生殖道。输精过程中，严格进行无菌操作，接触过精液的器皿和稀释液，用前要彻底消毒。

第四节　种蛋孵化

孵化是指创造温度、湿度、空气等方面的适宜条件，使受精卵继续发育成新的个体并出壳成雏的过程。孵化可分为人工孵化和自然孵化。鹅至今仍保留着就巢性,在生产中多采用人工孵化,辅以自然孵化。

一、孵化的条件

种蛋孵化时需要的外界条件,主要是温度、湿度、通风、翻蛋和凉蛋。入孵季节、日龄和孵化方法不同,其所需要的条件也有一定差别。种蛋孵化时,要创造合适的外界条件,以满足胚胎发育的要求,获得优良的孵化成绩。

种蛋在孵化过程中,其胚胎在母体外的发育完全依靠外界条件,如温度、湿度、通风、翻蛋和凉蛋。孵化条件是否适宜直接影响胚胎的生长发育,从而影响孵化率的高低和雏鹅品质的优劣。因此,必须根据鹅的胚胎发育特点,提供最适宜的孵化条件,才能保证其正常发育,以取得良好的孵化效果。

(一)温度

孵化温度是胚胎生长发育的最重要条件,决定着胚胎的生活力。因此,在孵化过程中要保证适宜的孵化温度,从而维持胚胎的正常生长发育。孵化温度的控制通常采用"恒温"和"变温"两种施温方案。

1. 恒温孵化 恒温孵化又称分批入孵。当种蛋来源少或室温过高,进行分批入孵时,可采用恒温孵化的施温方案,以满足不同胚龄的需要。孵化器内通常有 3~4 批种蛋。恒温孵化时,新老蛋的位置一定要交错放置;这样,老蛋多余的热量可被新蛋吸收,解决了在同一温度下新蛋温度偏低、老蛋温度偏高的矛盾,从而可以提高孵化率。但应注意,在孵化过程中,应随时检查机内的温度是否均匀,孵化机内上下、前后、左右的温差一般不宜超过 0.1~0.2℃。如果温差较大,可以结合上下、前后、左右调盘,使各批种蛋受热均匀。孵化机内空气温度一般控制在 37.8℃。

2. 变温孵化 变温孵化又叫整批入孵,适用于种蛋来源充足的情况下所采用的孵化方法。采用整批入孵时,孵化器可以按照胚胎发育情况适当调整温度。因为鹅胚孵化后期产热较多,采用前高后低的变温孵化法效果较好,具体的孵化温度根据季节、室温和胚胎发育情况来定。

(二) 湿度

湿度也是孵化的重要条件之一。孵化器内的相对湿度与胚胎的正常物质代谢有密切关系,合适的湿度可以控制蛋内水分的蒸发速度,使胚胎正常发育。若相对湿度过高,会阻碍蛋内水分蒸发,妨碍正常的气体代谢,甚至可引起胚胎的酸中毒,孵出的雏鹅大肚脐多,卵黄吸收不良。若相对湿度不足,则蛋内水分加速向外蒸发,可引起胚胎和胚膜粘连,影响雏鹅出壳;而且由于种蛋失重过度,出壳后的雏鹅体重轻,体型小,绒毛稀短,活力差。

孵化期间孵化机内的湿度变化总的原则是"两头高、中间低"。孵化初期,胚胎产生羊水和尿囊液,并从空气中吸收一些水蒸气,相对湿度控制以 75%~80% 为宜;孵化中期,胚胎要排除羊水和尿囊液,相对湿度控制以 60% 为宜;孵化后期,为使有适当的水分与空气中的二氧化碳作用产生碳酸,使蛋壳中的碳酸钙转变为碳酸氢钙而使其变脆,有利于胚胎破壳而出,并防止雏鹅绒毛黏壳,相对湿度控制以 65%~70% 为宜。在凉蛋的同时,每天可用温水喷洒蛋面来增加湿度。

(三) 通风换气

胚胎的发育过程中,要不断与外界进行气体交换,吸收氧气,以便排出二氧化碳和水分。所以,必须提供新鲜空气以保证其正常发育。当通风不良,二氧化碳急剧增加到 1% 时,会使胚胎发育迟缓，或胎位不正，或导致畸形或引起中毒死亡。孵化后期臭蛋、死胎及出壳时，污垢空气增多，更有加强通风换气的必要。一般情况下，死胚大多发生在出雏前夕，通风换气不良就是一个重要原因。

胚胎对氧气的需要量随胚龄的增加而增加。孵化初期，物质代谢能力较低，氧气需要量较少，胚胎可通过卵黄囊血液循环利用蛋黄中的氧气；孵化中期，胚胎的代谢作用加强，氧气需要量增加，尿囊形成后，通过气室气孔利用空气中的氧气，排除二氧化碳；孵化后期，胚胎的呼吸转为肺呼吸，每昼夜氧气需要量为孵化初期的 110 倍以上。恒温孵化时，全程应适当加大通风量。变温孵化时，在孵化的中后期应逐渐加大通风量。

（四）翻蛋

翻蛋也称转蛋，其目的是为了防止胚胎与蛋壳粘连，促进胚胎运动，保持正常胚位；同时也可以扩大卵黄囊血管、尿囊血管与蛋黄蛋白的接触面，促进胚胎吸收营养。翻蛋还能调节蛋面温度与湿度，使整个蛋面受热均匀，发育整齐，便于集中出雏。胚胎密度较轻，浮在密度较轻的蛋黄表面。随着胚胎发育变大，如果长期不翻蛋，其与蛋白膜接触并逐渐粘连在一起，成为"粘壳蛋"，会致死胚胎。

翻蛋角度不够对鹅胚孵化率影响也比较大，以正负 $55°\sim60°$ 角为宜。角度不能太小，适当增加角度，可促进胚胎发育；不过也不能太大，否则易使蛋架"翻筋斗"。一般来说，翻蛋角度大，翻蛋次数可少些，反之则次数多些。每昼夜必须定时翻蛋，一天应翻蛋 8～12 次，不能少于 4 次。在孵化前期和中期，翻蛋对孵化效果影响较大；到孵化后期，特别是出壳前几天可不再翻蛋，而且在出雏期间必须停止翻蛋。采用立体箱式孵化，每 2 小时自动翻蛋 1 次，可以通过调节蛋盘角度完成。采用摊床孵化，翻蛋主要是起调节摊床边缘蛋和中心蛋温差的作用。

（五）凉蛋

凉蛋是水禽蛋孵化的重要环节。由于鹅蛋脂肪含量高，随着孵化胚龄的增加，脂肪代谢加强，胚胎产热量和散发的热量也随之增多。如果多余热量散发缓慢，会使蛋温升高而影响胚胎发育；到孵化后期，甚至会由于自身产热过多而"烧死"胚蛋。所以，孵化达到一定时间（一般第 14 天），可每天定于上、下午各一次打开孵化机门或取出蛋盘，也可以采用喷凉水来降低鹅蛋的温度，协助胚胎散发多余热量，促进新陈代谢，增强血液循环和体温调节能力，从而提高孵化率和健雏率。从孵化的第 25 天起增加凉蛋次数。凉蛋时间随季节、室温、胚龄的不同而不同，每次凉蛋 20～30 分钟，凉到用眼皮感觉蛋壳温而略凉即可。

机器孵化时可采用机内凉蛋和机外凉蛋。机内凉蛋就是关闭机内热源，启动风扇，打开机门，使蛋温下降，此方法适用于整批入孵，气温不高的季节；机外凉蛋多用于孵化后期，间隔从蛋架上抽出 1/3 蛋盘，放置于机外降温。如果蛋温过高，达到烫眼皮的程度，应立即将蛋架（车）拉出机外放凉，并用喷雾器将 35℃左右的洁净水均匀喷洒到蛋的表面，通过水分蒸发以达到快速降温的目的。这种方法适用于高温季节和分批入孵。注意机内通风凉蛋和机外喷水凉蛋都应根据胚胎发育情况灵活运用。如果发现超温严重，胚胎发育过快，凉蛋时间应提前或增加凉蛋次数和凉蛋时间，有时可结合翻蛋进行凉蛋。

上述 5 个条件都是互相联系而又互相制约的，其中温度起决定作用，但它与湿度、通风有密切的关系。如果机内空气流通量大，通风良好，散热快，则湿度较小；反之湿度就大，余热增加。但通风量过大，机内温度和湿度难以保持。因此，这三者之间应互相协调，在控制好温度和湿度的前提下，调整好通风量。一般情况下，孵化机内风扇的转速为 150～250 转/分，每小时通风量以 1.8～2.0 米³为宜。同时，还应根据孵化季节和种蛋胚龄大小调节进出气孔，以保持孵化机内空气新鲜，温度和湿度适宜。此外，凉蛋又直接影响着温度的高低。因此，在孵化过程中，首先要掌握好温度的高低，再辅以其他条件，这是孵化工作成败的关键。

二、孵化场和孵化设备

（一）孵化场的要求

1. 孵化场的位置及环境要求　采用自然孵化时，孵化室应选在较安静的地方，室内应冬暖夏凉，保持空气流通，窗离地面高约1.5厘米。窗要开小些，目的是使舍内光线较暗，以利用母鹅安静孵化。人工孵化场应建在交通相对便利的地方，以便种蛋和雏禽的运输。孵化室应根据孵化用机具的大小、数量而定，具体规格及质量要求同孵鸡用孵化室。冬暖夏凉，通风又要保温，地面铺有水泥，且有排水出口通向室外，以利于对孵化室进行冲洗消毒。与孵化室相邻并相通的，是有与其规模相适应的存蛋库。蛋库中应备有蛋架车，蛋架车上的蛋盘应与孵化机中的蛋盘规格一致，以利操作。

2. 孵化场的建筑设计要求

（1）孵化场的总体布局　孵化场必须和外界有一定的隔离，为独立的一个隔离单元，有其专用的出入口。规模大小可根据每周或每次入孵蛋的数量，每周或每次出雏数以及相应配套的入孵机数量来决定。孵化场占地面积不但包括孵化室、出雏室以及附属的操作室和淋浴间等的建筑面积，还包括废杂物污水处理、场内道路、停车场和绿化等的占地面积。孵化场的用水量和排水量较大，因此，孵化场还应注意供水量与下水道的修建。

孵化场的生产用房设计原则是：从种蛋进入孵化场到雏禽发送的生产流程中，应由一室至相邻的另一室循环运行，不能交叉往返。

（2）建筑要求　孵化场各房间的墙、地面、天花板，应选用防火、防潮、便于冲洗消毒且耐腐蚀的材料。房间内应考虑机器安装位置、操作管理是否方便等，尽可能采用无柱结构，特别是孵化室和出雏室。采用密封性能好的推拉门，门的尺寸为高2.4米、宽1.5米以上。孵化室、出雏室之间应设缓冲间，各房间都要设下水道。为确保孵化场内空气新鲜、排除废气和驱散余热，一定要安装合理的通风换气系统，以满足孵化场各室对温度、湿度、通风等的要求。各室以单独通风为佳，可采用正压过滤通风或管道式负压通风的方式进行通风换气。

（二）孵化设备

孵化场内除了有孵化器外，还需要多种配套设备，如供水设备、种蛋运输设备、种蛋分级和清洗设备以及孵化器。

供水设备包含软化处理剂、过滤器以及热水器。种蛋运输设备主要有小车、半升降车、集蛋盘和输送机等。种蛋分级和清洗设备有真空吸蛋器、移蛋器、种蛋分级器、种蛋清洗机和备用发电机等设备。孵化器的质量要求温差小、控温和控湿精确、孵化效果好、便于操作管理和维修。孵化器类型大致分平面孵化器和立体孵化器两大类，立体孵化器分为箱式和巷道式。现在采用最多的是立体孵化器。

另外，孵化场还需配置清洗机、雌雄鉴别台、照蛋器和疫苗注射器等设备。

三、种蛋的管理

种蛋的质量受种鹅质量、种蛋保存条件等因素的影响。做好种蛋的管理工作，能提高入孵蛋的质量，防止疫病传播，从而提高种蛋的孵化率及雏鹅的成活率。

1. 种蛋的收集 为了得到高质量的种蛋，首先要求种鹅生产性能高、饲料营养全面、管理良好、种蛋受精率高，尤其要注意控制经蛋垂直传播的疾病，如小鹅瘟、鹅副黏病毒病和鹅的鸭瘟病等。

种蛋应保持清洁，尽量避免受到粪便和微生物的污染，并避免破损。为此，产蛋箱内要铺足垫料，同时要保持清洁和干燥。垫料应以吸湿能力强的为佳，通常采用的有木刨花、稻花、稻壳、稻草或干草等。

鹅的产蛋时间集中在后半夜至黎明前。因此，种蛋的收集可在凌晨4：00和上午6：00～7：00分两次进行。收集的种蛋应放入符合鹅蛋规格的塑料蛋盘内，以便于搬运和码放。及时收集种蛋可以降低蛋的破损率并减少污染，有利于保持种蛋的质量。要注意的是，种鹅群产于水中的蛋（俗称"水蛋"）不宜作为孵化用蛋。

2. 种蛋的选择　种蛋的品质不但是决定孵化率高低的内在因素，也关系到雏鹅的质量和生活力。因此，孵化前对种蛋进行严格的选择很重要，必须考虑的因素主要有：

（1）种蛋来源　种鹅的品质是前提条件。种蛋应选自遗传性状稳定，生产性能优良，繁殖力较高，公、母比例适当且健康无病的种鹅群，否则将来生产性能不高，或者带来疾病。作育种用的种蛋，系谱要清楚。如果是采用杂交配套系生产制种的，应弄清制种代次。

（2）受精率　这是影响孵化率的主要内在指标。判断受精率高低最准确的办法是在种蛋中抽样，将其打开后看受精蛋所占的比例。生产中，常用的是根据第一批蛋的孵化实绩来判定。在正常饲养管理条件下，种鹅蛋的受精率都较高，一般能达到90%。

（3）种蛋的新鲜程度　该因素对孵化率有很大影响，种蛋保存时间愈短，蛋越新鲜，蛋内的营养物质损失越少，各种病原微生物侵入的机会也少，胚胎生活力愈强，孵化率愈高。凡蛋壳有斑点、气室变大的多为陈蛋，孵化率减低，尽量不用其孵化。通常可以用光照透视检验法（即照蛋法）来检查种蛋的新鲜度。新鲜蛋的气室很小，蛋白黏稠，蛋黄圆形且完整清晰，转动慢，蛋黄表面无血丝、血块。陈蛋的气室大，蛋黄扁大或者散开，转动快，蛋黄上有血丝、血块。

（4）种蛋的形状和大小　种蛋以长椭圆形为好，异形蛋的孵化率低。蛋形指数在 1.4～1.5 范围内孵化率最高（88.2%～88.7%），健雏率最好（97.8%～100%）。不同品种，种蛋大小要求不一，如狮头鹅种蛋要求在 170 克以上，豁眼鹅种蛋在 120 克以上。所以，应按照品种特征要求，选择大小适中的种蛋入孵。

（5）蛋壳厚度和颜色　蛋壳必须厚薄适当、表面平整、致密均匀、厚度一般为 0.32～0.44 毫米。沙壳蛋易破损，勉强孵化后多出现死胚、弱雏，应予剔除。有的蛋壳过于厚硬，敲击时有钢铁声，俗称"钢皮壳"，导致出雏时破壳困难，也应剔除。至于"格窝"（蛋可一部分凹陷）、破蛋（裂纹）和软壳蛋更应剔除。此外，蛋壳颜色要符合本品种的特性要求。

（6）种蛋清洁度　种蛋应清洁，蛋壳上不得被粪便或其他脏物污染。脏蛋由于气孔被堵塞，妨碍气体交换，或是细菌、病毒进入种蛋，使得胚胎发育不正常，死胎率增加，孵化率降低，雏禽质量下降。轻度污染的蛋用 40℃ 左右的温水或用 0.1% 新洁尔灭溶液洗擦并抹干，可以作为种蛋入孵。

种蛋选择的方法：种蛋一般用"看"（蛋壳色、清洁度、蛋形、大小、蛋壳质量）、"听"（1 只手抓 3 只蛋，靠腕关节及手指的颤动，使蛋边转动边互相敲击，或两手各抓 1 只蛋互相敲击，由声音判断，检出破蛋、钢皮蛋等）、"照"（观察内部性状，尤其是气室大小）和"个别抽样"（打开蛋检查内容物形状及计算受精率）的方法进行选择。

3. 种蛋的包装和运输　收集种蛋后，若短途运输，可以放在垫有干净、柔软的稻草且能透气的圆容器内进行装运。若长途运输，应选用专用种蛋箱包装运输。不论用什么材料包装蛋，都应尽量使种蛋的大头朝上或平放。

运输种蛋的工具要求快速、平稳、安全，在种蛋的运输过程中，不可剧烈颠簸，以免强烈震动引起蛋壳或蛋黄膜破裂，损坏种蛋；同时应注意避免日晒雨淋，影响种蛋的品质。因此，在夏季运输时，要有遮阴和防雨设备；冬季运输应注意保温，以防受冻。装卸时，要轻装轻放，严防强烈震动。种蛋运到目的地后，应立即开箱检查。取出种蛋，剔除破损蛋，进行消毒，尽快入孵。

4. 种蛋的保存

（1）温度　温度是保存种蛋最重要的条件，鹅胚胎发育的临界温度（又叫生理零度）为 23.9℃，超过这个温度胚胎就会恢复发育，低于则停止发育；因此，保存的温度应该低于 24℃。研究证明，最佳保存温度是 13～16℃。

（2）湿度　相对湿度保持在 75％～85％为宜，过高容易发霉，过低会使种蛋内的水分蒸发加快，不利于孵化。

（3）翻蛋　一般认为，保存时间在 1 周内可以不必翻蛋。超过 1 周应定时翻蛋，每天翻蛋 1～2 次，可以防止胚盘与蛋壳粘连，避免影响种蛋的品质和胚胎早期死亡。

（4）通气　蛋库内要保持通风良好，清洁，无特别气味。此外，种蛋也要预防蝇吮蚊叮。

（5）保存时间　种蛋保存时间与孵化率成反比，保存时间越长，孵化率越低；保存时间在两周以内，孵化率下降幅度小；保存 2 周以上，孵化率下降显著；保存 3 周以上，孵化率急剧下降。因此，在可能的条件下，种蛋越早入孵越好，尽量不超过 14 天。在气温适宜的春、秋季，保存时间可相对延长；在严冬酷暑，保存时间应相对缩短。

5. 种蛋的清洗与消毒　鹅蛋产出后，常被粪便、血块、垫草等污染。据测定，新生的蛋壳表面细菌数为 300～500 个；15 分钟后，增至 2 500～3 000 个；1 小时后达 2 万～3 万个。所以，种蛋收集后，应立即清洗消毒，否则 30 分钟后细菌即可通过蛋壳的气孔进入蛋内。因此，种蛋的及时消毒是提高种蛋孵化率和雏鹅品质的重要措施之一。

常用的消毒方法有以下几种：

（1）浸泡法 适用于入孵前种蛋的消毒，将种蛋浸入消毒液中 1～2 分钟后取出晾干。常用的消毒液有：0.02％的高锰酸钾溶液、0.1％的碘液、0.1％的新洁尔灭液、0.025％的季胺盐溶液及 0.01％的二氧化氯液。消毒水温以 43～45℃为宜，无论如何，消毒液的温度都应略高于蛋温。如果消毒液温度低于蛋温，种蛋由于受冷使蛋的内容物收缩而形成负压，反而会使少量蛋面上的微生物通过蛋壳上的气孔进入蛋内，影响孵化效果。

（2）熏蒸法 福尔马林熏蒸法是目前应用最广的消毒方法，效果很好，而且操作简便，种蛋在消毒室内和孵化机内都可应用。具体方法为：先将 40％福尔马林液倒入容器中，再将高锰酸钾晶体用厚纸包好，放入福尔马林药液中，两种药物经过化学反应放出的烟雾气体可用于种蛋的熏蒸。熏蒸 20～30 分钟后，用换气扇等排出气体。用量：每立方米空间使用福尔马林液 28 毫升，高锰酸钾 14 克。要注意：必须防止药液沸腾造成外溅烫伤工作人员，且达不到消毒效果。另外，种蛋表面潮湿时不宜用熏蒸消毒的方法。

（3）喷雾法 用喷雾器直接将浓度为 0.1％的二氧化氯、0.1％的新洁尔灭或 0.02％的季铵盐等喷洒到每个种蛋表面进行消毒，待药液干燥后即可入孵或装盘存放。

四、孵化管理技术

（一）孵化前的准备工作

1. 消毒 孵化室内的地面、墙壁和天花板均应彻底消毒，以防雏鹅感染疾病。孵化器内部用福尔马林熏蒸或者用喷雾消毒。此外，入孵前要对种蛋进行熏蒸消毒。

2. 孵化设备检查 为保证孵化期间孵化器正常运作，孵化前必须检查相关设备，主要包括温度、湿度、通风和翻蛋等自动化控制系统及温度计的校正等。

在各项检查并校正完毕，确定各系统正常工作后，再空机运转 24 小时，观察温度、湿度稳定及翻蛋动作正常后，方可入孵种蛋。

(二) 孵化期的操作管理技术

1. 种蛋的预温及入孵 从冷贮蛋库取出种蛋，先在室温中缓慢升温 12 小时。升温时，将种蛋平放、大头向上竖立或斜立放在蛋盘上，小头向上会引起胎位不正。

2. 温度和湿度控制 由于孵化器的机械化、自动化管理，所以只要注意温度的变化，遇有失灵情况及时采取措施即可。对于非自动控湿的孵化器，要注意湿度的控制。鹅胚对湿度的要求范围比较宽，在整个孵化期间原则上采用"两头高中间低"的方法。

3. 通风 孵化后期鹅胚的气体代谢量是初期的 110 倍以上。只有维持正常的通气量和良好的气流循环路线，才能使胚胎受热和换气均匀。新型的孵化机在设计时，都十分注意通风装置，设有进气孔和出气孔。

4. 翻蛋 孵化中用翻转蛋架角度的方法进行翻蛋，手工或电动翻转蛋架每天 3~12 次。翻蛋角度越小，翻蛋次数就越多。出雏时不可翻蛋。

5. 凉蛋 凉蛋有助于散发胚胎内的积热，同时刺激和锻炼胚胎活力，促进气体交换，促使绒毛长出，提高孵化率和健雏率。孵化初期基本不需凉蛋，中期开始，后期增加凉蛋次数和凉蛋时间。

6. 照蛋　在整个孵化过程中，通过照蛋、称重、胚蛋剖检和出雏情况来检查胚胎发育情况，以便及时发现问题、分析原因，并以此作为改善种鹅的饲养管理和孵化条件的依据，从而提高孵化率和雏鹅品质。通过照蛋，还可以及时检出无精蛋、死精蛋和死胚蛋，并观察胚胎发育情况。

7. 移盘　又称落盘或转盘。在孵化的 28 天时将蛋架上的蛋盘抽出，移至出雏机内的出雏盘中继续孵化。此时，停止翻蛋，提高湿度，准备出雏。

（三）出雏期的操作管理技术

出雏机内的温度要低一些，湿度要高一些。孵化正常时，胚蛋出雏准时而且有明显的出雏高峰，出雏后待绒毛干燥即可捡出雏鹅，然后对其进行雌雄鉴别并及时注射疫苗。

出雏结束后，应抽出水盘和出雏盘进行清洗和消毒，彻底清理孵化器以备下次孵化。

五、孵化效果的检查

一般衡量孵化效果的指标有：受精率、死精率、受精蛋孵化率、入孵蛋孵化率、健雏率、死胎率。

（一）照蛋检查

在孵化过程中，一般照蛋 3 次。

第一次叫头照，约在第 6～7 天进行。应及时剔除无精蛋、死胚蛋和破裂蛋，可以了解受精率的高低、种蛋的保存条件是否适宜、早期胚胎发育和死亡情况。

第二次叫二照，约在第 15～16 天进行。了解中期胚胎发育情况，查出死胚蛋。此阶段正常的胚蛋尿囊在小头"合拢"。

第三次叫三照，约在第 24 天进行。可进行抽样检查，作为孵化后期调整孵化条件、按时出壳的参考。通过这次照蛋，根据不同时期胚胎发育的程度，作为调整孵化条件的依据。

（二）蛋重的变化

孵化过程中，随着胚龄的增加，胚蛋由于水分的蒸发，蛋白和蛋黄营养物质的消耗，胚蛋的重量会减轻。减重程度与湿度大小密切相关，同时也受其他因素的影响。通常在孵化第 5 天胚蛋减重 $1.5\%\sim2\%$，第 10 天减重 $11\%\sim12.5\%$，出壳时雏鹅的重量为蛋重的 $62\%\sim65\%$。孵化中，可以对胚蛋进行抽样称重测定，根据气室大小的变化和后期胚胎的形态，了解和判断相对湿度是否适宜，以优化孵化条件。

（三）死胚的观察和剖检

当种蛋品质差或者孵化条件不良时，死胚和死雏一般表现出病理变化，可以通过剖检来分析其死亡的原因，以便改进种鹅饲养管理和孵化管理。首先观察胎位是否正常，各组织器官的出现和发育情况，孵化后期还应观察皮肤、内脏是否充血、出血、水肿等。综合判断死亡的原因，必要时将死胚蛋作微生物检验，检查种蛋品质，是否感染传染性疾病。

（四）出雏的观察与检查

在正常的孵化条件下，孵化 29 天就可见有啄壳，啄壳后 12 小时就可见出雏。一般 30 天的后半天到 31 天的前半天是出雏的高峰阶段，满 31 天出雏基本出完。如孵化条件不正常，出雏时间提早或推迟，出雏高峰不明显，出雏的时间较长，有的甚至到 31 天还有多数未能出壳，应立即查明原因，采取有效措施。

初生雏外形检查：主要从雏鹅的蛋黄吸收情况、脐部愈合、绒毛、精神状态和体形等方面观察。健雏脐部吸收良好，蛋黄吸收腹内，腹部绒毛干燥覆盖脐部，绒毛清洁而有光泽，体形匀称，强健有力，叫声洪亮，这说明孵化条件适宜。弱雏脐部愈合不良，蛋黄吸收不良，腹部较大，绒毛污乱，站立不稳，精神不振，大小不整齐，表明孵化条件可能不适宜。

第五章 鹅生态养殖的管理

第一节 生态养鹅模式

一、种草养鹅模式

种草养鹅是农业结构调整的重要内容，也是优化畜牧业结构的一个重要途径。种植 1 亩*黑麦草最高可养鹅 300 只左右，料肉比由放牧养鹅的 3∶1 降至 2∶1，每只鹅可节约饲料粮 3.5 千克左右，种植一亩黑麦草养鹅可节约饲料粮 1 000 千克，等于夏熟每亩产粮 1 000 千克，比种小麦增产 650 千克，加上种草比种麦节约成本 50 元，每亩田一年可增加纯收入 700 元。由于种草养鹅解决了养鹅的饲草问题，养鹅业得到发展，农民还可从中获得更大的利益，这将对于增加农民收入，促进农村稳定发挥积极的作用。在种草养鹅的过程中，要切实做好科学的规划工作，以达到获得最高的养鹅效率。

种草为了养鹅，养鹅是种草的目的，种草、养鹅二者相互关联，只有紧密结合才能成功养殖。在实施种草养鹅这项工程时，首先要规划好种草品种、栽种面积和养鹅的数量及批次，做到有

---

* 亩是非法定计量单位，1 亩≈666.67 米^2。

草就有鹅，草能满足供应，鹅能及时消化。下面介绍两种种养模式。

1. 模式 1　种植多花黑麦草或冬牧－70 黑麦。9 月下旬至 10 月上旬播种，供草期 11 月至翌年 6 月上旬，亩产量可达 8 000 千克，分批刈割喂鹅，每亩可养鹅 300 只左右。分 3～4 批套养，第一批 11 月份进雏 30 只/亩，元月底上市；第二批元月底 2 月初进雏 50 只/亩，4 月上旬上市；第三批 3 月初进雏 120 只/亩，5 月中旬上市；第四批 4 月初进雏 120 只/亩，6 月上旬上市。

2. 模式 2　种植菊苣或苦卖菜。菊苣是多年生植物，一次播种多年利用，第一年产量低，第二年进入盛产期，亩产量 8 000 千克，供草期 4～11 月。苦卖菜属一年生牧草，品质好，蛋白质含量高，3 月播种，亩产 4 000 千克，供草期 4～11 月。菊苣有短暂的高温季生长缓慢期，而苦卖菜 7、8 月份气温高时生长最旺盛，两种牧草兼种，能达到互补的效果。这种模式辅以野生杂草，每亩可养鹅 300 只左右，分 3～4 批套养。第一批 4 月中旬进雏 30 只/亩，6 月下旬上市；第二批 5 月份下旬进雏 100 只/亩，8 月上旬上市；第三批 6 月中旬进雏 100 只/亩，8 月下旬上市；第四批 8 月上旬进雏 80 只/亩，11 月份上市。

两种模式并用可以常年种草养鹅。

牧草的产量与管理有极大的关系，在施足基肥的前提下，每次刈割后适当多施肥料，搞好水肥管理，才能提高产量与品质。种草养鹅还应根据牧草长势，适时调整鹅群数量，防止饲草不足或浪费。

种好牧草，首先，选择好草种，达到既要高产，又要适口性好，同时还要能满足不同季节供草的需要。如江苏周边地区气候温和湿润，夏、秋季节野生杂草长势较好，可以利用，冬季和早春青饲料短缺。划种选择首先应以冷季型牧草为主（如多花黑麦草、冬牧-70 黑麦），暖季型牧草为辅（如菊苣、苦卖菜等）。其次，加强田间管理。一般草的种子比麦种要小得多，所以精耕细作，平整土地就显得十分重要。要想出苗齐，长得好，还得开好一套沟，加强水肥管理和苗期除草工作，要像种蔬菜那样精心种植牧草。再次，合理利用。坚持割草养鹅，采用草架饲喂，不直接放牧，可提高单位面积载禽量。利用的原则是适时刈割，适度留茬，以利再生。饲喂苗鹅需嫩草，刈割间隔时间宜短。青年鹅消化能力强，待牧草长到 20～30 厘米时再行刈割，后期要增加刈割频率，可减缓牧草衰老，延长利用时间。

科学规划牧草地，主要涉及确定适宜的载鹅比、搭配种植、适期购苗，分期套养等方面。

1. 牧草用地的规划 充分选择滩涂、低洼和废地，对其进行适当地改造后都能成为优良的牧草种植地，且选择这些地方，不但成本低，而且也改善了该地的地理环境，使其能得到充分地应用。即使在已有草地或废地草场的放牧，也应该制定合理利用的方式。具体规划应根据具体的养殖情况而定。

（1）确定适宜载畜量 草地载畜量是单位面积草地所能饲养牲畜头数。计算载畜量的方法很多，一般用以下 3 种表示方法。①用牲畜数量表示，即在一定的放牧时间内，单位面积草地上可牧养的牲畜头数。②用草地面积表示，即在一定的放牧时间内，牧养一头牲畜所需要的草地面积。③用放牧天数表示，即在单位面积草地上，一头牲畜能放牧的天数。

（2）确定适宜的牧草可利用率 鹅对牧草的利用有其特殊性，鹅喜欢青绿多汁的鲜嫩饲草。因此，根据牧草的特定生长时期对鹅进行放牧或将牧草收割后加工贮藏。

（3）确定适宜的放牧时间 适宜的放牧时间是指草地适宜开始放牧到适当放牧结束的一段时期。一般是根据牧草种类和土壤水分状况以及牧草贮存越冬养料或草籽成熟的需要来确定适宜的放牧时间。为保证鹅对饲草要求全年均衡供应的需要，可采取收割后加工贮藏来满足鹅对饲草饲料的需要。

（4）控制留茬高度 经过鹅采食后的牧草要保持适当的剩余

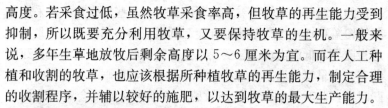

高度。若采食过低，虽然牧草采食率高，但牧草的再生能力受到抑制，所以既要充分利用牧草，又要保持牧草的生机。一般来说，多年生草地放牧后剩余高度以5～6厘米为宜。而在人工种植和收割的牧草，也应该根据所种植牧草的再生能力，制定合理的收割程序，并辅以较好的施肥，以达到牧草的最大生产能力。

2. 牧草品种的选择　随着畜牧业结构调整的深入和养殖成本控制的需要，牧草栽培逐步为广大养殖者所重视。面对众多的供种广告宣传，引种者不可在缺乏全面了解的情况下，草率地购买某种牧草。究竟什么品种的牧草适合种植，还要综合考虑畜禽养殖品种、当地气候条件以及土壤状况等因素。选择适当的牧草草种和品种栽培是牧草生产中高产的重要条件之一；不但可以降低养殖生产成本，提高牧草草种及养殖业的经济效益；同时也可以保证青饲料的全年供应。我国地域广阔，气候、土壤条件差别较大，在选择和引种牧草时，要注意以下几个问题。

（1）选择优良纯正的品种　牧草种子质量是一个综合性的概念，它包括种子遗传学质量、种子生理学质量（如发芽率、生活力）和种子物理学质量（如纯度、净度、饱满度、含水量）等多方面。选种时，应确立以种子遗传特性为主要指标的种子质量观。有些农户为了减少种子费用投入，把种草后收获的籽实当作种子，次年继续种植，并把剩余部分卖给其他人种植，这种做法不可取。大多数高产牧草是不同品种（系）的混合体，如果将其杂交后代的籽实作为种用，后代将产生分离和退化，造成减产和品质下降。

（2）根据当地环境选择牧草品种　任何一种牧草对气候条件都有一定的适应范围，在众多因素中，温度当属首位，它决定多年生牧草能否安全越冬，这是建植人工草地成败的关键因素。牧草安全越冬有两个因素特别重要，一个是冬季极端低温出现的强度及其持续时间的长短对根部休眠芽的危害，特别强调的是耕作层5厘米左右的土温。当冬季有积雪，尤其是积雪很厚的地区，一定的土温可以减轻积雪对牧草的冻害,一些地区在冬季采用秸秆等覆盖草地或进行冬灌也有能起到类似的作用。另一个是早春返青前异常低温出现的强度及其持续时间的长短对萌动返青芽的危害。当早春气温上升时,休眠芽开始萌动解眠,并处于非常活跃时期,此时其对低温特别敏感,一旦再降温就会对其造成危害,许多牧草越冬差就是这个原因造成的。所以,根据当地环境选择牧草品种时需注意以下几点:

首先,要了解土壤的类型,中性偏碱的土壤适合耐碱性强的品种,如紫花苜蓿、沙打旺等;中性偏酸的土壤适合耐酸性强的品种,如红三叶、白三叶等;盐碱地只适合种植耐盐碱的品种,如沙打旺、黑麦草、籽粒苋、羊草、碱草、苏丹草等。低山丘陵区,大多土质差,水资源缺乏,则适宜种植耐瘠耐旱、覆盖性好的品种,如紫花苜蓿、三叶草、羊茅、早熟禾、百喜草等;水肥条件较好的地方,比较适宜种植聚合草、苦荬菜、鲁梅克斯、紫云英、苕子、杂交狼尾草等。

其次,降水量是第二位影响因子,它决定牧草的栽培方式和生产能力,要根据各地降水量的不同选择抗旱能力不同的品种。但起作用的不是年降水量的多少,而是生长季的降水量及其分布的均匀性。年降水量 800 毫米以上的地区,要考虑防涝问题。年降水量 500 毫米以上的地区,可采用旱作(不需要灌溉)的方法建植人工草地;年降水量 300~500 毫米的地区,尽管也可旱作,但产量不稳定,年降水量 300 毫米以下的地区,则必须有灌溉条件才能种草。在我国的黄淮地区、黄土高原中东部、东北平原及内蒙古高原东部等地区,年平均降水量在 350~650 毫米,这些地区适宜种植中等抗旱的牧草品种,如紫花苜蓿,其根系入土很深,有较强的抗旱能力,并且可抵抗-20~-40℃的严寒;但紫花苜蓿不耐高温,且忌积水,因此不宜在长江以南地区种植。相反,杂交狼尾草具有良好的抗旱性和耐涝性,但抗寒性较差,当气温低于 0℃ 的时间持续稍长时,就会被冻死,所以适宜在长江中下游地区种植。由于牧草耐旱性不同，所以选用牧草时应考虑当地降水条件和栽培条件。不过抗旱性越强的牧草，往往草质越差，产量也越低，因而选用草种时要综合考虑多种因素，使其能够正常生长，以便获得既优质又高产的饲草。

再次，土壤是第三位影响因子，但对于建植人工草地不是十分强调的，这主要是大多数牧草对土壤都有较宽的适应范围。但在土壤过酸、过碱以及沙质土、黏性土壤上建植入草地时，则需要选择能够抵抗这些不利因子的草种。当然，土层深厚、疏松、肥沃的中性壤土对保证人工草地的高产仍具有非常重要的作用。

（3）根据利用目的选择牧草品种　在生产中，若以收获青绿饲料为目的，应以牧草的生物产量高低作为考虑重点，选择一两年生、初期生长良好、短期收获量高，且对肥效较敏感的品种，如紫花苜蓿、冬牧 70 黑麦草、红三叶、白三叶、聚合草、鲁梅克斯等，这类牧草的鲜草产量一般在 3 000～4 000 千克/亩，高者可达 10 000 千克/亩以上。刈割后可用于青饲、青贮或晒制干草。此外，牧草的抗病性、抗倒伏性以及是否便于刈割等也应考虑在内。

有些养殖场种植一定面积的人工草场用来放牧，这类草地利用比较频繁，因此在考虑牧草高产性的同时，应优先考虑再生能力强、密度大的品种，如多年生黑麦草、鸭茅、三叶草、苇状羊茅、牛尾草等。这类牧草的生物产量季节性变化较平稳，而且耐践踏，有较好的再生性。此外，可采用混播代替单一的牧草种植。例如，将三叶草与黑麦草混合播种，一方面可利用三叶草根瘤菌的固氮作用，促进黑麦草的生长；另一方面充分利用黑麦草能量充足的特点，避免牛羊采食单一牧草，从而获得平衡的营养物质。

（4）根据品质及适口性选择牧草品种　牧草的品质主要是指其蛋白质含量和消化率，同时牧草的适口性也很重要。紫花苜蓿具有营养全面、适口性好及易消化的优点。第一茬苜蓿的茎叶干物质中粗蛋白质含量高达 $17\%\sim20\%$，第二、三茬粗蛋白质含量高达 $20\%\sim23\%$，因此有"牧草之王"的美称。而多年生黑麦草粗蛋白含量与紫花苜蓿相当，能量水平是禾本科牧草中最高的。另外，豆科类牧草中的白三叶、红三叶，禾本科牧草中的鸭茅、苇状羊茅，苋科的籽粒苋等牧草蛋白质含量都较高，适口性也很好。有些品种还有一定的药用价值，如苦荬菜的茎叶，柔嫩多汁，味微苦，性甘凉，畜禽很爱吃，长期饲用可减少肠道疾病的发生。

在选择牧草品种时，除需考虑以上因素外，还需结合当地农牧业的生产模式、农业种植结构、当地人均耕地和闲置土地情况等，把各种因素综合起来进行分析选择。我国各地农业资源丰富，利用潜力巨大，如果在种植牧草时考虑结合当地的资源开发，往往可以避免不必要的建设，产生事半功倍的综合开发效益。在野生青草丰富、利用方便的地区，可减少或不必人工种植牧草；可利用野生青草主要为禾本科时，可适当种植一些豆科牧草；当可利用野生青草主要为豆科时，可适当种植一些禾本科牧草；当需对紫云英等含碳水化合物较少的原料进行青贮时，可种植饲用玉米、黑麦草、苏丹草等富含碳水化合物的牧草以备混合青贮。

（一）青绿饲料的生产

牧草是发展养鹅业的物质基础，没有充足的牧草，就不会有优质、高产与稳定发展的养鹅业。牧草种类繁多，大部分都能被鹅采食利用，特别是天然草地上的豆科、禾本科、藜科、菊科、莎草科以及其他杂草类的牧草，其生长期的茎叶及成熟期株穗籽实，鹅都喜欢采食。但天然草地牧草生长季节性强、产草量低，为提高草地产量和质量，保证全年均衡供给青绿饲料，必须根据当地自然气候、土壤特点以及鹅的需要，选择适宜的牧草品种。

1. 牧草栽培技术　牧草所含营养物质丰富而完全，豆科牧草干物质中蛋白质含量占 15%～20%，含有各种必需氨基酸，且蛋白质生物学价值高，所含钙、磷、胡萝卜素和各种维生素如维生素 B_1、维生素 B_2、维生素 C、维生素 E、维生素 K 等均十分丰富，适期利用的豆科牧草粗纤维含量低，柔嫩多汁，适口性强，易消化。禾本科牧草所含营养物质一般低于豆科牧草，但良好禾本科牧草的营养价值往往不亚于豆科牧草，富含精氨酸、谷氨酸、赖氨酸、葡萄糖、果糖、蔗糖等。

2. 选择合适的牧草品种　适于养鹅的牧草品种很多。适口性好、产草量高的有紫花苜蓿、冬牧 70 黑麦、黑麦草、苏丹草和苦荬菜等，以苦荬菜适口性最佳。为了保证牧草的全年均衡供应，夏、秋季可考虑种植苦荬菜和苏丹草，冬、春季可考虑种植一年生黑麦草（指长江以南地区），并通过种植其他牧草作为补充。

（1）苏丹草　苏丹草的优点首先表现为具有高度适应性，抗旱能力特别强。茎叶品质柔软，适口性好，有较强的再生性。苏丹草对土壤要求不高，无论沙壤土、重黏土、微酸性土壤或盐碱土，均可栽培。

栽培苏丹草，主要是利用其茎叶作饲料，因而对播种与利用期无严格限制。当表土 10 厘米处地温达 12～14℃时即可开始春播。为了保证整个夏季能继续生产青绿饲料，可采取分期播种，每期相隔 20～25 天，最后一期应在重霜前 60～90 天结束。

苏丹草的播种多采用条播，播种量主要根据土壤水分条件而定，干旱地区，宜采取宽行条播，行距 45～60 厘米，每公顷用种子 22.5～30 千克。如土壤水分条件好，宜采用窄行条播，行距 30 厘米左右，每公顷播种 30～37.5 千克。

早春播种的苏丹草，由于气温低，苗期长，生长时容易受到各种杂草的压制，在苗高 10～15 厘米时，应中耕除草一次。以后视杂草出现和土壤板结情况再中耕一次，一般夏季中耕两次即可。

苏丹草的根系强大，吸收肥料能力强，对氮磷肥料需要量高，除播种前要施足基肥外，在分蘖期、拔节期以及每次刈割后都应及时灌溉施肥。

苏丹草的收获期应考虑到它的产草量、营养价值以及再生力。从产草量看，自抽穗到乳熟期，基本上无多大差别；但从青饲料的产量和品质考虑，苏丹草宜在抽穗到盛花期刈割。

苏丹草作为夏季利用的青饲料最有价值，因其茎叶柔软，所以晒制干草比较容易。苏丹草的再生能力强，第一茬适于刈割鲜喂或晒制干草；第二茬以后，可用于放牧，但要等到高度达到50～60厘米以后才可以进行放牧。目的是为了避免植株被拔出而影响再生力，同时也可防止氢氰酸中毒。幼嫩苏丹草的茎叶含有少量氢氰酸，但随着植物的成长，其含量也相应减少，一般无中毒危险。

（2）紫花苜蓿　苜蓿喜温暖半干燥的气候，生长最适温度在25℃左右。夜间高温对苜蓿生长不利，可使根部的贮存物减少，削弱再生力。根在15℃时生长最好，在灌溉条件下，则可耐受较高的温度。苜蓿是需水较多的植物，但因根系发达，所以抗旱能力很强。在年降水量300～800毫米地方均能生长，在温暖干燥而有灌溉条件的地方生长很好。年降水量超过1 000毫米的地方不适于苜蓿的栽培。苜蓿对土壤选择不严，除重黏土、低湿地以及强酸强碱外，从粗沙土到轻黏土的土质中皆能生长，而以排水良好的土层生长最好。苜蓿略能耐碱，但不能耐酸，以土壤pH6～8为宜。成长植株可耐受的土壤含盐量为0.3%。

苜蓿种子细小，幼苗较弱，早期生长缓慢，整地务必精细，要做到深耕细肥，上松下严，以利出苗。新鲜苜蓿种子含有10%～30%或更高的硬实，将种子与砂混合揉搓或将种子用磨米机碾磨一次，可显著提高种子的发芽率。播种前，晒种2～3天或短期高温处理（50～60℃、15分钟至1个小时），亦可提高发芽率。北方各省宜行春播或夏播。西北、东北、内蒙古4～7月可播种，最迟不晚于 8 月上旬；华北 3～9 月可播种，而以 8 月为佳。春播苜蓿根部发育健全，有利于安全越冬；长江流域 3～10 月均可播种，而以 9～10 月播种最佳。

播种时，每公顷需纯净而发芽率高的种子 11.25～18.75 千克，播种量的多少对第一年产草量有显著影响。因在第 1～2 年内植株尚未充分发育，加大播种量，可以互相荫蔽，减少蒸发，增加湿润环境、高度和嫩枝数，因而产量既高，质量也好。

苜蓿生长快，分枝多，枝叶盛，产量高，刈割次数多，以单种为宜。单种时条播、撒播和点播均可，其中条播效果最佳，行距以 20～30 厘米较好。播种深度，湿润土壤为 1.5～2 厘米；干旱时播深 2～3 厘米，播后应行镇压以利出苗。苗期生长缓慢，须锄草 2～3 次以免受杂草的危害。越冬前应结合锄草进行培土以利越冬。早春返青及每次刈割以后，亦应进行中耕松土，清除杂草，促进其再生。

苜蓿最适宜的刈割时期是在第一朵花出现至占种植面积 1/10 的苜蓿开花、根茎上又长出大量新芽的阶段。此时刈割，不但营养物质和产量都较高，而且根部养分已蓄积到一个相当高的水平，再生良好。

（3）黑麦草　黑麦草的茎叶柔嫩，营养丰富，适口性好，消化率高。亩产鲜草 4 000～5 000 千克，高产时可达 6 000 千克以上。

黑麦草的种子细小，顶土力差，所以要求土地要经过犁耙后整平整细。为了便于管理，作畦播种，畦宽 2 米左右，长度则以田形而定。黑麦草对深水非常敏感，所以要求挖好排水沟，保证农田有良好的排水性能。一般秋季播种，第二年夏季即死亡。9 月中旬至 11 月中下旬均可播种，最迟不应超过 12 月，此时气温适宜，土地潮湿，有利于草种发芽生长，而且此时播种也正好可在青黄不接的时候收获青草用于饲喂肉鹅。每亩的播种量以 2.5～3.0 千克为宜。播种前应施足基肥，每亩施有机肥 1 000～2 000 千克。保持土地湿润，以利于种子发芽，播种后覆土

0.5～1厘米，如逢干旱，则要及时灌溉。出苗后2～3天，每亩施尿素2.5千克，待长出3片茎叶后，每亩再施尿素5千克（最好在阴雨天施肥），也可泼施猪牛尿粪水。黑麦草长出40厘米后即可刈割，以后每割一次就施肥一次。每亩施尿素5～10千克，也可泼施猪牛尿粪水。当黑麦草长到30～50厘米时即可刈割用于养鹅，以后每隔15～20天待其长到一定高度时即进行刈割。刈割留茬高度，前一两次留3～5厘米；以后留5～6厘米。切不可齐地而割，以免影响再生。越冬前15天左右不能刈割，保留茎叶25～30厘米，有利于黑麦草越冬。种植1亩黑麦草可饲养80～120只肉鹅。黑麦草可单播，也可与紫云英、箭筈豌豆等豆科牧草混播。最好采用条混播，混播比例一般为3：1或2：1。

（4）苦荬菜 苦荬菜具有耐割和再生能力强的优点，一般可刈割3～4次，亩产鲜牧草7 500～10 000千克。该品种喜湿怕涝，且青刈时间长，比较耐肥，所以应选用土质肥沃，排灌条件良好的土地种植，若用水田种植，则要特别注意深沟排水。苦荬菜可直接播种，也可育苗移栽。一般在2月底至3月初即可播种，利用期为5月中旬至10月上旬。苗床宽1.2～1.3米，长度不限，每亩播种量为2～2.5千克。为防止早春冻害，可在苗床撒些稻草用于覆盖保温，一个月左右再移栽。当幼苗长出4～5片叶子时即可移栽，一般株距为25厘米×20厘米。出苗后注意及时间苗，适当定苗。在7～9月气温高达30℃以上时，为避免草苗受旱，除坚持松土追肥外，还要特别注意适时灌溉。当苦荬菜封行时，应及时进行青割。留茬高度以3～4厘米为宜，雨季留矮些，旱季留高些。青割后应及时中耕施肥。

3. 牧草的混种 农作物的栽培一般只能采用间、套、复种轮作以充分利用时间、空间、生物有利因素取得丰收的籽实。栽培的牧草，除一些生长迅速、一年内可获多次的牧草，如苜蓿、黑麦草等宜单独栽培外，大多皆进行混种。

混种牧草能够增加产量，并保持产量的均衡与稳定性。把不同株型、根型的牧草混种在一起，可运用自然植物群落层片结构和根群分布规律，充分利用空间因素，增加光能和地力的利用率。同时混种牧草可提高饲料品质，混种可使草料成分较为均匀，适口性较好，减少浪费，增加牧草的利用率。混种牧草可增加土壤肥力，有助于土壤团聚体的形成，提高土壤保水、保肥性能，提高后作产量和品质。

混种牧草时，首先应考虑混种牧草的用途。用作刈草地的应选用短期生长的、直立的上繁草混种，以便收获和调制；用作放牧的则寿命长，具有根茎的株型低的下繁草应占较大的比重，以免因践踏而失去生产能力。同时按照各种牧草的生长发育特点和土壤的要求进行组合，才能减少生存竞争的矛盾，并使彼此相互调剂，相得益彰。

4. 牧草的质量控制

（1）因牧草的种类施肥　不同种类的牧草，吸收硝酸盐程度也不同，收获前20～30天应停止施用。

（2）春、冬牧草少施氮肥　春冬光照弱，牧草容易积累硝酸盐，应不施或少施氮肥；夏秋牧草生长季节气温高，含硝酸少，可适量施用一些氮肥。

（3）高肥牧草地应禁用氮肥　低肥牧草地，牧草积累硝酸盐较轻，可施氮肥、有机肥培肥地力；富含腐殖质的土壤，牧草的硝酸盐含量高，应禁施氮肥。

（4）不施硝态肥　硝酸铵、硝酸钾、硝酸钙及含硝态氮的复合化肥，容易使牧草积累硝酸盐，牧草地根本不宜施用。另外，应控制尿素、碳酸氢氨、硫酸铵及酰铵态氮的使用量，而且使用时一定要深施盖土。

（5）氮肥深施盖土　应在土壤15～18厘米处深施，这样硝化作用缓慢，肥料利用率高，可减少牧草对硝酸盐的积累。

（6）控制氮肥的用量　牧草中硝酸盐的积累随施肥量的增加而提高，亩施肥量应控制在标氮25千克以内，60%～70%用作基肥全层施下，30％～40％用作苗肥深施。

（7）氮肥要早施 苗期施氮肥最好，不但有利于牧草早发、快长，而且还有利于降低硝酸盐的积累。

（8）重施有机肥 有机肥应经高温堆沤腐熟，杀死病菌、虫卵后施用，这样不会导致牧草受到污染，牧草不仅品质好，而且耐贮存。沼气废渣液肥效高，经常施用，可减少病虫害及农药用量，提高牧草产量。用沼气渣生产的牧草，是很好的无公害牧草。

（9）茎叶用牧草类不能叶面施肥 叶面喷施直接与空气接触，铵离子易变成硝酸根离子被叶片吸收，致使硝酸盐积累增加，牧草不易贮存。

（10）控制污水淋灌 污水会污染牧草。凡是被氯、砷、锡、锌等污染后的废水严禁淋、灌牧草。城市生活污水应做无害化处理，杀死病菌、虫卵并与清水混合后才能使用，最好在早晚气温较低时进行。

二、湿地养鹅模式

在拥有广阔湿地生态环境的地区，可以有效进行湿地养殖，以降低成本，增加收益。

湿地养殖区要远离村庄、工矿区，自然环境要优良，无污染，蓄水方便，水草资源、小虾及螺、蚬等底栖生物丰富，底质淤泥层少（10厘米），无凶猛动物类等敌害生物，其中路渠等设施要配套。可用网圈出适宜的养殖区域，对鹅进行放养。例如，芦苇生态养殖，既可给鹅提供新鲜的青绿饲料，也可增加当地的植被覆盖率。养殖过程中不用药，基本不换水，水质恶化或者暴雨天要及时调水或加水，换水量根据情况而定。在生产中，严格按照无公害控制技术操作，不使用农药及激素等。

三、山、林地养鹅模式

1. 地点选择 山地选择放养地必须远离住宅区、工矿区和主干道。环境僻静安宁、空气洁净，附近有无污染的小溪、池塘等清洁水源。最适宜的地方是坡度不大的丘陵，山地上长有灌木、荆棘林、阔叶林。

2. **放养规模**　一片林地以放养 200 只鹅为宜，规模太大不便管理，规模太小效益较低。晚春到中秋均可放养。冬季气温低，草少，应停止放养。

3. **放养方法**　选择抗病力强的良种鹅，3～4 周龄前的养殖管理与普通育雏一样，脱温后再转移到山上放养。

4. **注意事项**

（1）放养前应对鹅群进行驱虫，防止因林地污染而造成鹅群反复感染。

（2）开始放养的前几天，为防应激，可在饲料或饮用水中加入一定量的多种维生素。

（3）在补喂的饲料中不加工业原料和饲料添加剂，出笼前 3 个月不用抗生素和驱虫药。

四、鱼塘或水域养鹅模式

利用鱼塘或水域将鹅与鱼类混合饲养，鹅的粪便可以作为鱼类的饵料被有效利用，从而提高饲养效率，达到立体养殖的效果。但要注意，鹅的放养数量不能过大（成鹅 20 只/亩），否则会造成水体富营养化。另外，要在鱼塘旁搭建凉棚，供鹅栖息。

第二节　肉用仔鹅生产

一、雏鹅的饲养管理

（一）雏鹅的培育

雏鹅是指孵化出壳后至 4 周龄或 1 月龄内的鹅，又叫小鹅。雏鹅的培育，是整个饲养管理的基础。雏鹅饲养管理的好坏直接影响雏鹅的生长发育和成活率，继而影响到育成鹅的生长发育和鹅的生产性能。因此，在养鹅生产中，要高度重视雏鹅的培育工作，以培育出生长发育快、体质健壮、成活率高的雏鹅，为养鹅生产打下良好的基础。

1. 雏鹅的特点　培育雏鹅，首先必须了解雏鹅的生理特点，这样才能施以相应的、合理的饲养管理措施。

（1）生长发育快　雏鹅的新陈代谢非常旺盛，早期生长相对迅速。一般中、小型鹅种出壳重 100 克左右，大型鹅种 130 克左右。20 日龄时，小型鹅种的体重比出壳时增长 6～7 倍，中型鹅种增长 9～10 倍，大型鹅种可增长 11～12 倍。为保证雏鹅快速生长发育的营养需要，在培育中要保证充足的饮用水、青绿料和精饲料，饲喂含有较高营养水平的日粮。

（2）体温调节能力差　初生雏鹅体温调节机能尚未健全，对环境温度变化的适应能力较差，表现为怕冷、怕热、怕外界环境的突然变化。雏鹅出壳后，全身仅被覆稀薄的绒毛，保温性能差，因此对外界温度的变化缺乏自我调节能力，特别是对冷的适应性较差。随着日龄的增长，这种自我调节能力虽有所提高，但仍较弱，必须采用人工保温。在雏鹅的培育工作中，要为其创造适宜的外界温度环境，能保证其生长发育和成活；否则会出现生长发育不良、成活率低甚至造成大批死亡的现象。

（3）雏鹅消化道容积小，消化吸收能力弱　在孵化期间，胚胎的物质代谢极为简单，其营养物质是利用蛋中的蛋黄和蛋白质，出壳后转变为直接利用饲料中的营养。30 日龄，特别是 20 日龄以内的雏鹅，不仅消化道容积小、消化能力差，而且吃下的食物通过消化道的速度比雏鸡快得多，正如群众所说的"边吃边拉"。因此，要少喂多餐，宜饲喂易消化、全价的配合饲料，以满足雏鹅生长发育的营养需要。

（4）雏鹅新陈代谢旺盛　雏鹅体温高，呼吸快，体内新陈代谢旺盛，需水较多，育雏时水槽不可断水以利于雏鹅的生长发育。

(5) 雏鹅易扎堆，饲养密度要适当　雏鹅特别是 20 日龄内的雏鹅，当温度稍低时就易发生扎堆现象，常出现受捂压伤，甚至大批死亡。受捂小鹅即使不死，生长发育也较缓慢，易成"小老鹅"。故民间养鹅户常说"小鹅要睡单，就怕睡成山（扎堆）；小鹅受了捂，活像小老鼠（小老鹅）"。为防止上述现象的发生，在育雏时须精心管理，掌握好育雏的温度和密度。

(6) 公、母雏鹅生长速度不同　公、母雏鹅生长速度不同，同样饲养管理条件下，公雏比母雏增重高 5%～25%，单位增重耗料也少。据报道，公、母雏鹅分开饲养，60 日龄时的成活率要比混合饲养时高 1.8%，每千克增重少耗料 0.26 千克，母鹅活体重增加 251 克。所以，育雏时应尽可能做到公、母雏鹅分群饲养，以便获得更大的经济效益。

(7) 雏鹅抗病力差　雏鹅的抵抗力和抗病力较弱，容易感染各种疾病，加上密集饲养，一旦发病损失严重；因此要适时放牧，同时要认真做好卫生防疫工作。

2. 育雏前的准备

(1) 育雏季节的选择　育雏季节要根据种蛋的来源，当地的气候状况与饲料条件，人员的技术水平，市场的需要等因素综合确定，其中市场需要尤为重要。一般来说，都是春季捉苗鹅。这时，正是种鹅产蛋的旺季，可以大量孵化。气候由冷转暖，育雏较为有利。此季节百草萌发，苦荬菜、莴苣已能大量供应，可做雏鹅开食吃青的饲料。当雏鹅长到 20 日龄左右时，青饲料已普遍生长，且幼嫩多汁，能全天放牧。到 50 日龄左右，仔鹅进入育肥期时，刚好大麦收割，接着是小麦收割，可以进行麦茬育肥。广东四季常青，一般是 11 月份前后捉雏鹅，这时饲养条件好。鹅儿长得快，仔鹅育肥结束刚好赶上春节市场的需要。也有少数地方饲养夏鹅的，即在早稻收割前 60 天捉雏鹅，到早稻收割时利用稻茬田育肥，开春产蛋也能赶上春孵。在四川省隆昌县一带历来有养冬鹅的习惯，即 11 月份开孵，12 月份出雏，冬季饲养，快速育肥，春节上市。冬季养鹅，要解决好饲料供应问题，只要技术水平能达到、饲料供应能解决，可以养冬鹅，以充分利用栏舍、设备。

（2）雏鹅选择　首先，各地应根据本地区的自然习惯、饲养条件和消费者的需求，选择适合本地饲养的品种，或选择杂交鹅饲养。选择外来品种时，首先要了解其产品特性、生产性能及饲养要求，然后才能引进饲养。其次，肉用仔鹅必须来自于健康无病、生产性能高的鹅群，并在适宜的采种期内，且其亲本种鹅应有可靠的防疫程序。再次，健壮的雏鹅是保证育雏成活率的前提条件，对留种雏鹅更应该进行严格选择。健康的雏鹅绒毛粗长、有光泽、无黏毛；卵黄吸收好，脐部收缩完全；没有脐钉，脐部周围没有水肿和炎症；手握雏鹅时其挣扎有力，腹部柔软有弹性，鸣声大；体重符合品种要求，群体整齐。

（3）育雏室的准备

①育雏舍：首先根据进雏数量计算育雏舍面积，并对舍内照明、通风、保温和加温设施进行检修。要求温暖、干燥、保温性能良好，空气流通而无贼风，电力供应稳定。房舍檐高 2~2.5 米即可。内设天花板，以增加保温性能。窗与地面面积之比一般为 1：8~10，南窗离地面 60~70 厘米，设置气窗，便于空气调节；北窗面积为南窗的 1/3~1/2，离地面 100 厘米左右。所有窗子与下水通道外的口子要装上铁丝网，以防兽害。育雏地面最好用水泥或砖铺成，以便于消毒；并向一边倾斜，以利排水。室内放置饮水器的地方要有排水沟，并盖上网板，雏鹅饮水时溅出的水可漏到水沟中排出，以确保室内干燥，便于保温和管理。

②育雏舍和用具消毒：育雏舍须严防病毒进入，使雏鹅免受病害侵袭。进雏前要对育雏舍彻底清扫和消毒，育雏室内外在接雏前 5~7 天应进行彻底地清扫和消毒。墙壁可用 20％的石灰乳刷新，地面和天花板可用 20％的漂白粉溶液或 0.1％消毒王溶液

喷洒消毒。喷洒后关闭门窗 24 小时，然后敞开门窗，让空气流动，吹干育雏室，或者室内采用福尔马林和高锰酸钾消毒（1 米³ 空间用福尔马林 28 毫升，高锰酸钾 14 克。把高锰酸钾放在瓷盘中，再倒入福尔马林溶液，立即有烟雾产生，然后密闭门窗，经过 24～48 小时的熏蒸后，再打开门窗，彻底通风），待用。如果是旧棚舍，在熏蒸之前地面和墙壁先用 5% 来苏儿溶液喷洒一遍。育雏用具，如食槽、饮水器、竹篱等可用 5% 的热烧碱溶液洗涤，然后再用清水冲洗干净，防止腐蚀雏鹅黏膜。

③饲料与药品的准备：保证雏鹅一进入育雏舍就能吃到易消化且营养全面的饲料，而且要保证整个育雏期饲料水平的稳定。农村家庭养鹅户和专业户一般将小米和碎米经过浸泡或稍蒸煮后作雏鹅饲料。为使饲料爽口、不黏嘴，蒸煮过的饲料最好用水淘过以后再饲喂。这种饲料较单一，最好是从一开始就喂给混合饲料。1～21 日龄的雏鹅，日粮中粗蛋白质水平为 20%～22%，代谢能为 11.30～11.72 兆焦/千克；28 日龄起，粗蛋白水平为 18%，代谢能约为 11.72 兆焦/千克。饲喂配合料时，应注意饲料的适口性，不能黏嘴；有条件时若能制成颗粒饲料，饲喂效果更好，且比饲喂粉料可节约 15%～30% 的饲料。实践证明，饲喂富含蛋白质日粮的雏鹅生长快、成活率高，比喂给单一饲料的雏鹅可提早 5～15 天达到上市出售的标准体重。

另外，鹅是草食水禽，要充分发挥雏鹅的原有特性，必须补充日粮中维生素的不足，可用幼嫩菜叶切成细丝喂给。日粮应满足雏鹅对青绿饲料的需要，一般青绿饲料占饲料总量的 60%～70%，缺乏时，要在精饲料中补充 0.01% 复合维生素。每只 4 周龄育雏期的雏鹅一般需备精饲料 3 千克左右，优质青绿饲料 8～10 千克；同时要准备雏鹅常用的一些药品。

④预温：雏鹅舍的温度应达到 28～30℃ 时才能进鹅苗。地面或炕上育雏的，应铺有一层 10 厘米厚的、清洁干燥的垫草，然后开始供暖。温度表应悬挂在高于雏鹅生活的地方 5～8 厘米

处，并时刻观察昼夜温度变化。

3. 育雏条件 育雏的时间各地不一，可根据当地气温、青草的生长情况，以节省精饲料，降低饲养成本，增加经济效益为原则。一般来说，我国南方地区从早春 2 月份开始饲养雏鹅。北方农村多在 3～6 月份，华南地区则在春、秋两季饲养雏鹅。

鹅雏生长发育要求良好的环境条件，除具有健康的雏苗外，适宜的温度、湿度、光照、通风换气及饲养密度等都是育雏期间必须具备的条件。

（1）温度 雏鹅自身调节体温的能力较差，饲养过程中必须保证均衡的温度。保温期的长短，因品种、气温、日龄和雏鹅强弱而异，一般需保温 2～3 周。北方或冬、春季保温期稍长，南方或夏、秋季节可适当缩短保温期。适宜的育雏温度是：1～5 日龄时为 27～28℃，6～10 日龄时为 25～26℃，11～15 日龄时为 22～24℃，16～20 日龄时为 20～22℃，20 日龄以后为 18℃。

育雏温度一般只是参考。在饲养过程中，除看温度表和通过人的感官估测掌握育雏的温度外，还可根据不断观察雏鹅的表现来调整。当雏鹅挤到一块，打堆，采食量下降，属温度偏低的表现；如果雏鹅表现张口呼吸，远离热源，饮水增加，说明温度偏高。在适宜的温度下，雏鹅均匀分布，静卧休息或有规律地采食饮水，间隔 10～15 分钟运动 1 次。

育雏室加温的设施主要有火炕加温、火炉加温、育雏伞加温以及红外线灯加温，各养鹅场应根据实际情况选择一种或几种加温设施并用。育雏期所需温度，可按日龄、季节及雏鹅的体质情况进行调整。

（2）湿度 俗话说，"养鹅无巧，窝干食饱"。鹅属于水禽，但干燥的舍内环境对雏鹅的生长、发育和疾病预防至关重要。地面垫料育雏时，一定要做好垫料的管理工作，防止垫料潮湿、发霉。在高温高湿时，雏鹅体热散发不出去，容易引起"出汗"，食欲减少，抗病力下降；在低温高湿时，雏鹅体热散失加快，容易患感冒等呼吸道疾病。因此，喂水时应避免饮水外溢，潮湿垫料要及时更换，尽量降低育雏舍的湿度。

（3）通风换气 在雏鹅生长发育过程中，除了要保证饲料和饮水外，还要保证新鲜空气的供应。雏鹅新陈代谢旺盛，排出大量的二氧化碳，鹅粪便和垫料发酵也会产生大量的氨气和硫化氢气体。因此，必须对雏鹅舍进行通风换气。夏、秋季节，通风换气工作比较容易进行，打开门窗即可完成；冬、春季节，通风换气和室内保温容易发生矛盾。在通风前，首先要使舍内温度升高2～3℃，然后逐渐打开门窗或换气扇，避免冷空气直接吹到鹅体。通风时间多安排在中午前后，避开早晚时间，且通风时间不宜太长，防止舍内温度太低。

（4）光照 雏鹅的光照要制定制度，严格执行。光照不仅对生长速度有利，也对仔鹅培育期性成熟有影响。育雏期间保持较长的光照时间，有利于雏鹅熟悉环境，增加运动，也便于雏鹅采食、饮水，满足生长的营养需求。1～3 日龄需光照 24 小时，4～15 日龄需光照 18 小时，16 日龄后逐渐过渡到自然光照，但晚上须开灯加喂饲料。光照强度：0～7 日龄每 15 米^2 用 1 只 40 瓦的灯泡，8～14 日龄换用 25 瓦的灯泡。高度距鹅背部 2 米左右。

（5）饲养密度 平面饲养时，雏鹅的饲养密度一般为：1～2 周龄 20～35 只/米^2，3 周龄 15 只/米^2，4 周龄 12 只/米^2；随着日龄的增加，密度逐渐减少。饲养密度过小，不利于保温，同时造成空间浪费；饲养密度过大，生长发育受到影响，表现为群体平均体重下降，均匀度下降，出现啄羽、啄趾等恶习。

（6）育雏方式 按照给温方式的不同，雏鹅的培育分为自温育雏和人工给温育雏两种方式。按照空间利用方式的不同，分为平面育雏和立体笼式育雏两种方式；其中平面育雏包括地面平育和网上平育两种方式。这些保温方法各有利弊，可根据具体条件选择。

按给温方式可分为：

1）人工给温育雏　供温育雏适用于饲养肉用仔鹅数量较大的鹅场和农户。依据给温来源不同，常用的育雏热源有5种。

①电热保温伞给温：利用铝合金或木板、纤维板制成保温伞，以电热丝为热源，并接上自动控温装置。此法管理方便。如使用金属外罩，须接地线，以确保安全。

②红外线灯给温伞：将250瓦红外线灯悬挂在育雏床上方距床面0.5～1米，也可隔成小区，每小区3～5米^{2}设一个红外线灯，在灯下可造成局部小气候。

③地下烟道式火炕给温：此法温度稳定，可使雏鹅腹部受温。地面干燥，育雏效果好，而且结构简单、造价低，燃料可就地取材，煤、树叶、柴草及木炭均可。这种形式适用于专业户养鹅的育雏。

④热源给温：室内铺设煤气管道，将排气孔设在室外，利用煤气热源提高室温，也可以利用煤炉作热源向育雏室供暖，保持育雏舍适宜雏鹅生活的环境温度。这种形式适用于无电源的地方。

不论采用何种给温形式，都必须根据不同日龄雏鹅所需要的温度参数加以掌握。

2）自温育雏　在华东或华南一带气候较暖，多采用自温育雏。即利用鹅体自身发出的热量，采取保温措施，获得较好的温度条件来育雏，在养鹅数量少时应用得较多。一般是将鹅放在铺有干燥、清洁垫草的箩筐、木桶、纸箱、草围内，加盖保温物品，通过增减覆盖物、垫草厚度或调整雏鹅密度等措施来调节温度。保温用具最好是圆形，因为有棱角的地方容易碰伤雏鹅。这种育雏方法，设备简单、经济，节约能源，但管理麻烦，卫生条件差，适于小群育雏和气候较暖和的地方。

按空间利用方式可分为：

1）地面平育　即鹅舍地面上铺5～10厘米的垫料，雏鹅在其上面自由活动，但要经常松动和更换垫料，把湿脏垫料清出鹅舍。保温形式多用煤气热源、电热保温伞、地下烟道（或火炕）或自温育雏。此方式投资少，但占地面积多，劳动强度大。

2）网上或栅上半育　支起低床（距地面50厘米）或高床（1米以上），上面铺塑料底网（网眼1.25厘米×1.25厘米）或竹栅（条距2厘米），雏鹅在上面活动。育雏的一边留有过道，便于喂料和加水。过道可用软网围起，防雏鹅外跑。可用电热保温伞或煤炉作为热源对育雏室进行保温。此方式优点是管理方便，劳动强度相对小，雏鹅与粪便接触机会少，减少白痢和球虫病的发生。

3）立体笼式育雏　可采用鸡的育雏笼对雏鹅进行立体育雏，能充分利用空间，提高单位面积的利用率。这种育雏方式的优点是管理方便，雏鹅感染寄生虫病的概率减少，但投资大，成本高，普及率不高。

4. 雏鹅的饲养

（1）雏鹅的潮口与开食　雏鹅出壳后的第一次饮水俗称"潮口"，第一次吃料俗称"开食"。开食时间是否适宜直接关系到雏鹅的生长发育和成活率。雏鹅出壳后24小时左右，就可进行潮口，一般在水盆中进行。将30℃左右的温开水倒入盆中，水深3厘米左右，然后把雏鹅放入盆中，把个别雏鹅的喙浸入水中，让其喝水。反复几次，全群模仿即可学会饮水。夏季天气晴朗，潮口也可在小溪中进行。把雏鹅放在竹篮内，一起浸入水中，只浸到雏鹅脚，不要浸湿绒毛。初次饮水可以刺激雏鹅的食欲，促使胎粪排出。雏鹅第一次饮水，时间掌握在3～5分钟。在饮水中加入0.05%高锰酸钾，可以起到消毒饮用水、预防肠道疾病的作用，一般2～3天即可。长途运输后的雏鹅，为了迅速恢复体力，提高成活率，可以在饮用水中加入5%葡萄糖，按比例加入速溶多维。

雏鹅开食时间一般在出壳后24～36小时进行，保证雏鹅初次采食有旺盛的食欲。开食料一般用黏性较小的籼米，把米煮成外熟里不熟的"夹生饭"，用清水淋过，使饭粒松散，吃时不粘嘴。最好掺一些切成细丝状的青菜叶，如莴笋、油菜叶等。开食不要用料槽或料盘，直接撒在塑料布上，便于全群同时采食到饲料。第一次喂食不要求雏鹅吃饱，达到半饱即可，时间为5～7分钟。过2～3小时后，再用同样的方法调教采食，等所有雏鹅学会采食后，改用食槽、料盘喂料。开食时，一般分6～8次饲喂（夜间喂2～3次）。一般从3日龄开始用全价饲料饲喂，并加喂青饲料。

（2）雏鹅的日粮配制与饲喂　雏鹅阶段消化器官的功能没有发育完全，因此不但要饲喂营养丰富、易于消化的全价配合饲料，而且还需优质的青饲料，不要只喂单一原料的饲料和营养不全的饲料。雏鹅日粮的配制可随着日龄的增长及当地的饲料来源，配合成营养水平较合理的配合饲料，与青绿饲料一同拌喂。饲喂方法应采用"先饮后喂，定时定量，少给勤添，防止暴食"的原则。2～3日龄雏鹅，每天喂6次，日粮中精饲料占50%；4～10日龄时，消化力和采食力增加，每天饲喂8～9次，日粮中精饲料占30%；11～20日龄，以食青饲料为主，开始放牧，每天喂5～6次，日粮中精饲料占10%～20%；21～28日龄，放牧时间延长，每天喂3～4次。3日龄后适当补饲沙砾，以帮助消化。从11日龄起可开始适度放牧，饲料以青绿饲料为主，精饲料逐步从熟喂过渡为生喂。

（3）雏鹅的放牧　放牧能使雏鹅提早适应外界环境，促进新陈代谢，增强抗病力，提高经济效益。放牧日龄一般应根据季节、气候特点而定。天暖的夏、秋季，出壳后5～6天即可放牧；天冷的冬、春季节，要推迟到15～20天后放牧。雏鹅身上仅长有绒毛，对外界环境的适应性不强。雏鹅从舍饲转为放牧，必须循序渐进。刚开始放牧应选择无风晴天的中午，把鹅赶到棚舍附近的草地上进行，时间20～30分钟。以后放牧时间由短到长，放牧地由近到远。每天上、下午各放牧 1 次，中午赶回舍中休息。上午放牧时间在露水干后，以上午 8：00～10：00 为好；下午要避开烈日暴晒，以 15：00～17：00 进行为宜。雏鹅抵抗力相对弱，放牧应避开寒冷的大风天和阴雨天。雏鹅饲养到 4 周龄待其羽毛长出后方可下水活动。选择晴天，将鹅群赶到水边戏水，使其逐渐适应水中生活。

初次放牧以后，只要天气好，就要坚持每天放牧，并随日龄的增加而逐渐延长放牧时间，加大放牧距离，相应减少青饲料的饲喂次数。为了保证放牧效果，要掌握牧鹅技术，主要是掌握指挥技巧。要鹅听从指挥，必须对其从小训练。其中，关键在于让鹅群熟悉"指挥信号"和"语言信号"，选择好"头鹅"（带头的鹅）。如果用小红旗或彩棒做指挥信号，在雏鹅出壳时就应让其看到，以后在日常饲养管理中都用小红旗或彩棒来指挥。做到旗行鹅动，旗停鹅止，并与喂食、放牧、收牧、下水行为等逐步形成固定的"语言信号"，形成条件反射。放牧时，只要综合运用指挥信号和"语言信号"，充分发挥"头鹅"的作用，即能对鹅做到招之即来，挥之即去。

①选好放牧场地　雏鹅的放牧场地，要求"近"（离育雏室距离近）、"平"（道路平坦）、"嫩"（青草鲜嫩）、"水"（有水源，可以喝水、洗澡）、"净"（水草洁净，没有疫情和农药、废水、废渣、废气或其他有害物质污染）。最好不要在公路两旁和噪声较大的地方放牧，以免鹅群受到惊吓。另外还需合理组织鹅群，放牧的鹅群以 300～500 只为宜，最多不要超过 600 只，由两位放牧员负责。同一鹅群的雏鹅，应该日龄相同；否则大的鹅走得快，小的鹅走得慢，难以合群。鹅群太大不易控制，在小块放牧地上放牧常造成走在前面的鹅吃得饱，落在后面的鹅吃不饱的情况，影响鹅群生长发育的均匀度。

②妥善安排放牧时间　雏鹅的放牧应该"迟放早收"。上午第一次放鹅的时间稍晚一些，以草上的露水干了之后放牧为好；

157

下午收鹅的时间稍早一些。如果露水未干就放牧，雏鹅的绒毛会被露水沾湿，尤其是腿部和腹下部的绒毛湿后不易干燥，再加上早晨气温又偏低，易使鹅受凉，引起腹泻或感冒。初期放牧每天上、下午各一次，每次约 0.5 小时。以后逐渐增加放牧次数，并延长放牧时间。到 20 日龄后，雏鹅已开始长大毛的毛管时，即可全天放牧，只需夜晚补饲 1 次。

③加强放牧管理　放牧员要固定，不宜随便更换。放牧前要仔细观察鹅群，留下病、弱和精神不振的鹅，出牧时点清鹅数。对放牧雏鹅要缓赶慢行，禁止大声吆喝和紧迫猛赶，防止惊鹅和跑场。阴雨天气应停止放牧，雨后要等泥地干到不粘脚时才能出牧。平时要注意收听天气预报和观察天气变化，避免鹅群受烈日暴晒和风吹雨淋。放牧时要观察鹅群动态，待大部分鹅吃饱后，再让其下水活动；一段时间后将其赶上岸蹲地休息；待到大部分雏鹅因饥饿而躁动时，再继续放牧，如此反复。

所谓吃饱，是指鹅采食青草后，食道膨大部逐渐增大、突出，当发胀部位达到喉头下方时，即为一个饱。随着日龄的增长，先要让鹅逐步达到放牧能吃饱，再往后争取达到 1 天多吃几个饱。雏鹅蹲地休息时，要定时驱动鹅群，以免睡着受凉。收牧时，要让鹅群洗好澡，并点清鹅数，再返回育雏室。对没有吃饱的雏鹅要及时给予补饲。

5. 雏鹅的管理　雏鹅的管理是育雏成败的关键之一，对提高雏鹅成活率和增重有直接影响。俗话说，"育雏如育婴"、"四分饲料，六分管理"，可见管理之重要。

(1) 保温　温度对雏鹅的生长发育和成活率有很大的影响，根据雏鹅生理特点必须给其创造适宜的环境和温度。因此，保温是雏鹅管理中最重要的工作。

育雏保温应执行下列原则：群小稍高，群大稍低；弱雏稍高，强雏稍低；夜间稍高，白天稍低；冷天、阴天稍高，热天、晴天稍低。育雏期间要防止温度突然变化。

　　雏鹅一般保温 2～3 周左右，保温期的长短，因品种、季节、地理位置不同而适当调整。对保温结束时的脱温应非常慎重，要做到逐渐脱温，特别是当气温突然下降时，不要急于脱温而应适当补温。

　　育雏温度是否合适，可以根据雏鹅的活动及表现来判断。温度过低时，雏鹅靠近热源，集中成堆，挤在一起，缩成一团，不时发出尖锐的叫声；温度过高时，雏鹅远离热源，张口喘气，行动不安，饮水频繁，采食量减少；温度适宜时，雏鹅分布均匀，安静无声，食欲旺盛。

　　(2) 防湿　潮湿会对雏鹅的健康和生长发育产生不利的影响。育雏鹅舍适宜的相对湿度为 60%～70%。因此，室内喂水时切勿外溢，要经常打扫卫生，及时清除潮湿垫料，并换上干净、干燥的新垫料，保持室内干燥。

　　(3) 分群与防堆　雏鹅在潮口、开食之前，应根据出雏时间的早迟和身体的强弱，进行第一次分群，给予不同的保温制度。开食后的第二天，可以根据雏鹅采食情况，进行第二次分群，将那些不吃食、或吃食量很少的雏鹅分出来另外喂食。经过育雏饲养，雏鹅有大有小、有强有弱，如不及时分群，则会造成生长发育不均匀或出现弱小雏鹅被挤死、压死或饿死的现象。因此，要定期按鹅只强弱、大小进行分群，及时拣出病雏。一般每群以 100～150 只为宜。分群时还应注意密度，每平方米面积雏鹅饲养数为：1～5 日龄 20～25 只，6～10 日龄 15～20 只，11～15 日龄 12～15 只，15 日龄以后 8～10 只。雏鹅喜欢聚集成群，温度低时更是如此，易出现压伤、压死现象；所以饲养人员要注意及时赶堆分散，尤其在天气寒冷的夜晚更应注意，并适当提高育雏室内的温度。

　　(4) 卫生防疫　搞好卫生防疫工作对提高雏鹅活力，保证鹅群健康十分重要。卫生防疫工作包括环境消毒和卫生，人员与用具等的管理，以及雏鹅的免疫与防病。

（5）防止应激 对 5 日龄内的雏鹅每次喂料后，除了给予 10～15 分钟的室内活动外，其余时间都应让其休息。所以，育雏室光线不宜太亮，只要让鹅看到水和饲料就行。如果采用红外线灯泡作保温源时，悬挂高度离垫料必须不少于 30 厘米，否则易引起火灾。在放牧过程中，不要让犬及其他兽类突然接近鹅群，注意避开汽车、拖拉机等声音。

（6）做好疫病预防工作 雏鹅时期是鹅最容易患病的阶段，只有做好综合预防工作，才能保证高的成活率。

①隔离饲养：雏鹅应隔离饲养，不能与成年鹅和外来人员接触，育雏舍门口设消毒间和消毒池。定期对雏鹅、鹅舍及用具用百毒杀等药物进行喷雾消毒。

②接种疫苗：小鹅瘟是雏鹅阶段危害最严重的传染病，常常造成雏鹅的大批死亡。购进的雏鹅，首先要确定种鹅有无用小鹅瘟疫苗免疫。种鹅在开产前 1 个月接种，可保证半年内所产种蛋含有母源抗体，孵出的小鹅不会得小鹅瘟。如果种鹅未接种，可对 3 日龄雏鹅皮下注射稀释 10 倍的小鹅瘟疫苗 0.2 毫升，1～2 周后再接种 1 次；也可不接种疫苗，对刚出壳的雏鹅注射高免血清 0.5 毫升或高免蛋黄 1 毫升。

二、中鹅的饲养管理

22～70 日龄这一阶段是肉鹅骨骼、肌肉和羽毛生长的最快时期，需要的营养物质也逐渐增加，对饲料的消化吸收力和对外界环境的适应性及抵抗力不断提高。这一阶段鹅的觅食能力增强，消化道容积增大，采食量日益增加。为适应这些特点，需加强仔鹅饲养管理，满足其生长发育所需要的各种营养物质，为转入育肥期或为选留后备种鹅打下良好的基础。

1. 肉用仔鹅的生产特点

（1）鹅是肉用家禽，养鹅业的主要产品是肉用仔鹅及其加工产品。

（2）鹅早期生长迅速。肉用仔鹅一般9～10周龄体重可达3千克以上，即可上市出售。因此，肉用仔鹅生产具有投资少、收益快、获利多的优点。

（3）鹅是最能利用青绿饲料的家禽。无论以舍饲、圈养或放牧方式饲养，其生产成本费用均较低。特别是我国南方地区气候温和，雨量充足，青绿饲料可全年供应，为放牧养鹅提供了良好的条件。近几年来，一些地区发展种植优良牧草养鹅，取得了显著的经济效益，推动了我国养鹅业的迅速发展。

（4）肉用仔鹅生产具有明显的季节性。这是由于鹅的繁殖季节性所造成的。虽然采用光照控制可以使鹅全年有两个产蛋周期，但主要繁殖季节仍为冬、春季节。光照控制必须在密闭的种鹅舍中进行，广泛采用尚有一定困难。因此，肉用仔鹅的生产多集中在每年的上半年。

（5）当前或在相当长一段时间内，我国南方放牧饲养生产肉用仔鹅仍占有很大比重，其上市旺期每年5月份才开始。因此，每年上半年肉用仔鸭上市的淡季，却正是肉用仔鹅产销的旺季，这就为肉用仔鹅生产及加工产品提供了极为有利的销售条件。

2. 肉用仔鹅的饲养 肉用仔鹅可采用舍饲、圈养或放牧方式饲养。舍饲多为地面平养或网上平养。舍饲和放牧两种管理方式各有优点。舍饲适合于规模批量生产，但设备、饲料及人工等费用相对增大。放牧方式则可灵活经营，并充分利用天然放牧地以节省成本，但饲养规模受到限制。舍饲仔鹅如饲养管理水平达不到要求，增重效果往往不及放牧仔鹅。放牧仔鹅一般9周龄体重可达到3千克以上。同时，放牧鹅的胸腿肉率高于舍饲鹅，而皮脂率则相反。从我国当前养鹅业的社会经济条件和技术水平来看，采用放牧补饲方式，小群多批次生产肉用仔鹅更为可行。

（1）放牧饲养

①放牧时间：春、秋季雏鹅到 10 日龄左右，气温暖和，天气晴朗时可在中午放牧，夏季时可提前到 5～7 日龄。首次放牧 1 小时左右，以后逐步延长，到 30～40 日龄可采用全天放牧，并尽量早出晚归。放牧时，放水时间可由最初的 15 分钟逐渐延长到 0.5～1 小时，每天 2～3 次，再过渡到自由嬉水。放牧时间的掌握原则是：天热时上午要早出早归，下午要晚出晚归；天冷时则上午晚出晚归，下午早出早归。

②放牧场地的选择：放牧场地要有鹅喜欢采食的、丰富优质的牧草。鹅喜爱采食的草类很多，一般只要无毒、无刺激、无特殊气味的草都可供鹅采食。放牧地要开阔，可划分成若干小区，有计划地轮牧。放牧地附近应有湖泊、小河或池塘，使鹅有清洁的饮用水和洗浴及清洗羽毛的水源。放牧地附近应有荫蔽休息的树林或其他遮阴物（如搭临时阴棚）。农作物收割后的茬地也是极好的放牧场地。选择放牧场地时还应注意了解其附近的农田有无喷过农药，若使用过农药，一般要 1 周后才能在附近放牧。另外，放牧时鹅群所走的道路应比较平坦。

③放牧时注意事项：放牧群一般以 250～300 只为宜，由 2 人放牧；放牧地开阔时可增至 500 只左右，甚至高达 1 000 只，由 3～4 人管理。放牧时应注意观察鹅采食情况，待大多数鹅吃到 7～8 成饱时应将鹅群赶入池塘或河中，让其自由饮水、洗浴。防惊群，防止其他动物、有鲜艳颜色的物品、喇叭声等的突然出现引起的惊群。放牧时驱赶鹅群速度要慢，防止鹅被践踏致伤。避免在夏天炎热的中午、大暴雨等恶劣天气条件下放牧。

④放牧鹅的补饲：放牧场地条件好，有丰富的牧草和收割的遗谷可吃，采食的食物能满足生长的营养需要，则可不补饲或少补饲。放牧场地条件较差，牧草贫乏，又不在收获季节放牧，营养跟不上生长发育的需要，就要做好补饲工作。补饲时加喂青饲料和精饲料，每天加喂的数量及饲喂次数可根据体重增长和羽毛

生长来决定。表 4 列出了太湖鹅羽毛着生情况。

补饲或利用稻麦收获季节放牧是广泛使用的一种育肥方法，此法应用时应特别注意饲养期的安排。一旦稻麦茬田结束，要及时出售肉鹅，以免其掉膘。

表 4　太湖鹅羽毛着生情况

俗　称	日龄（天）	羽毛着生情况	体重（千克）
小发白	10～20	胎毛由黄变白	0.5
大发白	25～30	胎毛全部变白	约 1.25
四搭毛	35～40	尾部、体侧、翼腹长毛	
头顶光	50	头面换好羽毛	＞2
斜凿头	50～55	翅长出似凿子状羽管	
两段头	55～60	背腰部未换齐	
半斧头	60～65	翅羽继续生长	2.25～2.5
毛足肉足	70～80	已无血管毛	＞2.5

（2）全舍饲饲养　又称关棚饲养，采用专用鹅舍，应用全价配合饲料饲养。日粮中代谢能 11.7 兆焦/千克，粗蛋白质 18%，粗纤维 6%，钙 1.2%，磷 0.8%。全舍饲鹅生长速度较快，但饲养成本较高。

全舍饲养法也是鹅放牧后期快速育肥的一种方法。舍饲育肥时，应喂给碳水化合物的饲料，育肥期约 1 周。鹅的育肥也可采用强制的办法，分人工填饲和机器填饲两种。

三、育肥鹅的饲养管理

1. 育肥的原理　鹅的育肥多采用限制其活动以减少体内养分的消耗，喂给富含碳水化合物的饲料，养于安静且光线暗淡的环境中，使其长肉并促进脂肪沉积。育肥期间，鹅所需的是大量的碳水化合物。碳水化合物包括糖类和淀粉，都是能量物质。这些物质进入体内经消化吸收后，产生大量的能量供鹅活动之需要；过多的能量便被转化为脂肪，在体内贮存起来，使鹅育肥。当然，在大量供应碳水化合物的同时，也要供应适量的蛋白质。充足的蛋白质可使肌纤维（肌肉细胞）尽量分裂增殖，使鹅体内各部位的肌肉，特别是胸肌变得充盈而丰满，这样鹅整体就变得肥大而结实。因此，对育肥的鹅，必须给予特殊的饲养管理和饲料条件。

2. 育肥前的准备

(1) 育肥鹅选择及分群饲养　中鹅饲养期过后，首先从鹅群中选留种鹅，送至种鹅场或定为种鹅群进行定向培育。剩下的鹅为育肥鹅群。选择做育肥的鹅只不分品种、性别，只要精神活泼、羽毛光亮、两眼有神、叫声洪亮、机警敏捷、善于觅食、挣扎有力、肛门清洁及健壮无病的70日龄以上的中鹅都做育肥鹅。从市场新买回的肉鹅，还需在清洁水源中放养2～3天，按每千克用500毫克的高锰酸钾溶液进行肠胃消毒，确认其健康无病后再予育肥。为了使育肥鹅群生长整齐、同步增膘，须将大群分为若干小群。分群原则是：将体型大小和采食能力相近的公、母育肥鹅混群，分成强群、中群和弱群三等，在饲养管理中可根据各群实际情况，采取相应的技术措施，缩小群体之间的差异，使全群达到最高生产性能，一次性出栏。

(2) 驱虫　鹅体内的寄生虫，如蛔虫、绦虫及球虫等较多，育肥前要对其进行一次彻底的驱虫，对提高饲料报酬和育肥效果极有好处。驱虫药应选择广谱、高效、低毒的药物。

3. 育肥期的管理

(1) 选择适当的育肥方式　肉鹅的育肥方式通常有放牧、放牧加补饲及全舍饲饲养。在肉鹅的育肥阶段，要根据当地的自然条件和饲养习惯，选择成本低且育肥效果好的方式。

(2) 采用"全进全出"的饲养制度　全进全出是指在同一范围内只进同一批雏鹅，饲养同一日龄鹅，并在同一天全部出栏，然后对鹅舍彻底打扫、消毒。消毒后密闭一周，切断病原的循环感染，再进下一批雏鹅。全进全出制是保证鹅群健康，根除病原的根本措施。全进全出一般分三类，第一类是在一栋鹅舍内全进全出，很容易做到；第二类是以一个饲养户或鹅场的某个小区的"全进全出"，这种方式也不难做到；第三类是整个鹅场的全进全出，这种情况要做到全进全出就不太容易，尤其是大型养鹅场就更困难，所以在设计时一定要考虑分成小区，做到以某个小区为单位的全进全出。

（3）消毒 肉鹅舍长年连续使用，每批鹅出场后应彻底清扫消毒，以切断病源的循环感染。首先将育雏伞、料槽、饮水器吊起或拆除，清除粪便和旧的垫料，用高压水冲洗地面及所有的设备，彻底清洁干净后再喷洒消毒液，然后晾干，放置 7～14 天。在进雏前关严门窗，用福尔马林和高锰酸钾熏蒸。

（4）提供新鲜、清洁的饮用水及充足的饲料。以保证每一只肉鹅都能有足够的饮用水和饲料；另外，运动场的设置对肉鹅的生长也十分重要。

（5）搞好环境卫生，做好免疫接种，保证肉鹅的健康生长。

4. 育肥标准 经育肥的仔鹅，体躯呈方形，羽毛丰满，整齐光亮，后腹下垂，胸肌丰满，颈粗圆形，粪便发黑，细而结实。根据翼下体躯两侧的皮下脂肪，可把育肥膘情分为 3 个等级：

（1）上等肥度鹅 皮下可摸到较大、结实而富有弹性的脂肪块，皮下脂肪增厚，尾椎部丰满，胸肌饱满突出胸骨嵴，羽根呈透明状。

（2）中等肥度鹅 皮下可摸到板栗大小的稀松小团块。

（3）下等肥度鹅 皮下脂肪增厚，皮肤可以滑动。

当育肥鹅达到上等肥度即可上市出售。肥度都达中等以上，且体重和肥度整齐均匀，则说明育肥成绩优秀。

第三节　种鹅的生产

一、种鹅的选择

　　要发展养鹅业，提高养鹅的经济效益，必须选留好种鹅，并养好种鹅。选留种鹅应做到初选、预选、精选和定种。选留下来的种鹅不仅要符合该品种的特征，而且产蛋量要高，后代生长速度要快。

　　在江苏、浙江一带，较多的是选择早春鹅或清明鹅饲养留作种鹅。此间苗鹅中选留的后备种鹅，其后代肉用仔鹅生长速度快、体质健壮、抗病力强。

　　预选后备种鹅宜在 70 日龄前后进行，选择的公鹅要求生长快、羽毛符合本品种标准、体质强壮、肥瘦适中、眼大有神、胸深而宽、背宽而长、腹部平整、胫较长且粗壮有力、两胫间距宽、鸣声洪亮。母鹅要求体型大而重、羽毛紧贴、光泽明亮、眼睛灵活、颈细长、身长而圆、前躯窄、后躯深而宽。

　　定种（定群）在开产前（180 日龄左右）进行，确定公、母配种比例，淘汰不合格的公、母鹅。

二、后备鹅的饲养管理

　　在 70 日龄前后选留下来的后备鹅仍处在生长发育和换羽时期，不宜太早粗放饲养，应根据放牧场地的优劣，做好补料工作，并逐渐降低饲料营养成分。90～120 日龄后再转入粗饲阶段。粗饲的目的是控制母鹅的性成熟期，使母鹅的开产时间一致，以利生产性能的发挥。对后备种鹅一定要抓住先紧后宽、先粗后精的限制饲喂法。这样既可培养出鹅的耐粗饲能力，又可使鹅的骨骼和消化机能发育完全。

三、产蛋前的饲养管理

　　由于后备鹅的后期饲养主要采用放牧的方式，鹅群体质较差；因此，在鹅群产蛋前 1 个月就开始补料。饲料采用成年鹅的配合饲料，每天喂 2～3 次，使鹅群的体质恢复、体重增加，在其体内积累一定的营养物质。精饲料的补充是否合适，可以根据鹅粪形状来识别。例如，鹅粪粗人、松散，用脚轻拨能分成几段，表明精饲料与青饲料比例适当；如鹅粪细小结实，则精饲料多，青饲料少，应增加青饲料的喂量。公鹅喜啄斗，在繁殖季节开始前 2～3 周应组群，使公、母鹅彼此亲近。公鹅精饲料的补充应提早，为了是使母鹅在产蛋时，公鹅有充沛的精力进行配种，提高种蛋的受精率。

四、产蛋期的饲养管理

母鹅临开产前仍应充分放牧，放牧时宜早出晚归。由于鹅群体质刚恢复，行动迟缓，且接近于产蛋，所以不宜猛赶、久赶。临产母鹅全身羽毛紧凑、光泽鲜艳，颈羽光滑紧贴，毛平直，肛门呈菊花状，腹部饱满，松软且有弹性，耻骨距离增宽，食量加大，喜欢采食矿物质饲料。母鹅经常点水，是寻求公鹅配种的表现，便很快开始产蛋。

产蛋期的母鹅应以舍饲为主，放牧为辅。在日粮配合上，采用配合饲料，饲料中粗蛋白质为 16%～18%，代谢能 11.3～11.7 兆焦/千克。喂料要定时定量，先喂精饲料后喂青饲料。精饲料每天的喂量是，中、小型种鹅 120～150 克，大型种鹅 150～180 克，分 3～4 次饲喂。青饲料可不加定量，放牧情况下可少加喂青饲料。产蛋母鹅行动迟缓，放牧或平时驱赶不要急速，防止造成母鹅的伤残。

母鹅产蛋时间大多数在早晨。为了让母鹅养成在舍内产蛋的习惯，早上放牧不宜过早，放牧前要检查鹅群，观察产蛋情况。如发现个别母鹅鸣叫不安、腹部饱满、泄殖腔膨大，不肯离舍，应检查母鹅，把有蛋的母鹅留在舍内产蛋。产蛋期要勤捡蛋，注意种蛋保存。为了保证产蛋期的高产稳产，对母鹅应注意维生素、矿物质的补充。在鹅舍内应放矿物质饲槽，经常放些矿物饲料任其采食。鹅舍的垫草要保持干燥，也可采用厚垫草的方式饲养。

有的鹅场或地区，如江苏饲养的太湖鹅采用年年清的办法。种鹅产蛋至 5 月底或 6 月初逐渐停产，此时便将母鹅淘汰为肉用，下一年重新在新鹅中选留种鹅。而有些鹅种或地区，如北方和南方的种鹅一般留用 2～4 年，待产蛋结束后淘汰残、次、劣种鹅，选留健康的高产鹅进入停产期。

种鹅的公、母配比例以 1∶4～6 为合适。一般重型品种配比应低些，小型种鹅可高些；冬季的配比应低些，春季可高些。选留阴茎发育良好，精液品质优良的公鹅配种，性别比可提高到 1∶8～10。放牧鹅群每日早晨出栏后，应先让其在清洁水域中浮游、嬉水、交配，然后再放牧采食。在放牧地选择近水处，放牧 2～3 小时后，应赶至水边让其下水自由交配，以保证较高的受精率。

五、休产期的饲养管理

此时的日粮由精粮改粗粮，即转入以放牧为主的粗饲期。目的是促使母鹅消耗体内脂肪，促使羽毛干枯，容易脱落。此期的喂料次数渐渐减少到每天 1 次或隔天 1 次，然后改为 3～4 天喂 1 次。在停止喂料期间，不应对鹅群停水，大约经过 12～13 天，待鹅体重减轻，主翼羽和主尾羽出现干枯现象时，则可恢复喂料。待体重逐渐回升，大约放养 1 个月之后，就可以人工拔羽。公鹅需比母鹅早 20～30 天拔羽，目的是使公鹅羽毛能在母鹅产蛋前全部换完，这样，在配种季节公鹅就有充沛的精力。拔羽的母鹅可以比自然换羽的母鹅提前 20～30 天产蛋。

拔羽需要在温暖的晴天进行，切忌在寒冷的雨天操作。拔羽后当天鹅群应圈在运动场内喂料、喂水和休息，不能让鹅群下水游泳，防止细菌污染，引起毛孔炎症。拔羽后第 2 天就可以放牧下水，但要注意护理，避免烈日暴晒和雨淋。拔羽后除加强放牧外，还应根据羽毛的生长情况酌情补充饲料。如果公鹅羽毛生长较慢，母鹅已产蛋，而公鹅尚未能配种，这时应增加公鹅的精饲料。若母鹅的羽毛生长较慢，就要为母鹅适当增加精饲料，促使其羽毛生长速度加快。否则，在母鹅尚未产蛋时，公鹅就开始配种；而到产蛋后期，公鹅已精疲力竭，进而影响配种效果，降低种蛋的受精率。在主、副翼羽换羽完毕后，即进入母鹅产蛋期前的饲养管理。

六、种公鹅的饲养管理

种公鹅的营养水平和体质情况直接影响种蛋的受精率。饲养过程中，始终应注意种公鹅的日粮营养水平、体重变化及健康状况。在繁殖期间，公鹅由于多次与母鹅交配，排出大量精液，体力消耗很大，体重有时下降明显，从而影响种蛋的受精率和孵化率。为了保持种公鹅有良好的配种能力，在种公鹅的饲养中，除了让其和母鹅群一起采食外；从组群开始后，对种公鹅应补饲配合饲料。配合饲料粗蛋白含量 $16\%\sim18\%$，代谢能 11.3 千焦/千克；另外，配合饲料中还应含有动物性蛋白饲料，有利于提高公鹅的精液品质，维生素 A、维生素 D 和维生素 E 对公鹅的繁殖能力非常重要，要注意添加。补饲的方法，一般是在一个固定时间，将母鹅赶到运动场，把公鹅留在舍内补喂饲料，任其自由采食。这样经过一段时间（12 天左右），公鹅就习惯于自行留在舍内，等候补喂饲料。开始补喂饲料时，为便于分别公、母鹅，对公鹅可作标记，以便管理和分群。公鹅的补饲可持续到母鹅配种结束。但要注意，公鹅不能养得过肥，要加强运动和放牧、放水、补饲和防暑等日常管理工作。公鹅喜欢在水里完成配种行为，一般在气温平和的早晨或傍晚进行，尤其在早上公鹅的性欲最旺盛。优良的公鹅在一个上午可交配 3～5 次之多，应安排好种鹅放水的时间，或采取多次放水的方法，尽量使母鹅获得复配的机会。水温不宜过高，水温过高会影响公鹅性欲、降低受精率。

七、提高鹅繁殖性能的措施

1. **严格选种** 鹅的选种要在符合该品种特性的早春雏鹅中选留。种母鹅要选择那些第二性征明显，体质健壮，羽毛紧凑，受精率高，产蛋量高，以及后代生长速度等指标都好的后裔。种公鹅要选择生殖器官健全、阴茎粗壮有力、淋巴体颜色深白和精液品质优良者留作种用。淘汰那些交配器短于 3 厘米，射精量少于 0.2 毫升，精子活力低于 4～5 级，精子密度低于 150 万～200 万/毫升的劣种。

2. **科学饲养母鹅** 母鹅在不同的生长期对日粮营养水平特别是蛋白质水平的要求有所不同。给母鹅合适的日粮营养水平，是提高母鹅产蛋量的一项重要措施。粗蛋白质水平在育成期（30～90 天）为 15％，产蛋期应增至 18％。停产期以放牧为主，将精饲料改为粗饲料。不同日粮营养水平对鹅的产蛋有一定影响。在配制日粮时，还应注意氨基酸的全价性，其中赖氨酸、精氨酸、亮氨酸、缬氨酸和甘氨酸等对性繁殖机能具有重要作用。

除做好放牧、水浴、保温、防暑等日常管理外，还要注意做好产蛋期和停产期的管理，针对鹅的特殊的生理特点（如就巢期、休产期长等）采取相应措施，提高鹅的产蛋量。

（1）缩短就巢期 对进入产蛋期的母鹅要勤观察，注意其产蛋规律。母鹅产蛋多在上午。当母鹅鸣叫柔和，尾羽平伸，行动缓慢时，是产蛋的表现，要把所有这些表现的母鹅捉回产蛋舍。经过 1～2 次的如此处理，母鹅就会养成回窝产蛋的习惯。

许多母鹅有抱窝的习性。在抱窝期，血浆促乳素（PRL）在初期急剧上升，至中期最高，接近雏鹅出壳时下降，出壳后仍维持一定水平，至休产期才降至低水平。在禽类，单胺类递质多巴胺（DA）、5-羟色胺（5-HT）具有促进血浆促乳素分泌的作用。给赖抱鹅口服 DA 受体阻断剂和 5-羟色胺受体阻断剂，结果血浆促乳素急剧降低，赖抱终止。

（2）控制光照 光照管理可以打破鹅品种原有的生物节奏，缩短休产期，并且叮进行反季节繁殖。研究发现，用不同的光照日对不同地区鹅的影响不尽相同。南北方鹅之间即存在这种明显的繁殖季节性差异，这主要是由于鹅的繁殖季节性差异所引起。在广东鹅的非繁殖季节内，每天光照 9.5 小时，4 周后公鹅的阴茎状态、性反射、精液品质、可采率等均明显优于自然光照的对照组；母鹅则在控制光照 3 周后开产，并能在整个非繁殖季节内正常产蛋。当恢复自然光照后，试验组鹅每天光照时数由短变长，约 7 周后，公鹅阴茎萎缩，且采精率下降直至为零，约 2 个月后又逐渐好转；母鹅在恢复自然光照约 3 周后也停止产蛋，再经 11 周的停产期后才又重新开产，而对照组此时也正常繁殖。试验组平均每鹅全年产 33.57 枚，比对照组的 25.06 枚多 8.51 枚，提高了 34%。或者在早春给予人工光照增加每天总光照时数，可以使鹅提前停产进入非繁殖季节，同时也使下一轮繁殖季节提前开始。这样也可使广东鹅能在非繁殖季节内进行反季节繁殖，其他地区也可以根据当地的光照情况开展相应的光照处理。

第四节 养鹅场的经营管理

一、如何开展市场调研

鹅场开展市场调研是为生产社会所需适销对路的鹅产品提供依据。开展市场调研的途径有很多，主要有 6 个：咨询同行业养殖人员、请教养鹅专家和技术人员、查阅政府农业网站、征求主管部门意见、咨询行业协会、调查批发交易市场所行情。

1. 咨询同行业养殖人员 从业较长时间的同行业人员有着丰富的养鹅经验，他们对市场情况比较熟悉。巾场行情不同，养殖方向也需改变。选择饲养何种类型的鹅（肉鹅、苗鹅，还是填饲作鹅肥肝）必须根据市场具体情况而定。另外，养鹅的经济效益受许多方面，如投入资金、养殖技术、生产环境等的影响。所以，咨询同行业养殖人员，能了解行情，明确自己养殖的方向，熟悉相关养殖技术，从而避免养殖的盲目性。

2. 请教养鹅专家和技术人员　养鹅专家十分关注鹅的市场情况，能较为准确地瞄准国内市场对当前的产品需求、价格波动、产品质量标准以及贸易形势，同时能看到国际市场的行情，并且能比较准确地预测国内外市场情况，使农户避免盲目生产，并能给农户指明发展方向。养鹅专家对地方情况也比较了解，熟悉当地养鹅规模，知晓当地鹅的行情，能充分为广大农户服务。请教养鹅专家，可了解咨询养殖技术及肥肝鹅的发展状况，并获得大量的第一手资料。不懂经营、不懂管理、不懂市场规律的养殖户永远不会取得理想的经济效益。因此，靠内行——养鹅专家与技术人员的指导，养殖户能取得良好的经济效益。

3. 查阅政府农业网站　政府农业部门会不断地公布畜禽业发展情况及政府对畜牧业的支持政策。目前，全国养鹅市场信息体系尚未形成，农户和小规模生产者获取信息的渠道十分有限，难以预测市场供求关系，价格变动趋势，产品的品质要求，相关产业动态等，但是可以通过查阅政府农业网站来获取有关信息。

4. 征求主管部门意见　主管部门对鹅业情况比较了解，也比较熟悉鹅市场需求，并且主管部门对鹅业有具体的发展措施，故征求主管部门受益匪浅。主管部门会建议养鹅户根据养鹅的目的及本地的自然条件选择品种。如果以产肉为主，则要养产肉性能好的鹅品种；如果本地鹅绒价格高，则选择鹅品种时要考虑鹅羽毛的颜色，因为白色鹅绒价格高；如果是出售鹅肝为主，则要选择肥肝性能好的鹅种等。

5. 咨询行业协会　行业协会的职责是收集、发布市场信息，研发产品，开拓市场，指导价格，交流技术，维护会员合法权益等。行业协会一般由农业主管部门的负责人、技术推广部门的负责人、企业法人、科技人员、养殖大户、经纪人等组成。行业协会遵循民办、民管、民受益的原则。通过行业管理，实行行业自律，建立社会信用，进行有序竞争，以提高自我发展和抵御市场风险的能力。为了充分发挥信息对鹅生产、加工、销售的作用，鹅业行业协会通常会建立市场信息系统，收集传递鹅产业化信息，建立网上销售平台，以指导鹅产业化生产。养殖户可以充分利用鹅产业化行业协会的作用，获取市场调研信息，且获取的信息较为可靠、准确，养殖户抵御市场风险的能力也将大大增强。

6.调查批发交易市场行情　调查批发交易市场的行情，可以了解到当前情况下很多养鹅信息，有助于判断鹅业市场走势，有利于正确地进行决策。很多养鹅人员经常到一些批发市场了解鹅产品价格等行情，就是为了获得养鹅行业中的前沿信息。到批发市场了解行情，主要了解鹅产品价格、市场需求旺的产品、相关客户信息等。批发市场主要有活鹅交易批发市场、鹅绒批发市场、鹅肝批发市场等。养殖人员可以根据需要有选择性地调研相关信息。

二、调研的内容

市场调研的内容比较广泛，企业所面对的问题不同，调查的内容也不同，企业可以根据市场调查的目的确定市场调查的内容。对于养鹅业来说，调研的内容主要包括需求状况分析、养殖规模与经营成本、经济效益预测、投资风险预测等。

（一）需求状况分析

市场是企业营销活动的出发点和归宿点，市场需求调查是市场调查中最基本的内容。市场需求分析是养鹅户制定一切营销策略和开展营销活动的基础。通过市场需求分析，养鹅户可以发现市场营销的机会,这不但是制定具体的市场营销计划的基础,也是控制和调整企业营销活动和策略的根据。因此,养鹅户应重视需求状况的分析。

对需求状况的分析主要是对国内市场的分析,以及对需求与行情的分析。从国内外禽类产品的贸易发展趋势看,水禽类产品是世界养禽业发展的方向,市场需求较大,尤其是鹅肉及其附产品的生产在国内外市场潜力很大。

1. 国内市场分析 市场是一切商品买卖行为或商品交换关系的总和,各种商品供应和需求的关系、矛盾、变化和发展趋势都可通过市场得到集中反映。对相关市场的研究,主要是对市场需要的研究,也就是对用户的研究,对产品供应的研究以及对竞争对手的研究等。国内市场分析主要看产品目前是长线还是短线,从发展趋势来看市场前景如何,价格是否合理,运输、销售渠道是否畅通,竞争能力如何等。

2. 需求与行情

(1) 需求 市场需求调研包括市场需求容量、顾客和消费行为调研。市场容量调研,主要是指现有和潜在人口变化、收入水平、生活水平、本企业的市场占有率以及购买力投向等。顾客调研,主要是了解购买本企业产品或服务的团体或个人的情况,如民族、年龄、性别、文化、职业、地区等。购买行为调研,是调研各阶层顾客的购买欲望、购买动机、购买习惯、购买时间、购买地点、购买数量、品牌偏好等情况,以及顾客对本企业产品和其他企业提供的同类产品的欢迎程度。

企业与消费者的联系,是由市场这根纽带联结起来的。养鹅企业对消费者需求的研究,主要是研究本产品怎样满足用户的需求,分析影响消费者需求的因素,预测未来市场的需求方向和可能程度。消费者的需求是由生理的、心理的和社会的相互影响的复杂动机所产生。消费者对产品的需求经常能反映他们对产品质量和产品外观的不同爱好,更基本的是对营养需要和食欲的满足。概括而言，影响消费者需求的因素主要有：

①产品的价格：通常情况下，价格上涨，消费者的需求量就减少；价格下跌，消费者的需求量就增加。价格下降会刺激需求量，主要原因：第一、由于价格下跌，消费者用同样的钱可以买到更多的商品；第二、原来因为价格高而买不起的消费者，现在因为降价也能承担起相应的费用。

②替代品的价格：相关的产品往往是可以互相替代的。例如，作为营养食物，鹅肉、猪肉、牛肉是可以替代的。猪肉、牛肉涨价了，会增加消费者对鹅肉的需求量。

③消费者的爱好：不同地区的消费者有不同的消费爱好。例如，中国南方的消费者喜欢吃鹅肉，而北方吃鹅较少。西方人喜欢鹅肥肝，而中国人对肥肝不是很感兴趣。

④消费者的个人收入：市场需求总是随着经济的发展而变化。一般来说，个人收入增加，会增加对产品的需求量。

（2）行情　只有充分了解市场行情，才能进行市场分析和经营决策。市场的行情主要包括：整个行业市场、地区市场、企业市场的销售状况和销售能力；主要商品供给的充足程度、市场空隙、库存状况；市场竞争程度、竞争对手的策略、手段和实力；有关企业同类产品的生产、经营、成本、价格及利润的比较；有关地区、企业产品的差别和供求关系及发展趋势；整个市场价格水平的现状和趋势、最适宜于顾客接受的价格性能与定价策略；新产品定价及价格变动幅度等。

养鹅业是当前畜禽生产中效益较好的产业之一。在鹅生产中，由于鹅季节性繁殖的原因，导致鹅尤其是肉鹅生产有淡、旺季之分，因此反映在市场上鹅的价格有高、低价季节之别。在每年鹅出笼旺季的 5～10 月份，活鹅每千克 6.5～7 元，而在上市淡季的当年 11 月至第二年 4 月，活鹅每千克则达 8～10 元。

近年来，在一些非传统的养鹅地区，由于拥有廉价劳动力及容易获得的青饲料等优势，养鹅业也得到了较快地发展。在东北地区，由于鹅绒在羽绒服中的应用及鹅肉消费习惯的逐渐形成，掀起了一股养鹅热。商品鹅中除部分在本地销售外，大部分则在屠宰厂被加工成白条鹅，销往南方市场。

（二）养殖规模与经营成本

1. **养殖规模** 企业规模是指总规模和生产某种产品的规模。一般来说，规模大的企业，容易发挥技术、质量、成本等方面的优势，而且生产某种产品的能力很强。规模较小的企业，在饲养过程中可以充分利用周边资源，经营过程中可以灵活应变。在实际生产中，养殖规模的大小必须由市场的需求来决定，否则会造成盲目生产，最终使经济效益下降。

由于地理环境和投入资金的不同，养殖规模也不同。若以放牧为主，可利用零星草地、水源、村屯空闲地，以阶段性割草（菜）、树叶、秸秆饲料为补饲的饲养方法，此法适合农户采用，一般适合养殖 300～500 只为宜，称为农户养殖。若以放牧为主，因季节、天气原因应适当补饲青饲料、青贮饲料，此法适合有草原、水面、场地、资金和有养殖经验的户采用，适合养殖规模为 2 000 只左右，称为规模养殖。若利用退耕还林地、农防林更新地、果树地、空闲地种草养鹅，一般 8～10 米^2 草地适合养一只鹅，称为种草养殖。

2. **经营成本** 经营成本是衡量生产活动最重要的经济尺度。它反映了生产设备的利用程度、劳动组织的合理性、饲养管理技术的好坏、鹅种生产性能潜力的发挥程度，体现了养鹅场的经营管理水平。

成本费用是指企业在生产经营过程中发生的各种耗费，包括直接材料、直接工资、制造费用、进货原价、进货费用、业务支出、销售费用、管理费用及财务费用等。生产成本通常由固定成本、可变成本和常见的成本项目组成。固定成本一般是固定资产，如鹅舍、饲养设备、运输工具及生活设施等。可变成本是生产单位在生产和流通过程中使用的资金，其特性是参加一次生产过程就被消耗掉，如饲料、兽药、燃料、垫料、雏鹅等成本。常见的成本项目有工资、饲料费、医药费、燃料及动力费、折旧费、雏鹅购买费或种鹅摊销费、低值易耗品费、共同生产费、企业管理费和利息。

在买卖过程中，商品生产者总是希望能以比较高的价格出售自己的产品，而买者又总是希望以较少的支出买到较多的商品。因此，谁的商品物美价廉，谁就能在市场竞争中处于优势地位。所以，企业应改善经营管理，准确市场分析，挖掘潜力，增产节约，不断降低成本，以低廉的价格参与市场竞争。

（三）经济效益预测

鹅场的经营收入包括良种鹅、肉用仔鹅及多种经营产品销售收入等。经营总收入减去经营总成本就是纯收入，再减去税金就是利润即经济效益。经济效益反映了鹅场在一定期间内生产经营活动最终的财务成果。鹅场的赢利状况，综合地反映了生产经营的优劣和经营水平的高低。

经济效益预测是进行经营决策，编制生产财务计划和实行利润控制的一项重要手段。利润预测包括单项产品预测和全场预测。预测方法主要有 3 种。

1. **直接预测法**　适用于单项产品销售利润的预测。计算公式：

产品预测利润＝预测销售收入－预测的销售成本
　　　　　　　　－销售费用－税金

2. **分析预测法**　适用于单项产品销售利润的预测。计算公式：

预测产品销售利润＝计划销售利润＋销售数量变动对利
　　　　　　　　　润的影响＋销售价格变动对利润的
　　　　　　　　　影响＋产品成本升降对利润的影响

　　　　　　＋销售费用增减对利润的影响＋税
　　　　　率变动对利润的影响

　　3. 量、本、利分析法　又叫盈亏平衡点分析，是根据业务量（产量、销售量、销售额）和成本、利润三者关系进行综合分析的方法。当总收入等于总成本时，利润为零，既盈亏平衡，这时的经营水平为盈亏平衡点。业务量在其之上，就赢利，在其之下就亏本。盈亏平衡点时有两个重要指标，即保本销售量与保本销售鹅。计算公式：

　保本销售量＝固定费用/（单位产品销价－单位产品可变费用）
保本销售额＝固定费用/（1－单位产品可变费用/单位产品销价）

　　在生产经营中，要努力使实际销售量和实际销售额超过保本点，超过越多，利润越多。由于鹅场生产经营的门类较多，影响利润的因素也很复杂，在实际分析时，可用几种方法进行预测，再相互对照，以找寻较佳的实施方案。

（四）投资风险预测

　　对于养殖户而言，总希望投资风险比较小。为了以后能够稳定发展，必须对生产经营的风险做出预测。养鹅的主要风险有两个：其一是市场。在北方地区，由于大部分地区还没有消费鹅肉的习惯，所以在没有固定的外销渠道的情况下，一旦大规模养鹅，或者本地区内出现了养鹅热，数量在本地市场极度饱和时，价格会急剧下跌，甚至跌到成本线以下。其二是疫病。以前养鹅数量少，规模也比较小，鹅病很少。现在随着养鹅规模逐步扩大及数量的增多，鹅病发生的频率也越来越普遍，在原有疾病的基础上又出现了一些新病。为此，养殖户必须高度警惕。

三、调研结果分析与决策

　　1. 调研结果分析　市场调研结果的分析阶段是调研全过程的最后一环，是市场能否充分发挥作用的关键，是决策工作的前提。当取得大量的市场调研资料以后，首先要对其进行审核，分类汇总，根据研究目的进行加工整理，然后进行分析。要运用统计学的有关原理和方法，研究市场现象总体的数量特征和数量关系，揭示市场现象的发展规律、水平，总体结构和比例，市场现象的发展趋势和速度等。因此，市场调研人员还需要掌握一定的统计分析技术，通过分析研究，在确实弄清市场活动和过程的基础上，研究其动向及其发展变化规律，探索解决问题的方法。

市场调研结果分析方法可分为定性分析法和定量分析法。

（1）定性分析法 定性分析是对事物质的规定性进行研究分析的方法，即主要是根据科学的观点、逻辑判断和推理，从非量化的资料中得出对事物的本质、发展变化的规律性的认识。定性分析可以确定事物的界限，是区分事物和认识事物的基础，但不能从数量关系上精确地把握事物的总体。如通过调研，可以判断养鹅业在一段时间内总的发展趋势，是否可以增加养殖的数量等，而不必明确具体的数量。

（2）定量分析法 定量分析是指从事物的数量特征方面入手，运用一定的统计学或数学分析方法进行数量分析，从而挖掘出事物的数量中所包含的事物本身的特性及规律性的分析方法。定量分析中通常运用统计分析方法，其中包括最常用的综合指标法。综合指标法是调研中的一种分析技术，它可以说明总体的规模、水平、速度、效益、结构及比例关系等综合数量特征。通过总体数量的汇总、运算和分析，可以排除个别、偶然因素的影响，认识经济现象的本质及其发展变化的规律性。

2. 决策 养鹅经营决策是指在养鹅经营活动中，运用科学的方法，确定经营的目标，通过对影响市场的诸多因素进行分析和研究，从实现这一目标所制定的多种可以相互替代的行动方案中选择一个最佳方案的过程。调研的目的就是提高决策的准确性。市场决策是养鹅场经营决策的最重要的基本内容，是指市场的选择、新市场的开拓、市场占有率的提高、产品定价、推销策略和销售服务等方面的决策。决策过程的实质就是对信息资料的搜集、整理、加工和处理的过程,并从中找出差距,确认问题所在,明确努力方向。

养鹅经营决策的程序主要有六步,即发现问题,确定决策目标,拟定多种可行方案,方案的论证与评价,方案选优,执行决策和跟踪反馈。

四、风险评估和规避策略

1. 养鹅生产中的主要风险 养鹅生产中的风险主要有环境风险、疫病风险、市场风险和突发风险 4 种。

(1)环境风险 加入世界贸易组织,中国就要履行和承担入世所要求的各项承诺,要在市场准入、农产品进口关税、补贴和动植物检疫等各方面全面履行并承担应尽的责任。这样,中国的畜牧业将面临严峻的挑战,充满着更大的风险和不确定性。目前,国内对养鹅业的政策支持和直接补贴等都不利于养鹅企业面对未来市场的激烈竞争。养鹅企业经营管理理念和方式落后,大多分散经营,规模小,产业化程度低且惯于内耗,在外来产品和企业竞争面前缺乏团结合作的精神。此外,随着畜牧业的进一步发展,对防疫工作也提出了新的、更高的要求,粮食生产与供应直接影响我国饲料工业的发展与稳定,并且千家万户的养殖模式对畜产品安全监管带来了难度。

(2)疫病风险 长期以来,我国养殖人员在畜禽疾病防治方面的观念比较滞后,一般是"重治疗,轻预防",造成我国的禽疫病发病率高、遍及区域广、危害程度大。由于缺乏有效的疫病监控和防治技术及手段,不仅极大地影响到了养鹅业的发展,也产生了诸多社会危害,特别是一些烈性传染病,如"小鹅瘟"、"禽流感"等重大传染病的危害很大。畜禽疫病已经成为今后制约养鹅业发展的重要因素。

(3)市场风险 多年来,我国养鹅企业一般重视产品数量而忽略产品质量。例如，鹅产品中药物残留还偏高，我国的市场调节机制不健全，对重大传染性疫病缺乏有效地监控和防治，以及一些国家通过贸易壁垒不断提高检疫标准等。这些因素的存在，都使得养鹅业市场出现相对的不稳定性，增加了市场风险。

（4）突发风险　突发风险是指各种人为无法预测、无法控制的自然、经济等事件和天灾。例如，动物食物中毒、车祸、猝死等各种非正常死亡或丢失都是突发事件，它对养殖户的影响是突然的，也是强烈的，甚至是灾难性的。

2. 如何规避养鹅生产存在的风险

（1）政府部门政策扶持　各级政府应加大出台发展养鹅业优惠政策的力度，尽快使养鹅业成熟起来；制定相应的条例和法规，抓住有利时机，保护我国养鹅产业的稳定发展，不断增强我国鹅产品在国际市场的竞争优势。

（2）实行产业化经营，完善产业化模式　畜牧产业化就是以市场为导向，以科技进步为前提，以经济效益为目的，从本地资源和实际条件出发，发展规模经营，逐步实现专业化生产、一体化经营、社会化服务、工厂化管理，建立养加销、贸工畜、畜科教、城乡户一体化的经营模式，重点是建立产加销各方"利益均沾、风险共担"的运行机制。

（3）加强先进技术的研究，培育高技术人才　目前，在养鹅技术专家和技术人员的共同努力下，已经形成了一系列的生产新技术，正是这些技术在生产中的广泛应用才使得养鹅业有了相对快速的发展。畜牧生产企业在选择技术时，应坚持以下标准：不仅要考察项目的先进性、科学性、可行性和可操作，更要考察项目的经济性，并且以能否产生经济效益为最大的选择标准。与此同时，企业应创造各种有利于人才成长的环境，为其施展才能打开方便之门，努力培养一批"懂技术、会管理、善经营"的人才。

（4）加强疫病防治和检疫工作　实行科学饲养管理、建立兽医生物防疫体系、加强相关疫病的监测等，同时注意引进兽医人才，加强兽医人才队伍建设，严格执行国家相关法规，切实做好鹅疾病的防治和检疫工作，努力降低养鹅的疾病风险。

（5）提高鹅产品质量　降低产品价格将不再是今后提高市场竞争力的首要手段，而保证产品达到规定的品质标准才是竞争力的关键所在。因此，必须采取措施尽快改变鹅产品"资源型、趋同性、低度化、竞争力差"的态势，进一步加强优质品种的培育，优化品种结构；加强产品的包装、贮藏、运输、加工和屠宰技术的研究、开发，实现畜产品"包装规格化、质量等级化、重量标准化"；不断延伸产业链条，拓宽加工深度，增加产品的科技含量和附加值；扩大特色鹅产品的出口。

（6）建立健全社会服务体系　畜牧业发展的初期，必须依靠政府的优惠政策进行扶持，但畜牧业的发展不能一味地依靠政府，而应当依据经济规律和畜牧科学的规律进行发展。当养鹅业发展到一定程度时，政府应该出台更多的指导性政策，强化各地区畜牧局的协调和支持能力，完善各级技术服务支持体系，保证养鹅业的正常发展。

（7）建立和完善保险金制度，化解养殖生产中的突发风险　目前，有些地方已经制定和出台了牛奶价格风险金的办法。按照同样的思路，完全可以进一步建立养鹅业保险制度，用以化解养鹅生产中的突发风险，或者由专业协会组织开展养鹅保险活动，或者由保险公司开展这项活动。这都是非常好的化解畜牧生产过程中突发风险的具体举措，应该大力推广、完善和应用。

五、投资技巧

（一）鹅生产的经济效益及其影响因素的分析

1. 养鹅经济效益的预测

(1) 成本构成 成本主要包括直接成本和间接成本。直接成本是为了形成产品而投入的资金。例如购买苗鹅的费用；饲料费用，如配合精饲料、青绿饲料和干草料等；人工费用，如人工福利费、饲养员和技术管理人员工资等；水电费用，如孵化和饲养过程中的水电费、工人照明用电等；运输费用，如运输苗鹅、雏鹅及商品鹅等费用；其他常规费用，如雏鹅的垫料、育雏时的燃料、常用兽药及低值易耗品费用等。直接成本可变性大，是增收节支、降低成本的主要内容。

间接成本通常包括固定资产折旧费用，如房产和设备折旧费、修理费等；另外还有其他费用，如税费、屠宰、检疫费、产品加工费、土地租用（或承包）费用、环保费、办公及营销费等。这类成本虽然不直接形成产品，但是客观上仍是总成本的一部分，在核算利润时不可忽略。

(2) 收入来源 养鹅的主要收入来源因经营方向和生产方式不同而有所差别。一般说来，主要包括出售苗鹅、70 日龄上市的商品鹅、肉鹅产品加工。一般农户每年可养鹅 3~5 批，每批 100~500 只。种草每亩可年养鹅 150~300 只，每只鹅可获纯收益 10 元；若年养 2 000 只鹅，可获利 2 万元。目前，国内加工销售一只鹅可获利 10~20 元，初加工一只鹅的羽绒可获利 10 元。

2. 影响养鹅经济效益的因素 养鹅的目的是为了获得较高的经济效益，而影响经济效益的因素有很多。精明的经营者能够把不利的因素降低到最低程度，而善于利用有利因素，充分发挥生产潜力。

(1) 品种 品种的好坏是影响养鹅生产效益的重要因素。首先，品种是自身价值的象征。未来的养鹅业竞争其实就是鹅品种的竞争。对于投资者来说，如果饲养的是遗传性能良好、生产性能优异的鹅种，那就意味着将比其他养鹅者拥有更多的财富。其次，品种决定着产品质量。后代的生产潜力大约有 70% 是由父母代的品质决定的，只有少部分受环境和条件的影响。在同等饲养条件下，不同品种之间表现的生产性能和产品质量有很大差异。一个低劣的品种，无论在怎样好的饲养管理条件下，也难以获得好的生产效益。

（2）技术和饲养管理水平　长期以来，我国鹅的饲养规模小、千家万户分散饲养，上规模的种鹅场（户）不多，饲养管理十分粗放，规模化、产业化程度低。一些经营者的短期行为比较明显，再加上在养鹅业中小规模生产所占的比重较大，信息不灵，生产带有一定的盲目性，严重影响了养鹅的经济效益和鹅业生产的健康发展。因此，充足的饲料来源、科学的日粮结构和科学的饲养管理是鹅健康生长和高效生产的三大要素。科学的饲养管理是以最低的生产成本而获得最高的经济效益的关键环节，加上高新技术的应用更能使生产锦上添花，完善的技术条件和手段可使生产损失降低到最低程度。

（3）工人福利费用　工人工资和福利费用一般占总成本的15%～20%。因此，要取得良好的经济效益，必须充分调动工作人员的积极性，提高劳动生产率；并按照不同的工作岗位，规定适当的劳动定额，按劳取酬，多劳多得。

3. 提高养鹅经济效益的举措

（1）种草养鹅　鹅是草食水禽，80%左右的优质青绿饲料以及20%左右的混合精饲料就能养成优质鹅，可节省大量精饲料，降低饲养成本。1亩优质牧草（如聚合草、菊苣、黑麦草、苦荬菜、鲁梅克斯等）可养鹅100～120只，其效益一般是种植粮食作物的1～2倍。种草是生态养鹅的必备条件。

（2）安全生产　鹅群成活率的高低是养鹅效益高低的主要指标，因此要千方百计提高鹅群的成活率。从事养鹅者必须学习科学养鹅和鹅病防治知识。养鹅生产也是食品生产，从起始到终端产品上市的每一道工序都必须按标准进行规范操作，切实提高鹅产品的质量安全。

（3）适时卖鹅 一般情况下，中、小型商品鹅养到 70～90 日龄时体重达到 2.7～3.5 千克，良种杂交鹅 65～80 日龄时体重达到 3.2～4 千克，应及时上市。若继续饲养，则增重缓慢，耗料增加，会导致微利或亏损。若在延长饲养期内实行人工活体拔毛，就会提高效益，而良种鹅还要再饲养利用 3.5～4 年淘汰后上市，因为种鹅第一年产蛋较少，第二、三年产蛋多，直到第三年之后产蛋量才下降。所以，只利用一个产蛋年就把种鹅淘汰的做法是不可取的。

（4）开展屠宰加工和活体拔毛工作，提高鹅体综合效益 鹅虽是产肉家禽，但它全身是宝，羽绒价值比肉高许多倍。肥肝比肉贵 10 倍，鹅头、鹅舌、鹅掌、鹅脖、鹅肠、鹅筋骨等都比肉贵许多，特别是鹅血具有明显的防癌、治癌作用。卖活鹅、卖胴体价值低，大量的附加值外流，实在可惜。如果种鹅在停产期间进行几次活体拔毛后，可增加几十元的收入。

（二）投资决策与计划

1. 发展鹅生产应具备的基础条件

（1）要有优良的鹅品种 鹅的品种来源很大程度上决定了养鹅场的生产水平。

（2）饲料来源要丰富 鹅每天除采食精饲料外，还需要大量的青绿饲料和牧草。应有计划、有步骤地把一部分土地、荒滩，甚至部分耕地用于生产牧草，实施种草养鹅。

（3）水源要充足 特别是饲养种鹅的鹅场，要保证有充足的水源。

（4）需要劳动力 目前农村有大量剩余劳动力，可以建造大规模的饲养场，既利用了闲置劳动力，也可提高农民收入。

（5）需有先进的饲养技术 主要是指鹅的饲养管理、选育、繁殖及疾病防治等方面的技术，必要时，要对饲养管理员进行培训。

（6）具有一定数量的资金　随着农村经济的进一步发展，除通过自筹的方法获得资金外，还可到银行办理信贷。

2. 市场调查与分析　在决定进行大规模的养鹅之前，必须做好详细的市场调查与分析。从调查当地人口总数及饮食习惯、当地的生活水平及收支情况等方面着手，并根据国家有关政策，结合鹅场的主、客观条件，制定出一定时期内生产发展的方向、经营目的、规模及其所要达到的战略目标等，然后对调查中收集到的大量资料，认真地进行分析研究，尤其要对生产技术、市场需求及发展趋向、饲料供应、能源条件、销售渠道和价格等方面进行充分地了解和分析。在此基础上，拟定出一定时间内生产的适宜规模、经营目标及实施方案等。

3. 投资经费概算

（1）基建投资　需建种鹅舍、育雏舍、仔鹅舍、孵化室、生活用房、仓库、辅房等。

（2）购买种鹅　首先投入资金购买种鹅。

（3）购买有关设备　包括饲料机、加温设备、孵化机、运输车辆等，以及小型器具，包括饮水槽、食槽、运输笼和围栏等。

（4）饲料费用　包括精饲料、干草粉和种植牧草等。

（5）生产费用　包括供电、供水和人工工资及福利费用等。

鹅场建设投入的经费测算与鹅场性质、规模大小、地理环境条件、建设的档次等诸多因素有关。一般来说，建一个年产 2 万只商品肉鹅的自繁自养场，并进入正常运行，投入生产共需要经费 70 万～85 万元。

六、企业经营模式

1. 我国鹅业产业化的优势条件

（1）具有较丰富的养鹅经验　在长期生产实践中，人们在品种选育、繁殖技术、孵化技术、饲养管理和防病治病等方面积累了丰富的经验。同时形成了立体养殖、良性生物循环的先进经验，饲养技术取得了许多优秀成果，如将养鹅与养鱼和养蚌相结合，增加养殖效益；充分利用江滩放牧，沿海滩涂放牧，湖泊、河塘、沟渠放牧和种草养鹅等相结合。

（2）品种资源丰富　中国鹅除伊犁鹅分布在新疆外，其余主要分布于东部农业发达地区，长江、珠江、淮河中下游和华东、华南沿海地区，且大、中、小型鹅的品种皆有。《中国畜禽遗传资源志·家禽志》记载的鹅的品种就有 31 种之多，且生产性能优良。例如，四川白鹅、豁眼鹅的繁殖力可谓世界之最，被称为"鹅中来航"，年产蛋量可达 60～80 枚；皖西白鹅、溆浦鹅和浙东白鹅具有较好的产绒、产肥肝和产肉性能。这些优良鹅种为我国养鹅生产提供了坚实的种源保证。

（3）具有得天独厚的自然条件　鹅是一种以草食为主的水禽，凡是有草地和水源的地方都可以饲养。鹅的觅食能力很强，可以充分利用盐碱荒地、沟渠河滩、荒山坡地以及收获后的田间进行放牧。我国鹅的饲养区主要分布在长江流域及其以南地区，该区域内江河纵横、湖泊众多，水生动植物资源丰富，为鹅业生产的发展提供了得天独厚的自然环境条件。据鹅业专家研究认为，根据我国现有的自然条件，可养鹅 20 亿只以上；按年产优质鹅肉 500 万吨计算，鹅肉可占目前肉类总产量的 15％。不仅可以优化肉类产品结构和为人们提供保健肉食品，而且在出口创汇方面也占有重要地位。

（4）劳动力资源丰富　我国有 9 亿多农民，随着农村经济体制改革和农业结构的调整，再加上科学知识的普及，技术水平的提高和农业现代化的逐步实现，需要在农田生产第一线的种田人越来越少，农村富余劳动力越来越多。特别是随着国家企、事业单位体制改革的实施，城市的部分下岗职工和富余人员也是进行优质鹅业产业化生产的人力资源。

（5）国内外具有广阔的鹅产品消费市场　中国不仅是养鹅大

国，而且也是鹅产品消费大国。随着人民生活水平的不断提高，对肉类结构的重新认识以及烹调技术的传播，鹅肉产品国内市场有着巨大的消费潜力。已形成了比较著名的产品有：广东烤鹅、南京盐水鹅、江苏糟鹅、宁波冻鹅，还有具有潮州菜式的"香芋扣鹅片"、"梅子甑鹅"和具有淮扬特色的扬州风鹅等都是餐桌上的美味佳肴。近年来，国外对鹅肉也相当重视，如德国的西式鹅肉香肠在西方国家就备受消费者青睐。鹅肥肝被誉为世界三大美味之一，具有很高的经济价值。目前，优质鹅肥肝加工成的冻肝（保存期 12 月）在法国市场的售价高达 200 美元/千克。另外，鹅羽绒也是我国出口创汇的传统产品。

（6）鹅的副产品利用价值大　除蛋、肉主产品外，鹅的副产品如肫、肠、肝经处理加工后的售价比肉还高。另外，许多人都喜欢食用鹅血。据资料介绍，鹅血有预防和治疗食道癌之功能。目前，已有人把鹅血制成鹅血粉，作为抗癌的一种辅助药物。鹅胆、鹅掌皮是制药的原料。鹅皮制成鹅裘皮，是生产高级服装或高级皮鞋的新型材料。羽绒毛是羽绒加工厂的原料，经分离处理后的鹅绒保温性能好，富有弹性，吸水力低，隔热性强，是高级衣被的填充物，鹅绒成品是我国外贸出口创汇的一个产业。大羽毛是羽毛扇、羽毛球等产品的原料。另外，一些下脚的羽毛还可以制成羽毛粉、氨基酸等畜禽蛋白质饲料。由此可见，鹅的全身都是宝。

（7）优质鹅业产业化生产的先进典型已不断涌现　国内有许多大型企业在产业化生产方面做了大量的工作，采用"产加销、贸工农一体化"的经营方式；走"公司＋合作经济组织＋农户"的产业化生产模式；实行"五统、二分、一扶持"的管理模式，即公司对养鹅户统一供应良种、统一饲料配方、统一防疫治病、统一技术指导、统一产品收购，分户饲养、分户核算，扶持有养鹅条件且有一定的养鹅经验的农户，把农户传统、分散的小生产组织连接起来，形成规模化、产业化的大生产。

2. 我国鹅业产业化面临的关键技术问题

（1）传统优良品种不能满足产业化生产的需要　目前，中国鹅生产处于小农生产状态，商品化、规模化和产业化的程度较低。鹅种自繁自养，自生自灭，保留了原始的种质特性。国内鹅的品种选育、品系选育和配套系杂交起步较晚，鹅的育种工作进展缓慢。国内鹅品种中，群体整齐度不高，品种内个体间的生产性能差异显著，特别是个体的繁殖性能和生长速度差异较大。从实际情况来看，我国鹅品种不能满足产业化生产的需求，必须进行本品种选育，提纯复壮，提高鹅的繁殖性能、生长速度及整齐度。

（2）肉鹅饲养与饲料配制技术落后　国内外缺乏对鹅的生理生化、营养、饲养及饲料配制技术的系统研究，造成肉鹅饲料配制缺乏科学依据，浪费严重，降低了养殖的经济效益。目前，国内企业配制肉鹅日粮，或是根据个人经验配制，或是参考美国NRC（1994）年制定的家禽营养需要量标准。尤其是美国 NRC 推荐的肉鹅饲养标准数据来源于鸡饲养标准，误差较大，不能用于实际生产。为此，深入研究并制订出适合中国肉鹅的饲养标准，是产业化生产的必然要求，迫在眉睫。

（3）产品无严格的安全卫生标准　在欧洲先后报道了二噁英事件和疯牛病后，人类对食品的安全性提出了前所未有的要求，鹅产品进入国际市场的品质要求也更高。中国鹅产品准入国际市场的首要条件是安全、无污染、低残留；其次是质量和价格指标应具有竞争力。鹅产品生产过程必须逐步实现标准化和无公害化，并与国际标准接轨。为此，我国应借鉴发达国家的鹅生产技术、有毒有害成分检测技术、兽药使用法规和产品标准，制定我国的相关标准，并且要严格控制鹅饲养环境，净化鹅饮用水和洗浴用水，无害化处理鹅场的排泄物。

（4）产品深加工水平亟待提高　鹅养殖业为人类提供了商品价值较高的肉和羽绒。但是，中国肉鹅深加工品种仍然偏少，附加值低，严重制约了我国鹅业产业化的发展。深加工不但能够增加产品品种，延长产品保存期，增加产品的总销售量，有利于产品销售和稳定市场价格；而且还能进一步挖掘鹅潜在的经济价值，进一步拓宽目前经济价值相对较低的鹅肥肝、血、胆、掌、油、裘皮加工渠道，并使其加工成经济价值较高的食品、医药和纺织品。例如，我国从法国进口的净重225克的鹅肝罐头在北京市场的零售价格达780元，北京涉外饭店进口法国的鹅肝酱价格为135美元/千克，而在国内购买的鲜鹅肝价格为220元/千克。

3. 我国鹅业产业化运作的基本思路

（1）继续加强重点鹅场建设 良种是基础，一个好的品种或一个名牌产品可以救活一个企业，可以致富一方人民。国家对已建的鹅场应加强引导、支持和保护；同时还应根据生产需要，扩建、再建部分鹅场，鼓励这些鹅场在良种选育、杂交配套上加大研究力度，并给予经费上的支持，力争培育出优质、高产的鹅品种和配套系，不断提高优质鹅的生产水平。

（2）发挥鹅业产业化生产中龙头企业的作用 目前，我国鹅的饲养大多数仍然是个体养殖、分散经营，这种经营方式与千变万化的大市场不相适应，必须依靠一头连着国内外市场，一头连着千家万户的龙头企业，使小农户与大市场实现对接。龙头企业必须具有较强的服务实力和完善的服务功能、服务手段，能够为养殖户提供产前、产中、产后的全方位配套服务，切实帮助养殖户解决实际问题以及后顾之忧。在生产过程中，龙头企业要正确处理自身利益与农户利益的关系，通过合同契约的形式，真正与养殖户联结成利益共同体，充分发挥龙头企业与农户两方面的优势，形成"牧工商一体化、产加销一条龙"的生产体系。

实践证明，以"核心技术（优良品种或优秀成果）"为纽带，以"公司（龙头企业）＋基地＋农户或公司＋农户"为主的多种形式，通过产业化经营，促进生产、加工和销售，带动农民和城镇富余人员进入养鹅产业的有效途径，也是生态养鹅的有效方式。

（3）坚持以市场为导向，搞好品牌经营　龙头企业要树立强烈的市场意识，加强市场调研和预测，适应市场的需求，确定供种、饲养与加工方向，从本地优势资源和市场的多元化需求出发，树立独具特色的品牌，并且依靠品牌效应，不断拓展国内外市场。总的来说，鹅业产业化生产面临的形势较好，有利条件较多，只要我们观点正确，坚持走产业化经营的路子，鹅业产业化生产将会得到迅速发展。

（4）完善产业化生产的相关配套技术　在发展养鹅生产中，应不断增加科技含量，以保证产业化生产有较好的经济效益，使养鹅业能够持续稳定的发展。相关配套技术除了日常饲养管理、卫生防疫、饲料营养以外，最主要的是建立种鹅配套系统及开展人工授精，提高种蛋受精率和孵化出雏率；并不断开展深加工品种，大幅度地提高养鹅的经济效益。

（5）进行产业化规模化商品生产，走出一条规模化养殖集约化生产，企业化管理的产业化发展之路　通过龙头企业公司或其他中介组织，在农民与市场之间架起桥梁，把分散的小生产与统一的市场衔接起来，使养鹅生产形成规模化、品种标准化、生产专业化、管理规范化和服务社会化。把养鹅生产中的品种、饲养、产品加工和销售等环节有机结合起来。做到有计划生产，产品有数量、有质量、有品牌、创品牌，增强市场竞争力。这样可使千家万户的小生产进入有序的发展轨道，使鹅产品获得比零星进入市场更大的经济效益，更好、更快地促进我国养鹅产业的发展。

第六章

生态养鹅疾病的综合防治技术

第一节　生态养鹅场的综合防疫

一、无公害消毒技术

（一）无公害消毒的目的、意义

消毒是预防疾病的一项重要措施，目的是消灭被传染源散播于外界环境中的病原以切断其传播途径，阻止疫病继续蔓延。在鹅群的饲养管理中，特别是在密集的饲养条件下，对鹅场进行消毒显得特别重要。消毒的对象一是病原微生物，如细菌，病毒，霉菌；二是内寄生虫和外寄生虫，如原虫、蠕虫、节肢动物及螨类。无公害消毒是在采取常规的卫生防疫措施的时候，尽可能选择毒性小、残留少的消毒药物，减少对环境的污染及对动物的危害、使屠宰后的可食性组织中药物残留符合无公害食品中的限量要求。生态养鹅在坚持"预防为主、养防结合、防重于治"的原则下，应树立卫生防疫意识，严格遵守有关兽医法规和规章制度，建立严格的消毒制度，并切实执行和监督，做到及时发现问题，迅速采取控制和扑灭措施。

（二）生态养鹅场的无公害消毒方法

无公害消毒包括对养殖场所、养殖用具、饮用水、饲料、进出人员的消毒，以及特殊情况下对动物的直接消毒。消毒方法有：机械消毒、物理消毒、化学消毒、生物消毒及微生态制剂应用等，在实际操作中要根据消毒目标，选择适当的消毒方法。常用的是化学消毒和物理消毒两种方法。

1. **环境消毒** 养殖场门口设消毒池和消毒间，进出车辆和进场人员要经过消毒池。消毒池可选用 $2\%\sim5\%$ 漂白粉溶液或 $2\%\sim4\%$ 氢氧化钠溶液，并做到消毒液要定期更换。进场车辆建议用 0.1% 的新洁尔灭进行喷雾。圈舍周围，每 $2\sim3$ 周用 2% 氢氧化钠液消毒或撒生石灰 1 次；运动场周围及场内污水池、排粪坑、下水道出口，每个月用漂白粉消毒一次；生产区道路每日用 0.2% 次氯酸钠溶液喷洒。鹅场室外部分要定期在地面上撒生石灰粉消毒，具体方法是将生石灰与土混合、压实，以消灭病原微生物。

2. **圈舍的清洗和消毒** 主要是"全进全出"过程中空舍的清洗和消毒及日常环境卫生的保持。圈舍消毒的顺序一般为：出栏、清粪打扫、冲洗、干燥、$2\%\sim3\%$ 热烧碱水喷洒（或以 $10\%\sim20\%$ 石灰乳全舍泼洒或 0.5% 次氯酸钠、0.5% 过氧乙酸溶液、5% 漂白粉乳剂喷洒消毒）、干燥、熏蒸（$1\sim2$ 天）、通风，至少空栏 $2\sim3$ 周，进雏前再进行一次消毒。鹅进场前 5 天可熏蒸消毒一次，每立方米体积用 40% 甲醛溶液 18 毫升加高锰酸钾 9 克，密闭熏蒸 24 小时后通风去除味道；也可用消毒水喷洒消毒。

3. **垫草消毒** 新换的垫草常常带有霉菌、螨及其他昆虫等，因此在被搬入鹅舍前必须进行翻晒、消毒。消毒一般用甲醛-高锰酸钾（$2:1$）熏蒸，有条件的最好用环氧乙烷熏蒸，其穿透性比甲醛强，且有消毒与杀虫两种功能。

4. 人员消毒 进场人员要经过紫外线照射的消毒间更换消毒衣，外来人员不应随意进出生产区。特定情况下，参观人员在淋浴和消毒后穿戴防护服才可进入。

5. 饮用水消毒 可用碘、氯制剂及双链季铵盐类消毒剂对饮用水进行消毒。条件允许的养鹅场或饲养专业户，应建立自己的饮水设施。如果饮用公共井水、河水，应建立小型水池。按容积计算，每立方米水中加入漂白粉6～10克，搅拌均匀，可减少水源污染的危险。为防止饮水器或水槽的污染，可升高饮水器或水槽，并随日龄的增加不断调节到适当的高度，保证饮用水不受粪便污染，防止病原微生物和内寄生虫的传播。

6. 物品及工具的常规清洗和消毒 为减少病原体的存在和扩散，定期对料槽、饮水器和加料车进行消毒，每日至少消毒1次，可用0.1%的新洁尔灭喷洒或浸泡。携带入舍的器具和设备都可能带菌带毒，所有进入鹅舍的物品都必须经过彻底清洗和消毒后方可带入。对料槽、饮水器、蛋箱、蛋盘和喂料器等用具进行消毒，可先用0.1%新洁尔灭或0.2%～0.5%过氧乙酸消毒，然后在密闭的室内用福尔马林熏蒸消毒30分钟以上。

7. 消毒剂的选择 选择对人和畜禽的安全不构成威胁且少残留、对设备没有损坏、不会在畜禽体内产生有害积累的消毒剂。常用的消毒剂交叉轮换使用可提高消毒效果。

(三) 常用消毒药、杀虫剂

1. 常用消毒剂 消毒药品种繁多，按其性质可分为：醇类、碘类、酸类、碱类、卤素类、酚类、氧化剂类及挥发性烷化剂类等。下面主要介绍畜禽饲养场常用的几种消毒药。

(1) 氢氧化钠（又称苛性钠、烧碱或火碱） 碱类消毒剂，粗制品为白色不透明固体，有块、片、粒、棒等形状，主要用于场地、栏舍等消毒。2%～4%溶液可杀死病毒和繁殖型细菌，30%溶液10分钟可杀死芽孢，4%溶液45分钟杀死芽孢，如加入 10%食盐能增强杀芽孢能力。实践中，常以 2%的溶液用于消毒，消毒 1～2 小时后，用清水冲洗干净即可。

（2）生石灰　碱类消毒剂，主要成分是氧化钙（CaO），加水即成氢氧化钙，俗名熟石灰或消石灰。具有强碱性，但水溶性小，解离出来的氢氧根离子不多，消毒作用不强。1%石灰水杀死一般的繁殖型细菌需数小时，3%石灰水杀死沙门氏菌需 1 小时，对芽孢和结核菌无效。其最大的特点是价廉易得。实践中，20 份石灰加水到 100 份制成石灰乳，用于涂刷墙体、栏舍、地面等；或直接加石灰于被消毒的液体中，或洒在阴湿地面、粪池周围及污水沟等处消毒。

（3）漂白粉　卤素类消毒剂，灰白色粉末状，有氯臭，难溶于水，易吸潮分解，宜密闭、干燥处贮存。杀菌作用快而强，价廉而有效，广泛应用于栏舍、地面、粪池、排泄物、车辆、饮用水等消毒。饮用水消毒可在 1 000 千克河水或井水中加 6～10 克漂白粉，10～30 分钟后即可饮用；地面和路面可撒干粉再洒水；粪便和污水可按 1∶5 的用量，一边搅拌，一边加入漂白粉。

（4）二氧化氯消毒剂　卤素类消毒剂，是国际上公认的新一代广谱强力消毒剂，被世界卫生组织列为 A1 级高效安全消毒剂。美国环境保护署（USEPA）、食品药物管理局（FDA）以及日本、欧盟的卫生法规均将其认定为替代含氯消毒剂的绿色环保产品。其杀菌能力是氯气的 3～5 倍；可应用于畜禽活体、饮用水、栏舍空气、地面及设施等的消毒、除臭及鲜活饲料的消毒保鲜。本品使用安全、方便，消毒除臭作用强，单位面积使用价格低。有泡腾片和溶液剂，也可用二氧化氯发生器现场产生二氧化氯。

（5）醋酸　酸类消毒剂，用于空气熏蒸消毒。每立方米空间可用 3～10 毫升，加 1～2 倍水稀释加热蒸发消毒。可带畜、禽消毒。使用时，须密闭门和窗。市售酸醋可直接加热熏蒸。

（6）福尔马林　醛类消毒剂，是含 37%～40%的甲醛水溶

生态养鹅

液，有广谱杀菌作用，对细菌、真菌、病毒和芽孢等均有效，在有机物存在的情况下也是一种良好的消毒剂。缺点是有刺激性气味。以2%～5%水溶液用于喷洒墙壁、地面、料槽及用具消毒。房舍熏蒸按每立方米空间取18毫升福尔马林，置于一个较大的容器内（至少10倍于药品体积），加9克高锰酸钾，事前关好所有门窗，密闭熏蒸12～24小时后再打开门窗去味。熏蒸时室温最好不低于15℃，相对湿度在70%左右。

（7）过氧乙酸　氧化剂类消毒剂，纯品为无色澄明液体，易溶于水，是强氧化剂，有广谱杀菌作用，作用快而强，能杀死细菌、霉菌芽孢及病毒，不稳定，宜现配现用。0.04%～0.2%溶液用于耐腐蚀小件物品的浸泡消毒，时间2～120分钟；0.05%～0.5%或以上用于喷雾消毒，喷雾时消毒人员应戴防护目镜、手套和口罩，喷后密闭门窗1～2小时；用3%～5%溶液加热熏蒸，每立方米空间使用2～5毫升，熏蒸后密闭门窗1～2小时。

（8）二氯异氰尿酸钠（消毒威）　卤素类消毒剂，使用方便。主要用于养殖场地喷洒消毒和浸泡消毒，也可用于饮水消毒。消毒作用较强，可带畜、禽消毒。使用时按说明书标明的消毒对象进行稀释比例配制。

（9）二氯异氰尿酸钠烟熏剂　卤素类消毒剂。本品用于畜禽栏舍、饲养用具的消毒；使用时，按每立方米空间使用2～3克计算，置于畜禽栏舍，关闭门窗，点燃后即离开。密闭24小时后，通风换气即可。

（10）氯毒杀　是以二氯异氰尿酸钠为主要成分，辅以表面活性剂等制成的畜禽用消毒产品，属于卤素类消毒剂，使用同消毒威。

（11）百毒杀　双链季铵盐广谱杀菌消毒剂，无色、无味、无刺激和无腐蚀性，可带畜、禽消毒。配制成0.03%或相应的浓度用于畜禽圈舍、环境、用具、种蛋、孵化室的消毒，0.01%

的浓度用于饮用水消毒。

（12）东立铵碘 双链季铵盐、碘复合型消毒剂（主要成分为氯毒杀和聚维酮碘），对病毒、细菌、霉菌等病原体都有杀灭作用。可供饮水、环境、器械、畜禽和种蛋等的消毒；饮水、喷雾、浸泡以 1∶2 000～2 500 稀释，发病期消毒以 1∶1 000～1 250稀释。

（13）菌毒灭 复合双链季铵盐灭菌消毒剂。具有广谱、高效、无毒等特点，对病毒、细菌、霉菌及支原体等病原体都有杀灭作用。饮用水以 1∶3 000 稀释；日常对环境、栏舍及器械消毒（喷雾、冲洗、浸泡）时以 1∶1 000～2 000 稀释；畜禽发病期喷雾消毒以 1∶500 稀释。

（14）赛可新（Selko-pH） 酸类消毒剂。主要成分是复合有机酸，用于饮用水消毒。但用量为每升饮用水中添加 1.0～3.0毫升。

（15）农福 酸类消毒剂。由有机酸、表面活性剂和高分子量杀微生物剂混合而成，对病毒、细菌、真菌、支原体等都有杀灭作用。常规喷雾消毒以 1∶200 稀释，每立方米使用稀释液300毫升；多孔表面或有疫情时，以 1∶100 稀释，每平方米使用稀释液300毫升；消毒池以 1∶100 稀释，至少每周更换一次。

2. 常用杀虫剂 杀虫剂可分为有机磷类、有机氯类、拟除虫菊酯类及其他类杀虫药。有机氯类杀虫剂因其残留期长，在动物组织中富集会危害人类健康，而且对环境有严重污染，现已禁止使用。鹅的养殖过程中，杀虫剂主要用于环境消毒，杀灭环境中的节肢动物。

（1）有机磷类杀虫剂 有机磷杀虫剂杀虫效力强，杀虫谱广，残效期短，对人和动物的毒性相对较大。目前仍是畜禽养殖中广泛使用的外寄生虫防治药物。蝇毒磷、倍硫磷、甲基吡啶磷和马拉硫磷等在有机磷杀虫剂中为广谱低毒的，可用于鹅的生态养殖。

①蝇毒磷溶液：配成 0.02％～0.05％ 的乳剂，可用于防治牛皮蝇蛆、蜱、螨、虱和蝇等外寄生虫病。禁止与其他有机磷化合物和胆碱酯酶抑制剂合用。

②倍硫磷：稀释成 0.25％ 的溶液喷洒，对虱、蜱、蚤、蚊、蝇等有杀灭作用，对牛皮蝇蚴有特效，在牛皮蝇产卵期应用可取得良好的效果。

③甲基吡啶磷：除主要用于杀灭成蝇外，对蟑螂、蚂蚁、跳蚤、臭虫等也有较好的杀灭作用。甲基吡啶磷可湿性粉，每 200 米²，取 500 克溶于 4 升温水中喷雾消毒；甲基吡啶磷颗粒剂，可每平方米取 2 克，水湿润后分洒消毒。

（2）拟除虫菊酯类杀虫剂　拟除虫菊酯类具有杀灭各种昆虫的作用，特别是击倒力甚强，对各种害虫有高效速杀作用，对人、畜、禽低毒，但对鱼虾及其他冷血动物毒性较大。兽医常用的有氰戊菊酯、溴氰菊酯、氟氰胺菊酯和氟氯苯氰菊酯等。

①氰戊菊酯：对多种外寄生虫和吸血昆虫如螨、虱、蜱、蚊、蝇、虻等均有良好的杀灭作用，杀灭力强，效果明显。配成 0.2％ 的浓度，以 3～5 毫升/米² 喷雾消毒。但配制时若水温超过 25℃ 将会降低药效，甚至失效。

②溴氰菊酯：杀虫范围广，对多种有害昆虫有杀灭作用，杀虫效力强、速效、低毒、低残留。可每 1 000 升水中加入 5～15 克进行喷洒消毒。

二、鹅场的生物防治及免疫程序

（一）采取科学的饲养管理，增强鹅体抗病力

1. 把好引进鹅的质量关　引进的雏鹅和种鹅必须来自于健康和高产的种鹅群，外来鹅未经隔离观察不得混入原来的鹅群，以保证鹅场安全生产。

2. 满足鹅群营养需要　疾病的发生和发展与鹅群体质强弱

有关，而鹅群体质强弱除与品种有关外，还与鹅的营养状况有着直接的关系。如果不按科学方法配制饲料，鹅体缺乏某种或某些必须的营养元素，就会使机体所需的营养失去平衡，新陈代谢失调，从而影响其生长发育，体质减弱，易感染各种疾病。另外，有时虽然按科学方法配制了饲料，但饲喂方式不科学也会影响机体的正常代谢功能，使其营养的消化吸收减弱或受阻，这种情况也会使机体的体质减弱、生长发育受阻。因此，在饲养管理过程中，要根据鹅的品种、大小、强弱不同进行分群饲养。按其不同生长阶段的营养需要，供给相应的配合饲料，采取科学的饲喂方法，以保证鹅体的营养需要。同时，还要供给足够的清洁饮用水，注意鹅的体质锻炼，增加放牧或运动时间，有条件的地方还可经常让鹅下水游泳锻炼，适当增加鹅的运动量，提高鹅群的健康水平。这样，可以有效地防御多种疾病，特别是营养代谢性疾病的发生。

3. 创造良好的生活环境　要按照鹅群在不同生长阶段的生理特点，控制适当的温度、湿度、光照、通风和饲养密度，尽量减少各种应激反应，防止惊群的发生。

4. 搞好鹅舍与运动场清洁卫生工作　圈养鹅群的场地潮湿，适宜病原微生物的生存和繁殖，容易发生疾病。所以，搞好鹅群生活环境的清洁卫生，就是要清除病原菌生存和繁殖的适宜环境条件。因此，鹅场的排水沟、垃圾和粪便要经常清理；用具要经常清洗和消毒，垫料要及时更换，鹅舍要经常打扫，做到整个养鹅环境清洁、干燥、明亮和舒适。

5. 合理处理垃圾、粪便　垃圾、粪便等是病原微生物存在的主要场所，应严格防止其污染饲料、饮用水和道路。为此，应将垃圾、粪便运送到距鹅舍百米远的地方，堆积发酵和消毒，以杀灭病原菌。鹅粪是鱼的好食饵，有条件的鹅场最好结合养鱼建立发酵池，将发酵后的粪便投入鱼塘利用，既清洁环境和水源，减少放牧水域污染，还可节约鱼的饵料。

6. 做好日常观察工作，随时掌握鹅群健康状况　逐日观察记录鹅群的采食量、饮水表现、粪便、精神、活动和呼吸等基本情况，统计发病和死亡数量，对鹅病做到"早发现、早诊断、早治疗"，以减少经济损失。

（二）做好消毒隔离工作，减少疾病感染机会

1. 确保引进健康种鹅　要从没有疫情的地区和没有烈性传染病的鹅场引种，购入种鹅后先隔离观察 2 周以上，确认无病后才能转入饲养舍合群饲养，防止其带进病原。

2. 及时发现、隔离和淘汰病鹅　饲养人员要经常观察鹅群，及时发现精神不振、行动迟缓、毛乱翅垂、闭眼缩颈、食欲不佳、粪便异常、呼吸困难和咳嗽等症状的病鹅，及时将其隔离或淘汰，并查明原因，迅速对症处理。

3. 严防禽兽串入鹅舍　严防野兽、飞鸟、鼠、猫和狗等串入鹅舍，防止惊群和传播病菌，尤其要注意定期灭鼠。

4. 禁止人员来往与用具混用　应避免外人进入和参观鹅场，以防止病原微生物交叉感染。同时要做到专人、专舍、专用工具饲养。工作时要穿工作服和鞋，接触鹅前后要洗手，以切断病原传播途径。

5. 鹅场（舍）进出口设消毒池　在鹅场（舍）进出口设消毒池，并保持消毒池内有消毒药物，以便对进出人员及车辆消毒。

6. 定期对鹅舍及设备用具消毒　消毒的目的是消灭环境中的病原微生物，预防传染病的发生或阻止传染病的蔓延，对种蛋、孵化室、设备器具、棚舍地面、屋顶及墙壁，必须按规定定期清洗和消毒，防止病原微生物的传染，这是一项重要的防病措施。

（三）实施有效的免疫程序，增强鹅群对病原微生物感染的抵抗力

免疫接种是指给鹅注射或口服疫苗、菌苗等生物制剂，以增

强鹅群对病原微生物感染的抵抗力，从而避免特定疫病的发生和流行。同时，种鹅接种后产生的抗体还可通过受精蛋传给雏鹅，提供保护性母源抗体。

1. 鹅的免疫接种程序　我国目前用于预防鹅传染病的疫苗还较少，主要有小鹅瘟疫苗、鹅副黏病毒病疫苗、雏鹅新型肠炎疫苗、鹅大肠杆菌灭活疫苗和禽霍乱疫苗等。基本的免疫程序是：

(1) 缺乏小鹅瘟母源抗体的雏鹅，1 日龄接种小鹅瘟雏鹅弱毒疫苗（疫区，刚孵出的雏鹅，在炕房内应紧急预防注射抗小鹅瘟高免血清或小鹅金针等，每只 0.5 毫升，以便获得被动免疫保护力），每只肌肉注射 1 头份。

(2) 缺乏鹅副黏病毒病母源抗体的雏鹅，5～7 日龄接种鹅副黏病毒病油乳剂灭活苗，皮下注射，每只 0.3～0.5 毫升；有鹅副黏病毒病母源抗体的雏鹅，10～14 日龄接种鹅副黏病毒病油乳剂灭活苗，皮下注射，每只 0.5 毫升。

(3) 种鹅育成期或休产期，接种禽霍乱疫苗，用量按说明书要求。每接种 1 次，免疫期 3 个月。

(4) 种鹅开产前 1 月左右，间隔 7～14 天，用小鹅瘟-雏鹅新型肠炎二联弱毒疫苗免疫 2 次。具体用法、用量按说明书执行。

(5) 种鹅开产前半月左右，接种鹅大肠杆菌灭活苗。具体用法、用量按说明书执行。

2. 接种疫苗时应注意的事项

(1) 严格按说明书要求进行接种疫苗　疫苗的稀释倍数、剂量和接种方法等都要严格按照说明书规定进行。

(2) 疫苗应现配现用　稀释时绝对不能用热水，稀释的疫苗不可置于阳光下暴晒，应放在阴凉处，且必须在 2 小时内用完。

(3) 接种疫苗的鹅必须健康　只有在鹅群健康状况良好的情况下接种才能取得预期的免疫效果。在环境恶劣、疾病、营养缺乏等情况下对鹅群接种，往往效果不佳。

（4）妥善保管、运输疫苗　生物药品怕热，特别是弱毒苗必须低温冷藏，要求在 0℃以下，灭活苗保存在 4℃左右为宜。要防止温度忽高忽低，运输时要有冷藏设备。若疫苗保管不当，不用冷藏瓶提取疫苗，存放时间过久而超过有效期；或冰箱冷藏条件差，均会使疫苗降低活力，影响免疫效果。

（5）选择接种疫苗的恰当时间　接种疫苗时，要注意母源抗体和其他病毒感染时对疫苗接种的干扰和抗体产生的抑制作用。

（6）接种疫苗的用具要严格消毒　对接种用具必须事先按规定消毒。遵守无菌操作要求，对接种后所用容器、用具也必须进行消毒，以防感染其他鹅群。

（7）注意接种某些疫苗时可以使用和禁用的药物　在正常免疫接种疫苗前后各 3 天，应停止使用抗菌素、抗生素和驱虫药等药物，可以在饲料或饮用水中适当添加中草药免疫增强剂和维生素，如黄芪多糖、黄芪多糖左旋咪唑可溶性粉、玉屏风散和灵芪素康等，以保持鹅群强健的体质，提高免疫效果。

此外，由于同一鹅群中个体的抗体水平不一致，体质也不一样，因此，对同一种疫苗接种后的反应和产生的免疫力也不一样。所以，单靠接种疫苗完全预防或扑灭传染病往往有一定的困难，必须配以综合性的防疫措施，才能取得预期的效果。

三、鹅群疫病的监测

1. 日常观察　观察鹅群的时候，可发现健康鹅精神奕奕、羽毛洁净、顺贴紧凑、具有光泽，并常用嘴整理自身羽毛，嘴与脚部润滑饱满，两眼明亮有神，眼、鼻干净，食欲旺盛，消化良好，粪便正常，对外界各种刺激的反应十分敏捷，有时会发出声调低短的"哦！哦！"欢叫声，还会企图扑翼奔跑。反之，发病初期和病症较轻的鹅，常常表现颈背上端的小羽毛失去平常的那种顺伏紧贴感，有微微松起现象，喜欢卧伏，采食减少，时常遭到同群鹅的驱赶和啄咬，还常有摇头、流鼻水、眼睛黏膜潮红、双翅及腹部羽毛易被污水玷污的现象；病情较重的鹅则表现精神不振，厌食，不愿走动，全身羽毛松乱，腹部和翅部羽毛被脏水玷污，常呆立或独居一隅，鼻孔周围十分干燥或明显流鼻水，眼部有结痂物，头瘤、脚、嘴等部位均失去光泽，用手摸之有灼热感；接近死亡的鹅则伏地不起，无力挣扎，头部肉瘤及脚部冰冷。

观察鹅群的最好时间是在每天早晨天刚亮、中午或深夜的时候。这时鹅群正处在休息状态，病鹅容易表现出各种异常状态，比较容易发现与检出发病初期和症状较轻的病鹅。具体检查方法是：在接近大群鹅时，要从远到近慢慢地向前走动，一边接近一边观察，注意发现是否有各种异常现象。如果突然接近会使病鹅、健康鹅同时受到惊吓、奔跑、鸣叫，很难发现病鹅，尤其难以发现初发病和病症较轻的病鹅。如果认为有必要进行个体检查时，可用捉鹅杆（前端带有S形钩）卡紧可疑病鹅的颈部，将其从鹅群中吊出进行详细检查，注意观察羽毛、头部肉瘤、挣扎及触摸脚的表面温度等方面是否有异常。

2. 定时检疫　在做好日常观察工作的同时，定时进行免疫强度或疫病监测，是防止鹅群大规模暴发疫病的最有效手段。

（1）每月固定日期，由专人检查鹅场各日龄段鹅的预防免疫接种记录，并对照免疫程序表，逐一检查是否存在漏防现象，发现问题要及时补种相应疫苗。

（2）种鹅每隔2月，随机抽取鹅群的10%或不少于30只的种鹅采血样送疫病监测主管部门或科研院所，进行相关疫病的免疫抗体监测，以了解整个鹅群的免疫状况。如发现免疫抗体水平过低，应及时补种相应疫苗。

（3）鹅群每2月，由专人随机采集鹅场各日龄段鹅新鲜粪样

20 份，进行寄生虫卵或球虫卵囊的检查。如发现相关寄生虫的感染，应尽快安排相应药物进行驱虫治疗。

第二节　病毒性疾病的中西医结合防治

一、小 鹅 瘟

小鹅瘟是由小鹅瘟病毒引起的雏鹅急性或亚急性的败血性传染病。主要侵害 3 周龄以下的雏鹅，具有传播快、发病率和致死率高的特点，是危害养鹅业最重要的疫病之一。随着雏鹅日龄的增长，其发病率和致死率也随之下降。患病雏鹅出现以精神委顿、食欲废绝和严重腹泻为特征性的临诊症状；以渗出性肠炎，小肠黏膜表层大片坏死脱落，与渗出物凝成假膜状，形成栓子状物堵塞于小肠最后段的肠腔狭窄处。在自然条件下，成年鹅的感染常不表现临诊症状，但病毒可经排泄物及卵传播疾病。本病于 1956 年，由方定一等在国内首次发现，并于 1961 年分离到本病病毒而得到确诊，定名为小鹅瘟。

(一)病原

小鹅瘟病毒属于细小病毒科，细小病毒属。病毒为球形，无囊膜，单股 DNA，大小 20～25 纳米，有完整病毒形态和缺少核酸的病毒空壳形态。本病毒对雏鹅和雏番鸭有特异性致病作用，而对鸭、鸡、鸽、鹌鹑等禽类及哺乳动物无致病性。病毒存在于患病雏鹅的肝、脾、肾、胰、脑、血液、肠道和心肌等各脏器及组织中。对病毒进行初次分离时，将病料制成悬液接种于 12～14 日龄易感鹅胚的尿囊腔或绒尿膜，鹅胚一般在接种后 5～8 天死亡。鹅胚分离病毒通过连续多次传代后，对胚胎致死时间可以稳定在 3～5 天。本病毒初次分离也可用 14 日龄易感番鸭胚，初次分离的病毒株和鹅胚适应毒株及鸭胚适应毒株均不能在鸡胚内复制。鹅胚适应毒株仅能在生长旺盛的鹅胚和番鸭成纤维细胞中复制，并逐渐引起规律性细胞病变。

病毒对酸、碱、温度以及外界不良环境因素有很强的抵抗力。肝脏病料和鹅胚绒尿液中的病毒在−8℃冰箱内至少能存活10年，−65℃超低温冰箱内存活15年，在56℃经3小时的作用下仍保持其感染性。能抵抗氯仿、乙醚和胰酶等。

本病毒对鸡、鹅、小鼠、豚鼠、兔和羊等动物的红细胞均无凝集作用，但能凝集黄牛精子，并能被抗小鹅瘟血清所抑制。

（二）诊断

1. 流行特点　病雏鹅和带毒成年鹅是本病的传染源，在自然情况下主要通过消化道感染。健康雏鹅通过与病鹅、带毒鹅的直接接触或采食被病鹅、带毒鹅排泄物污染的饲料、饮用水以及接触被污染的用具和环境（如鹅舍、炕坊等）都可引起本病的传播。

本病主要发生于出壳后3～4日龄至20日龄左右的雏鹅，不同品种的雏鹅均可发生感染，1月龄以上的雏鹅较少发病。发病日龄愈小，死亡率也愈高，最高的发病率和死亡率常出现在10日龄以内的雏鹅群，可达95%～100%，随着日龄的增加，其易感性和死亡率逐渐下降。除此以外，死亡率的高低在很大程度上还取决于母鹅群的免疫状态。通常经过一次大流行之后，当年留种鹅群患病痊愈或是经无症状感染而获得免疫力，这种免疫鹅产的种蛋所孵出的雏鹅也因此获得了坚强的被动免疫，能抵抗天然或人工感染的小鹅瘟病毒。

2. 临床症状　本病的潜伏期为3～5天，临床症状以消化道和中枢神经系统扰乱为特征，根据病程长短可分为最急性、急性和亚急性3种类型。

最急性型：常发生于1周龄以内的雏鹅。一般无前驱症状而突然死亡，或是发现精神呆滞后几小时内即呈现衰弱或倒地乱划，不久即死亡。在鹅群中传播迅速，几天内即蔓延全群，致死率达95%～100%。

急性型：发生于1～2周龄的雏鹅。常出现明显的症状，病雏鹅精神不振，食欲减少或废绝，病初虽随群作采食动作，但采得的草料含在口中并不吞咽或偶尔咽下几根；逐渐离群独居，嗜睡、拒食。开始渴欲增强，继而拒饮、甩头、呼吸用力、鼻腔内流出浆液性分泌物，排出灰白色或淡黄绿色混有气泡或纤维碎片的稀粪，喙端和蹼的色泽变深发绀，病程1～2天，临死前发生两肢麻痹或抽搐。

亚急性型：主要发生于流行后期，以精神委顿、缩头垂翅、行动迟缓、食欲不振、消瘦、泻痢为主要症状。病程3～7天或更长，少数病鹅可以自行康复，但生长不良。

3. 病理变化　本病的病变主要在消化道。最急性型病变不明显，只有小肠前段黏膜肿胀充血，覆有大量浓厚的淡黄色黏膜，有时可见黏膜出血。胆囊扩张，充满稀薄胆汁。

急性型病雏鹅日龄在7～15日龄左右，病程达2天以上的雏鹅可出现肠道病变，整个小肠黏膜全部发炎、坏死，肠黏膜严重脱落。尤其在小肠的中下段，靠近卵黄柄和回盲部的肠段，外观上变得极度膨大，体积较正常的肠段增大2～3倍，且质地紧实，似香肠状。将膨大的肠管剪开，可见肠壁变薄，肠腔中形成的一种淡灰白色或淡黄色的凝固栓子，充塞肠腔。由坏死肠黏膜组织和纤维素性渗出物凝固所形成的肠栓，是小鹅瘟特征性病变（彩图1）。

有的病例中小肠并不形成典型的凝固栓子，肠道外观也不显著膨大紧实；有的则在肠黏膜表面附有散在的纤维素凝固的碎片，或形成的肠栓都呈游离状态并未完全堵塞肠腔。根据临床观察，出现肠栓的雏鹅日龄最早为6日龄。

亚急性型病例中肠管的变化更为明显，严重者肠栓从小肠中下段堵塞至直肠（彩图2）。此外病鹅肝脏肿大，呈深紫红色或黄红色，胆囊充盈，脾脏和胰脏充血，偶有灰白色坏死点。部分病例有非化脓性脑炎的变化。

（三）防治

1. **西药预防及治疗**　成年鹅制备的抗小鹅瘟高免血清可用于治疗或预防本病，效果较好。对于刚孵出的雏鹅，每只紧急预防注射抗小鹅瘟血清 0.5 毫升能够抵抗本病毒的感染。对于已经发病的雏鹅群，根据发病日龄每只注射 1～2 毫升，可以及时控制本病的流行。

对缺乏母源抗体的雏鹅，也可以接种鹅胚化或鸭胚化的小鹅瘟雏鹅弱毒疫苗进行免疫，但疫苗必须在雏鹅出壳后 48 小时内注射。

应用小鹅瘟种鹅弱毒疫苗，种鹅在产蛋前 1 个月免疫接种1～2 头份/只，是目前生产实践中预防雏鹅感染小鹅瘟的最好方法。

此外，小鹅瘟传播主要来自炕坊，要切断炕坊内的污染环节。每批雏鹅出炕，必须清洗消毒孵化用的一切用具设备，收购的种蛋也必须用福尔马林熏蒸消毒，以杜绝小鹅瘟的传播途径。

2. **中兽医分型及治疗**　本病按中兽医临床辨证可分为 2 种病证类型：

（1）气滞血瘀型热毒泻泄（即最急性型和急性型）　病鹅主要出现发热下痢，部分脏器肿大、出血淤血，小肠急性卡他性纤维素性肠炎。治疗时宜清热解毒，涩肠止泻，活血祛淤。常用的施治方药有：

方一（白龙散）：白头翁 60 克，龙胆 30 克，黄连 10 克。

方二（白头翁散）：白头翁 60 克，黄连 30 克，黄柏 45 克，秦皮 60 克。

方三：板蓝根 45 克，金银花 25 克，栀子 20 克，黄连 20克，黄柏 20 克，黄芩 20 克，连翘 30 克，官桂 15 克，赤石脂 25

克，生地黄 40 克，赤芍 30 克，甘草 10 克。

服法：任选一方，粉碎、过筛、混匀，对于尚能吃食的病鹅按饲料的 4%～5% 添加；对于不进食的病鹅，任选一方，加水煮沸 5～10 分钟后过滤、取汁，按每只病鹅每天 2～3 克生药量（即所处方药物粉碎，混匀后的混合药物）灌服。

（2）血淤梗塞型热毒证（即亚急性型病例） 病鹅主要以发热不食，严重肠栓为特征。治疗时宜通便泄热解毒，涩肠活血祛淤。

大黄芩连汤加减：大黄 15 克，黄芩 40 克，赤芍药 40 克，车前子 30 克，黄连 40 克，生石膏 40 克，鲜地黄 40 克，生甘草 10 克，木通 20 克，赤石脂 25 克。

服法：取以上药物，粉碎、过筛、混匀，对于尚能吃食的病鹅按饲料的 2%～4% 添加；对于不进食的病鹅，取以上药物，加水煮沸 5～10 分钟后过滤、取汁，按每只病鹅每天 2～3 克生药量灌服。

二、鸭　瘟

鸭瘟俗称大头瘟，又名鸭病毒性肠炎，是鸭的一种急性败血性传染病。鸭瘟病毒的致病力较强，鹅在与病鸭密切接触时也会感染致病。其主要临床症状和病理特征为发高热、流泪、两脚麻痹无力，排绿色稀粪。常见病鹅头颈部肿大，食道黏膜有灰黄色坏死假膜或出血溃疡，泄殖腔黏膜出血或坏死。该病发病率和死亡率均较高，鹅群一旦感染发病后能迅速传播，引起大批死亡，给养鹅生产造成巨大的经济损失。本病也是养鹅地区一种重要的病毒性传染病，因此也应注意鹅群鸭瘟的预防。

（一）病原

鸭瘟病毒属于疱疹病毒。该病毒存在于病鸭的各个内脏器官、血液、分泌物和排泄物中，一般认为肝、脾脏和脑的病毒含量最高。

在电子显微镜下观察，病毒呈球状，大小在150纳米左右。病毒能够在9～14日龄发育鸭胚的绒毛尿囊膜上生长繁殖，接种病毒的鸭胚通常在7～9天死亡；另外，病毒亦能在发育的鸡胚、鹅胚以及鸭胚的成纤维细胞上繁殖，并产生细胞病变。

本病毒不凝集红细胞，对热、干燥和普通消毒药一般都很敏感。病毒56℃、10分钟就被杀死，50℃、90～120分钟才能被灭活，而在室温条件下（22℃）其传染力能够存活30天，在氯化钙干燥的条件下，能存活9天，但病毒对低温的抵抗力较强，在－20℃经300多天仍能使鸭发病。

在自然条件下，只有鸭能够感染鸭瘟，其他禽类一般抵抗力都很强；但鹅在同病鸭密切接触时也能感染发病。采用人工接种的方法可以引起鹅和其他水禽发生感染，尤其鹅能患典型鸭瘟并死亡。

（二）诊断

1. *流行特点*　任何品种和性别的鹅，对鸭瘟都有较高的易感性。在自然流行中，公鹅抵抗力较母鹅强，成年鹅尤其是产蛋母鹅发病和死亡较严重；而1月龄以下的雏鹅，发病较少。鹅感染发病的多数是种鹅，少数是3～4月龄的肉用仔鹅，雏鹅未见发病。

鸭瘟的传染源主要是病鸭、鹅和潜伏期的感染鸭、鹅，以及病愈不久的带毒鸭、鹅（至少带毒3个月）。健康鹅与病鸭同群放牧均能发生感染，病鸭的排泄物污染的饲料、水源、用具和运输工具，以及鸭舍周围的环境，都有可能造成鹅群鸭瘟的传播。某些野生水禽如野鸭和飞鸟，能感染和携带病毒，成为本病传染源或传染媒介，此外某些吸血昆虫也有可能传播本病。

鸭瘟主要通过消化道感染，但也可通过呼吸道、交配和眼结膜感染；人工感染可以通过口服、滴鼻、泄殖腔接种、静脉注射、腹腔注射和肌肉注射等途径，均可使健康的鸭、鹅致病。

本病一年四季均可发生，通常以春、夏之际和秋天购销旺季时流行最为严重。当鸭群流动频繁时，也易于疫病的传播流行。

2. 临床症状　潜伏期一般为 3～5 天，发病初期，病鹅精神委顿、缩颈垂翅，食欲减少或停食，渴欲增加；体温升高达 43℃以上，高热稽留，全身体表温度升高，尤其是头部和翅膀最显著。

病鹅畏光、流泪、眼睑水肿，眼睑周围羽毛沾湿或有脓性分泌物将眼睑粘连，甚至眼角形成出血性小溃疡；部分病鹅头颈部肿胀；病鹅鼻腔流有浆液性或黏液性分泌物，呼吸困难、叫声嘶哑，下痢，排出灰白色或绿色稀粪，肛门周围的羽毛被玷污并结块；泄殖腔黏膜充血、出血、水肿，严重者黏膜外翻，可见黏膜面覆盖一层不易剥离的黄绿色的假膜。

病鹅不愿下水，行动困难甚至伏地不愿移动，强行驱赶时，步态不稳或两翅扑地勉强挣扎而行。走不了几步，即行倒地，以致完全不能站立。发病后期体温下降，病鹅极度衰竭，最后死亡。急性病程一般为 2～5 天，慢的有时甚至可以拖延一周以上；少数不死的病鹅为慢性，仅有极少数病鹅可以耐过，一般都表现消瘦，生长发育不良。

3. 病理变化　患典型鸭瘟的病死鹅皮下组织出现不同程度的炎性水肿，在头颈部肿大的病例中，皮下组织有淡黄色胶冻样浸润。口腔黏膜主要是舌根、咽部和上颚部黏膜表面常有淡黄褐色假膜覆盖，剥离后露出鲜红色外形不规则的出血浅溃疡。

食道黏膜的病变具有特征性。外观有纵行排列的灰黄色假膜覆盖或散在的出血点，假膜易刮落，刮落后留有大小不等的出血浅溃疡。有时腺胃与食道膨大部的交界处或与肌胃的交界处常见有灰黄色坏死带或出血带，腺胃黏膜与肌胃角质下层充血或出血。

整个肠道发生急性卡他性炎症，以小肠和直肠最严重：肠集合淋巴滤泡肿大或坏死。泄殖腔黏膜的病变也具有特征性，黏膜表面有出血斑点和覆盖着一层不易剥离的黄绿色坏死结痂或溃疡。腔上囊黏膜充血、出血，后期常见有黄白色凝固的渗出物。

心内外膜有出血斑点，心血凝固不良，气管黏膜充血，有时可见肺充血或出血、水肿。肝脏早期有出血斑点，后期出现大小不等的、灰黄色的坏死灶，常见坏死灶中间有小点出血。胆囊充盈。

脾脏一般不肿大，颜色变深，常见有出血点和灰黄色的坏死点。

产蛋母鹅的卵巢亦有明显病变，卵泡充血、出血或整个卵泡变成暗红色。

（三）防治

1. 西药预防及治疗　目前该病尚无特殊的药物治疗，必须采用综合防治措施。

（1）严格执行卫生防疫制度，注意饲养场的卫生消毒工作，禁止鹅群与遭受感染的鸭群接触，以杜绝和减少传染来源。

（2）加强饲养管理，注意环境卫生，在日粮中注意添加多种维生素和矿物质，以增强机体的抗病能力。

（3）发现病鹅应停止放牧，隔离饲养，以防止病毒传播扩散；并立即对鹅群紧急注射鸭瘟疫苗，做到一只鹅只使用一个针头。

2. 中兽医分型及治疗　本病按中兽医辨证属外感湿热，血毒内陷病证。治疗宜清热解毒，升阳利湿。目前报道的有效性施治方药有：

方一：天津市必佳动物科技药业有限公司生产的"瘟病康"散剂。具体用量按产品使用说明书，拌料给药，2～3 天为 1 个疗程。

方二（薄荷紫苏汤加减）：薄荷 8 克，紫苏、苍术、黄芩、大黄、栀子和明雄各 6 克，辛夷、细辛和甘草各 4 克，牙皂和樟脑各 3 克。取以上药物，加适量水煮沸 5～10 分钟后过滤、取汁，每日 2 次滴服。上述药量为一天的剂量，可治疗 1 000 只雏鹅、40 只中年鹅或 20 只成年鹅，连用 3～5 天。

三、副黏病毒病

副黏病毒病是由副黏病毒引起的鹅的一种以消化道症状和病变为特征的急性传染病。本病对鹅危害较大，常引起大批死亡，尤其是雏鹅死亡率可达 95% 以上。给养鹅业造成巨大的经济损失，是目前鹅病防治的重点之一。

(一) 病原

本病病原为鹅副黏病毒，属副黏病毒科、副黏病毒属。本病毒广泛存在于病鹅的肝脏、脾脏、肠管等脏器内。电子显微镜下观察，病毒颗粒大小不一，形态不正，表面有密集纤突结构，病毒内部由囊膜包裹着螺旋对称的核衣壳，病毒颗粒大小平均直径为 120 纳米。分离的毒株接种 10 日龄的发育鸡胚，均能迅速繁殖，鸡胚在接种后通常 2～3 天内死亡。

本病毒能凝集鸡的红细胞，人工感染鸡时可引起其死亡。

(二) 诊断

1. 流行特点　本病对各种年龄的鹅都具有较强的易感性，日龄愈小，发病率、死亡率愈高，雏鹅发病后常引起死亡。不同品种的鹅均可感染致病，本病毒对鸡亦有较强的易感性。发生本病的鹅群，在其附近尚未接种疫苗的鸡也可感染发病并死亡。产蛋鸭感染后，可引起产蛋率下降。本病无季节性，一年四季均可发生，常引起地方性流行。

2. 临床症状　本病的潜伏期一般为 3～5 天，日龄小的雏鹅 2～3 天，日龄大的鹅 3～6 天。

患病鹅精神委顿、缩头垂翅、食欲不振或废绝、口渴、饮水量增加，排稀白色或黄绿色或绿色稀粪，行走无力，不愿下水，喜卧；或浮在水中，随水漂游。成年病鹅有时将头缩于翅下，严重者常见口腔流出水样液体。部分病鹅出现扭颈、转圈、仰头等神经症状，少数雏鹅发病后有甩头、咳嗽等症状。雏鹅常在发病后 1～3 天内死亡；青年鹅和成年鹅病程稍长，一般为 3～5 天。

3. 病理变化　病死鹅机体脱水，眼球下陷，脚蹼常干燥。

肝脏轻度肿大、淤血，少数有散在的坏死灶。胆囊充盈。脾脏轻度肿大，有芝麻大的坏死灶。成年病死鹅肌胃内较空虚，肌胃角度呈棕黑色或淡墨绿色，肌胃角质膜易脱落，角质膜下常有出血斑或溃疡灶。肠道黏膜有不同程度的出血，空肠和回肠黏膜常见散在性的青豆大小的淡黄色隆起的痂块，剥离后呈现出血面和溃疡灶（彩图 3），偶尔波及直肠黏膜；盲肠扁桃体肿大出血，少数病鹅盲肠黏膜出血，有少量隆起的小痂块。少数病鹅食道黏膜有少量芝麻大小的白色假膜。具有神经症状的病死鹅，脑血管充血。

（三）防治

1. 西药预防及治疗　目前，对于本病尚无特殊的治疗药物。在流行地区可对健康鹅群预防接种鹅副黏病毒油乳剂灭活苗。10～14 日龄雏鹅，每只肌肉注射 0.3 毫升；青年鹅或成年鹅，每只肌肉注射 0.5 毫升，都具有良好的保护作用，可以控制本病的发生和流行。

2. 中兽医分型及治疗　本病按中兽医辩证属外感大肠湿热病证。治疗时宜清热解毒，涩肠止泻。目前报道的有效性施治方药为：国内多家动物药品企业生产的清瘟败毒散（中华人民共和国兽药典 2005 年版，二部，493 页），添加量为每千克体重 2 克，也可按产品使用说明书给药，3～5 天为 1 个疗程。

四、禽 流 感

禽流感全称为禽流行性感冒，是由 A 型流感病毒引起多种家禽和野禽感染的一种传染性综合征。鹅、鸭、鸡等家禽以及野生禽类均可发生感染，在禽类对鸡尤其是火鸡危害最为严重，常引起感染致病，甚至导致大批死亡，有的死亡率可高达 100%。鹅可感染致病或死亡，产蛋鹅感染后，可引起卵子变性，产蛋率下降，产生卵黄性腹膜炎和输卵管炎。本病在世界许多国家和地区都曾发生并流行，给养禽业造成巨大的经济损失，是严重危害禽类的一种流行性病毒性疾病。

(一) 病原

禽流感病毒在分类上属于正黏病毒科的 A 型流感病毒。病毒颗粒呈短杆状或球状，直径 80～120 纳米。病毒能凝集鸡和某些哺乳动物的红细胞，能在发育的鸡胚中生长。该病毒接种鸡胚尿囊腔后可引起鸡胚死亡，鸡胚的皮肤和肌肉充血和出血。病毒也能在鸡胚肾细胞和鸡胚成纤维细胞上生长，并引起细胞病变。

(二) 诊断

1. 流行特点　禽流感病毒的致病力差异很大，在自然情况下有的毒株发病率和死亡率都可高达 100%；有的毒株仅引起轻度的产蛋下降；有的毒株则引起呼吸道症状，死亡率很低。但鹅流感病毒株除了对鹅有高致病力外，对鸡也具有高致病力。

在自然条件下，流感病毒存在于禽类的鼻腔分泌物和粪便中。由于受到有机物的保护，病毒具有极强的抵抗力。据有关资料记载，粪便中病毒的传染性在 4℃ 可保持 30～35 天之久，20℃ 可存活 7 天，在羽毛中存活 18 天，在干骨头或组织中存活数周，在冷冻的禽肉和骨髓中可存活 10 个月。

禽流感病毒不耐热，对乙醚、氯仿、丙酮等有机溶剂敏感，常用的消毒药能将其灭活。

2. 临床症状　鹅常突然发病，体温升高，食欲减退或废绝，仅饮水，拉白色或带淡黄绿色水样稀粪，羽毛松乱，身体蜷缩，精神沉郁，昏睡，反应迟钝。病鹅出现屈颈斜头、左右摇摆等神经症状，尤其是雏鹅较明显。多数病鹅站立不稳，两腿发软，伏地不起，或后退倒地，有呼吸道症状。部分患鹅头颈部肿大，皮下水肿，眼睛潮红或出血，眼睛四周羽毛贴着褐黑色分泌物，严重者瞎眼，鼻孔流血。患鹅病程不一，雏鹅一般2～4天，青年鹅、成年鹅的病程为4～9天。母鹅在发病后2～5天内产蛋停止，鹅群绝蛋，未死的鹅一般在1～1.5个月后才能恢复产蛋。

3. 病理变化　大多数病鹅皮肤毛孔充血、出血。全身皮下和脂肪出血。头肿大的病鹅下颌部皮下水肿，有淡黄色或淡绿色胶样液体。眼结膜出血，瞬膜充血、出血。颈上部皮肤和肌肉出血。鼻腔黏膜水肿、充血和出血，腔内充满血样黏液性分泌物。喉头黏膜有不同程度的出血，大多数病鹅有凝血块，气管黏膜有点状出血。脑壳和脑膜严重出血，脑组织充血、出血。胸腺水肿或萎缩、出血。脾脏稍肿大，淤血、出血，呈三角形。肝脏肿大、淤血、出血。部分病鹅肝小叶间质增宽。肾脏肿大，充血、出血。胰腺出血斑和坏死灶，或液化状。胸壁有淡黄色胶样物。腺胃黏性分泌物较多，部分病鹅黏膜出血，腺胃与肌胃交界处有出血带。肠道局灶性出血斑或出血块，黏膜有出血性溃疡病灶，直肠后段黏膜出血。多数病鹅心肌有灰白色坏死斑，心内膜出血斑。多数病鹅肺淤血、出血。产蛋母鹅卵泡破裂于腹腔中，卵巢中卵泡膜充血、出血斑、变形输卵管浆膜充血、出血，腔内有凝固蛋白。病程较长，患病母鹅的卵巢中卵泡萎缩，卵泡膜充血、出血或变形。患病雏鹅法氏囊出血。有些病例十二指肠与肌胃处有出血块。部分病例盲肠出血。

4. 鉴别诊断

(1) 与鹅副黏病毒病鉴别　两者症状与病变相似，但病原不同，可通过病原鉴定来进行区别，禽流感病毒的血凝作用不能被抗副黏病毒血凝素的抗体所抑制。

（2）与鹅巴氏杆菌病鉴别　鹅巴氏杆菌病是由禽多杀性巴氏杆菌所致。本病多发生于青年鹅、成年鹅，而雏鹅很少发生，在流行病学上有一定鉴别意义。同时应用广谱抗生素和磺胺药有紧急预防和治疗的作用，而抗生素对鹅流感无任何作用。患巴氏杆菌病的肝脏有散在性或弥漫性针头大小的坏死灶特征，而患流感病鹅的肝出血，无坏死灶，是重要病变差异。对病鹅肝脏进行涂片，用美蓝染色镜检见有两极染色的卵圆形小杆菌，而鹅流感肝涂片染色镜检时没有细菌。

（三）防治

1. 西药预防及治疗　平时加强幼鹅的饲养管理，注意鹅舍的通风、干燥、温度、湿度以及鹅群饲养密度，以提高机体的抗病力。对于水面放养的鹅群，应注意防止和避免野生水禽污染水源而引起感染。

应选择在流行中占优势的毒株，或根据流行区域存在的不同抗原亚型毒株，研制多价灭活苗。用灭活苗免疫时，种禽、雏禽阶段应进行 2～3 次免疫注射，产蛋前 15～30 天进行 1 次免疫，在免疫后 2 个月左右再次进行免疫。

本病尚无特效的治疗方法，在饲料或者饮用水中加入盐酸金刚烷胺可降低其死亡率。有研究单位试用禽流感灭活苗，也具有一定的保护作用。

鹅群一旦发生禽流感后，立即将病禽淘汰，死禽烧毁或深埋，彻底消毒场地和用具。对未发病的禽用抗血清或卵黄抗体作紧急免疫接种有一定的保护作用。

2. 中兽医分型及治疗　本病按中兽医辩证属外感湿毒，血热妄行病证。治疗时宜清热泻火，凉血解毒。目前报道的有效性施治方药有：

方一：国内多家动物药品企业生产的清瘟败毒散（中华人民共和国兽药典 2005 年版，二部，493 页），按每千克饲料中添加 2 克给药，也可按产品使用说明书给药，3～5 天为 1 个疗程。

方二：金银花 130 克、连翘 30 克、生地黄 15 克、牡丹皮 15 克、赤芍 15 克、荆芥 15 克、薄荷 15 克、防风 15 克、苦参 30 克、蝉蜕 30 克、甘草 15 克。适用于冬、春寒冷季节的流感治疗。服法：取上述药物粉碎、过筛、混匀，对于尚能吃食的病鹅按饲料的 4%～5% 添加；对于不进食的病鹅，取上述药物加水煮沸 5～10 分钟后过滤、取汁，按每只成年病鹅每天 4～6 克生药灌服，雏鹅按体重酌减。

方三：市售银翘片，适用于夏、秋季节流感治疗。服法：成年鹅每次 1 片，1 日 2 次，雏鹅按体重酌减。

方四：金银花 30 克，连翘 30 克，黄芩 30 克，水牛角 30 克，生地黄 60 克，赤芍 30 克，牡丹皮 20 克，荆芥穗、牛蒡子、桔梗各 20 克，芦根 40 克，薄荷、甘草各 10 克。服法：取上述药物，粉碎、过筛、混匀，对于尚能吃食的病鹅可按饲料的 4%～5% 添加；对于不进食的病鹅，取上述药物，加水煮沸 5～10 分钟后过滤、取汁，按每只病鹅每天 4～6 克生药量灌服。

五、鹅　　痘

鹅痘是由禽痘病毒引起的、具有高度传染性的疾病，通常发生在喙和皮肤间，或同时发生。病变的特征是喙和皮肤的表皮和羽囊上皮发生增生和炎症过程，上皮细胞内出现具有特异性的包涵体，最后形成结痂和脱落。

（一）病原

鹅痘的病原是一种比较大的痘病毒。在病变的皮肤表皮细胞和感染鸡胚的绒尿膜上皮细胞的细胞浆内，可以看到一种嗜酸性染色、卵圆形至圆形的包涵体，直径可达 5～30 微米，比细胞核还要大。

痘病毒对干燥的抵抗力很强，在外界环境中能够长期生存。从皮肤病灶脱落下来的干痘痂的毒力可以保存几个月之久。在一般情况下，病毒可以在土壤中生存数周。常用的消毒药物能在10分钟内将其杀死，达到消毒的目的。50%甘油可以长期保存病毒。

病毒能在10～12日龄发育鸡胚和鸡胚成纤维细胞上生长繁殖，并生成特异性病变。在接种后第6天，鸡胚绒尿膜上即形成一种局灶性的或弥漫性的痘疱病灶。病灶呈灰白色，坚实，厚约5毫米，中央为一坏死区。

(二) 诊断

1. 流行特点　鹅痘在一年四季中都能够发生，尤其是在秋、冬两季最易流行，一般在秋季发生皮肤型痘为多见。鹅痘病毒主要是通过皮肤或黏膜的伤口侵入体内。已经证明某些吸血昆虫，特别是蚊子能够传播病毒，是夏、秋季造成鹅痘流行的一个重要传染媒介。蚊子吸吮过病鹅的血液后，它的带毒时间可以保持很长。

2. 临床症状　髯和眼皮等处生成一种特殊的痘子。病鹅最初在喙和腿部皮肤出现一种灰白色的小结节症状，这是由于局部皮肤的表皮和羽囊上皮发生增生与表皮下水肿所形成，很快增大，呈黄色，并和邻近的结节互相融合，形成干燥、粗糙、呈棕褐色的大结痂，并突出在皮肤表面或喙上。把痂剥去，露出一个出血病灶。痂的数量多少不一，多的时候可以布满整个头的无毛部分和喙等处。痂可以留存3～4周之久，以后就逐渐脱落，留下个平滑的、灰白色疤痕。

病鹅症状一般比较轻微，没有全身性症状，但严重的病鹅精神萎靡，食欲减少或停食，体重减轻等全身性症状。少数病鹅因消瘦、体弱会引起死亡。

3. 病理变化　病鹅除喙和腿部皮肤呈典型病灶外，其他器官一般不发生明显变化；如有病变，常因其他微生物并发感染所致。

（三）防治

1. 西药预防及治疗　在有鹅痘流行和发生的区域或鹅群，除了加强鹅群的卫生管理等预防措施外，可应用鸡痘活疫苗、鸽痘活疫苗或鹌鹑化活疫苗进行免疫接种，能有效地预防本病的发生和流行。

目前还没有特效治疗药物。通常是采用一些对症疗法，以减轻症状及防止并发症的发生。将病鹅隔离，消毒鹅舍、场地和用具，患鹅痘疹时用洁净的镊子小心剥离，伤口涂擦碘酊、红药水或紫药水有一定疗效。

2. 中兽医分型及治疗　本病按中兽医辩证属外感风热病证。治疗时宜疏风散热，透疹解毒。目前报道的有效性施治方药为：金银花 40 克，板蓝根 40 克，连翘、薄荷、蝉蜕、荆芥、防风、升麻 25 各克，甘草 15 克。将上述药物共粉碎后过筛、混匀，按饲料的 3%～4% 添加。

六、出血性坏死性肝炎

本病是由禽呼肠孤病毒引起的一种鹅病毒性传染病。1975年，Kisary 从鹅体内分离出呼肠孤病毒。2002 年，王永坤等首次报道从我国患病雏鹅病料中分离并鉴定鹅呼肠孤病毒。2003年，Palya 等报道从匈牙利患病鹅分离得到呼肠孤病毒。近年来，我国鹅呼肠孤病毒感染已经在数省流行发生，极大地危害养鹅业的健康发展。

（一）病原

本病的病原为鹅呼肠孤病毒，属呼肠孤病毒科，正呼肠孤病毒属。本病毒为无囊膜，呈二十面体对称的双层衣壳结构球形的

RNA病毒。有2种病毒颗粒，一种为完整病毒颗粒，另一种为无核酸的仅有衣壳不完整病毒颗粒。直径大小75~86纳米，衣壳直径为25~36纳米，内核直径为50纳米左右。在细胞浆内复制。对热有抵抗力，60℃时能耐受8~10小时，56℃ 22~24小时，37℃ 15~16周，22℃ 48~51周，4℃ 3年以上，-20℃ 4年以上，-63℃ 10年以上。对乙醚和胰酶不敏感，对氯仿不敏感或轻度敏感，对pH 3.0的酸性环境有抵抗力。

禽呼肠孤病毒至少有11个血清型，应用交叉中和试验证实各型间存在着交叉反应。不同禽源的禽呼肠孤病毒有不同血清型，同种禽源的呼肠孤病毒也存在不同血清型。水禽呼肠孤病毒与鸡呼肠孤病毒有一定抗原相关性，而水禽呼肠孤病毒之间的抗原性比较密切。不同禽源呼肠孤病毒对禽类致死性不同，对禽胚的致死性也不同。不能凝集禽类、哺乳动物及人类的红细胞。

鹅呼肠孤病毒人工感染能致死雏鹅，而不能致死仔鹅、青年鹅、成年鹅和雏鸭、雏鸡。能致死鹅胚、鸭胚、番鸭胚和鸡胚。胚胎肉眼病变大体比较一致，全身皮肤严重充血、出血，呈紫红色或鲜红色。皮肤无充血、出血的胚胎，在胸部、头部或腿部等不同部位的肌肉和皮肤有大小不一鲜红出血斑。心外膜有大小不一点状或斑状鲜红出血。肝脏肿大，较小胚龄有散在呈淡黄色和红色相交错病灶，较大胚龄有灰白色或淡黄色大小不一的坏死灶。肾脏肿大，有针头大的灰白色坏死灶。脾脏肿大，有大小不一的灰白色坏死灶。绒尿膜增厚、水肿，有大小不一水疱样痘斑，接种部位有紫红色和鲜红色黄豆至小蚕豆大小出血性坏死灶，有的膜有出血点。病毒能在鹅胚、鸡胚、鸭胚、番鸭胚成纤维细胞内复制，并产生细胞病变。

（二）诊断

1. 流行特点　鹅出血性坏死性肝炎发生于1~10周龄的雏

鹅和仔鹅，多发生于 2～4 周龄雏鹅。最早发生于 10 日龄左右的雏鹅，最晚发生于 10 周龄的仔鹅。发病率和死亡率与日龄有密切的关系，差异很大。发病率 10%～70%，日龄越小，发病率越高，死亡率 2%～60%，3 周龄以内雏鹅感染后死亡率最高，而 7～10 周龄仔鹅感染后，死亡率低；如有细菌性感染并发时死亡率更高。一般多表现为运动失调、跛行等症状。本病潜伏期与鹅易感日龄有关，易感日龄雏鹅人工感染潜伏期一般为 5～7 天。病毒可水平传播和垂直传播。

2. 临床症状和病理变化　生长受阻是本病特征。病鹅有急性、亚急性和慢性，但与日龄有密切的关系。

（1）雏鹅　患病雏鹅多呈急性，精神委顿，食欲大减或废绝，羽毛松乱无光泽、体弱、消瘦，行动缓慢或跛行，腹泻。一侧或两侧跗关节或跖关节肿胀。

患病雏鹅肝脏有散在性或弥漫性大小不一的紫红色或鲜红色出血斑和散在性或弥漫性大小不一的淡黄色或灰黄色坏死斑，这些坏死斑小如针头，大如绿豆。脾脏稍肿大，质地较硬，并有大小不一的坏死灶。胰腺肿大，出血，并有散在性坏死灶。肾脏肿大，充血，出血，有弥漫性针头大的灰白色坏死灶。心内膜有出血点。肠道黏膜和肌胃肌层有鲜红出血斑。胆囊肿大，充满胆汁。脑壳严重充血，脑组织充血。肺充血。肿胀的关节腔内有纤维蛋白渗出液。有的病鹅腓肠肌腱区有出血。显微的病理变化，弥漫性出血性坏死性肝炎。脾脏广泛出血、坏死。胰腺实质多发性灶状坏死。肾脏实质严重浊肿。肠道黏膜出现卡他性炎症。心肌浊肿及心内膜炎。肺充血、局灶性出血、坏死。轻微脑炎，脑神经细胞变性、坏死。

（2）仔鹅　患病仔鹅或部分雏鹅呈亚急性或慢性。病鹅精神不佳，食欲减少，运动困难，不愿站立，行走时呈跛行，跗关节和跖关节肿胀，腹泻，消瘦。

患病鹅肝脏和脾脏病变除与急性病例相似，但较轻，表面有浆液性纤维素性炎症。心外膜和心包也常见有纤维素性炎症。肿胀关节腔有纤维素性渗出物或有机化的渗出物。

慢性病例,内脏器官的病变大大减轻或没有病变,肿胀关节腔有机化的纤维素性渗出物。

3. 鉴别诊断　注意与小鹅瘟、鹅禽流感、鹅副黏病毒病和鹅鸭疫里默氏杆菌感染的区别。

(1) 与小鹅瘟鉴别　本病由鹅呼肠孤病毒所致的 1 周龄至 10 周龄的雏鹅和仔鹅一种新的传染病,多发生于 2~4 周龄的雏鹅,发病率和死亡率与日龄有密切关系,随日龄增长而降低。而由鹅细小病毒所致的小鹅瘟是一种高度接触性和高死亡率的急性传染病,发生于 3 周龄以内的雏鹅,尤其是 10 日龄左右的雏鹅有很高的发病率和死亡率,可作为流行病学的重要鉴别之一;本病以肝、脾脏及其他器官出血和坏死病灶为特征。而小鹅瘟以肠道黏膜卡他性炎症及肠栓为病变特征,而肝、脾脏等器官无坏死病灶,是重要的病理变化,可作为鉴别之二;采取肝、脾脏病料,经处理后分别接种 10 日龄鸡胚和 12 日龄易感鹅胚,每胚绒尿膜接种 0.1 毫升。如鸡胚和鹅胚于 7 天内死亡,接种部位的绒尿膜有出血斑或坏死灶,绒尿液无血凝性,为鹅呼肠孤病毒所致。而仅鹅胚死亡,绒尿膜无出血斑和坏死灶,绒尿液无血凝性;鸡胚不死亡,绒尿膜无病变,为小鹅瘟病毒所致,可作为鉴别之三;应用抗小鹅瘟血清和抗鹅呼肠孤病毒血清作交叉保护试验,或用抗小鹅瘟血清作紧急预防和治疗试验,如有保护作用或有紧急预防治疗效果,为小鹅瘟所致,反之为本病所致。

(2) 与鹅禽流感鉴别　鹅禽流感是多种禽类的一种传染病,各种年龄的鹅均可感染发病,发病率高达 100%。雏鹅、仔鹅致死率高达 90%~100%,种鹅为 40%~80%。而本病不发生于青年鹅和成年鹅,可作为流行病学鉴别之一;禽流感病鹅常出现神经症状,皮肤、皮下和内脏器官以出血病变特征,而本病肝、脾等器官以出血和坏死病灶为特征，可作为病理变化鉴别之二；采取肝、脾病料经处理后接种 10 日龄易感鸡胚，每胚绒尿膜接种 0.1 毫升，观察 5～7 天。对死亡鸡胚尿囊液作血凝检测，如有血凝性，并被禽流感标准抗血清所抑制，为鹅禽流感病毒所致；如无血凝性，接种部位的绒尿膜有出血斑和坏死灶，为鹅呼肠孤病毒所致，可作为鉴别之三。

（3）与鹅副黏病毒病鉴别　鹅副黏病毒病是由禽I型副黏病毒 F 基因Ⅶ型病毒所致，各种日龄的鹅均具有高度易感性，特别 15 日龄以内雏鹅有 100％发病率和死亡率，可作为流行病学鉴别之一；患病鹅的脾脏肿大，有灰白色大小不一的坏死灶，肠道黏膜有散在性或弥漫性大小不一、淡黄色或灰白色的纤维素性的结痂等特征性病灶，肝脏等其他器官无出血或坏死病灶，与本病病变不同，可作为鉴别之二；采取肝、脾病料经处理后接种 10 日龄易感鸡胚，每胚绒尿膜接种 0.1 毫升，观察 5～7 天。对死亡鸡胚尿囊液作血凝检测，如有血凝性，并能被禽副黏病毒I型抗血清所抑制，为鹅副黏病毒所致；如无血凝性，接种部位的绒尿膜有出血斑和坏死灶，为鹅呼肠孤病毒所致，可作为鉴别之三。

（4）与鹅鸭疫里默氏杆菌感染（鹅浆膜炎）鉴别　鹅浆膜炎是由鸭疫里默氏杆菌引起 2～7 周龄鹅的一种败血性传染病，与呼肠病毒的流行病学很相似，但以心包炎、肝周炎和气囊炎等为主要特征性病变，而本病无心包炎等特征性变化，是病理变化的重要鉴别之一；将病料触片作革兰氏染色或美蓝染色镜检见有多形态小杆菌，为鸭疫里默氏杆菌所致，而本病为阴性，可作为鉴别之二；将病料接种于鲜血琼脂培养基，在二氧化碳环境培养 48～72 小时，呈细小菌落，为鸭疫里默氏杆菌所致；而本病无细菌生长，可作为鉴别之三。

（三）防治

1. 西药预防及治疗　鹅呼肠孤病毒是引起鹅特征性运动失

调、跛行和体重下降的唯一病原，患此病的鹅群将加大继发感染，增加死亡率。此病是鹅的一种新病，禽呼肠孤病毒有多种血清型，鹅毒株与鸡 S1133 毒株和 PR 毒株在抗原性有较大差异，并具有垂直传播等因素。种鹅防疫，应在产蛋前 15 天左右应用油乳剂灭活苗进行免疫，免疫后 15 天已产生较高抗体，一方面可消除垂直传播的危险，另一方面使其子代能够获得较高滴度的母源抗体，可免受早期感染。对免疫的种鹅，在 10 日龄左右用油乳剂灭活苗或灭活苗对雏鹅进行免疫。对未免疫的种鹅，在 7 日龄以内用油乳剂灭活苗或灭活苗对雏鹅进行免疫。紧急防疫，应用高免疫抗血清进行紧急注射，同时也可注射油苗或数天后注射灭活苗。病群防治，对出现临床症状的患病雏鹅可用高免血清进行治疗。但目前上述的油乳剂灭活苗、灭活苗和高免血清等生物制剂均没有批准厂家生产供应。

2. 中兽医分型及治疗　本病目前尚无中兽医辨证施治方面的准确报道。

七、传染性法氏囊病

传染性法氏囊病是由传染性氏囊病毒引起的雏鹅的一种急性、败血症传染病，本病主要以全身肌肉出血、法氏囊肿大与出血为主要特征。病鹅在病初拉出水样白色稀粪，肛门红肿，周围被粪便严重污染。病情严重者可见食欲不振，常呆立不动，行走不稳，并拉出带有黏性泡沫样的绿色稀粪，最后病鹅高度脱水，衰竭死亡。

（一）病原

传染性法氏囊病毒属于双 RNA 病毒科。病毒粒子为单层衣壳，衣壳由 32 个直径为 12 纳米的壳粒组成，无囊膜，呈二十面体立体对称结构。目前已知传染性法氏囊病毒有 2 个血清型，即Ⅰ型和Ⅱ型。两型病毒的抗原相关性小于 10%，因此相互交叉保护作用低。根据致病特征和抗原性的差异，血清Ⅰ型又可分为经典毒株（亦称标准血清Ⅰ型）、变异株（亦称亚型毒株）和超强毒株。

（二）诊断

1. 流行特点与临床症状　发病鹅群一般有 10% 左右发病率和 5% 左右死亡率。病鹅精神委顿，食欲大减，腹泻，站立不稳，有屈颈等神经症状。

2. 病理变化　法氏囊稍肿大，出血，呈紫葡萄状，并有坏死灶。肌肉，尤其是大腿和胸部出血。心内膜出血。肺淤血，肠道黏膜有出血斑。采集鹅法氏囊病料，经处理后接种 SPF 鸡胚，吸取死亡鸡胚的绒尿液在 SPF 鸡胚传 20 余代。用 SPF 鸡胚绒尿液毒接种 25 日龄 SPF 鸡，部分鸡发病后死亡。法氏囊肿大，法氏囊黏膜水肿，肌肉出血。用病鹅法氏囊制备的琼扩抗原与抗鸡法氏囊血清，以及人工感染鸡康复血清作琼扩试验均呈阳性反应。

3. 鉴别诊断　根据多脏器出血的病变，结合法氏囊肿大、出血，呈紫葡萄状的特征性病变以及有特征性病变法氏囊组织的琼扩试验，可以与其他感染性疫病相区别。

（三）防治

1. 西药预防及治疗

（1）为预防鹅法氏囊病的发生，不要将鹅、鸡混养，定期进行圈、舍消毒。

（2）一旦确诊为鹅法氏囊病的鹅群，可用鸡法氏囊高免卵黄抗体进行肌肉注射。

（3）为使鹅群尽快康复，可同时补饲多种维生素和在饮用水中加入口服补液盐。

2. 中兽医分型及治疗　本病按中兽医辨证属外感毒邪损伤

机体正气所致的气血虚损型外感热毒病证，治疗时宜补气健脾、滋阴清热、凉血解毒。目前报道的有效性施治方药有：

方一：金银花 30 克，黄芪 45 克，生地 45 克，黄芩、板蓝根、柴胡、大青叶、连翘、蒲公英和鱼腥草各 25 克，牡丹皮 20 克。

方二：黄芪 45 克，当归 30 克，板蓝根 30 克，大青叶、连翘、双花、川芎、柴胡、紫草和龙胆草各 25 克，甘草 20 克。

方三：板蓝根 60 克，黄芩、藿香各 25 克，黄柏、甘草、石膏、鱼腥草和金银花各 35 克，蒲公英 55 克。

服法：任选一方，粉碎、过筛、混匀，对于尚能吃食的病鹅按饲料的 4%～5% 加入饲料中；对于不进食的病鹅，任选一方，加水煮沸 5～10 分钟后过滤、取汁，按每只病鹅每天 4～5 克生药量分 3～4 次灌服。

第三节　细菌、真菌性疾病的中西医结合防治

一、巴氏杆菌病

鹅巴氏杆菌病，俗称禽霍乱或禽出血性败血症，是一种侵害鹅的接触性传染病。此病可由其他禽类，如鸭、鸡等传染给鹅。该病常为败血型，表现为鹅出现急性死亡，且死亡率高，可达到 50%～100%；也有可能为慢性型或良性经过，死亡率较低，约为 1%。但是群体内长期带菌，一旦出现抵抗力下降，鹅会反复感染。因此，该病可给养殖户造成一定的经济损失。

（一）病原

鹅巴氏杆菌病的病原为多杀性巴氏杆菌。此细菌为革兰氏阴性菌，无运动性、不形成芽孢的小杆菌，单个或成对，偶尔呈链状或丝状。在组织、血液和新分离的培养物中，经美蓝或瑞氏染色后菌体呈两极浓染。健康鹅的上呼吸道可能携带此菌，该菌存

在于患病鹅全身各组织、分泌物及排泄物中。本菌对物理和化学因素的抵抗力较弱，普通消毒剂对其都有良好的杀灭作用，但克辽林对其的消毒作用很差。

（二）诊断

1. 流行特点　该病主要多发生于青年期的鹅群和种鹅，但所有日龄均易感。一年四季都可发生，尤以夏、秋季节多发。鹅可通过呼吸道、消化道的黏膜及损伤的皮肤感染多杀性巴氏杆菌。在饲养管理条件尤其卫生条件恶劣时，可使本病在鹅群中持续感染和发病，主要呈地方流行性。

2. 临床症状　巴氏杆菌自然感染鹅时潜伏期为 2～9 天，在流行初期主要表现为急性型，一般在死前几小时才能观察到症状，通常多表现为鹅在夜间突然死亡。常见的症状有：眼结膜充血、发热、厌食、羽毛粗乱、口腔流出黏液性液体、腹泻和呼吸加快。临死前常有发绀的现象，以冠和肉髯最为明显。腹泻时最初拉白色水样粪便，稍后即为略带绿色并含有黏液的稀粪。耐过初期急性败血症的幸存鹅随后可能死于恶病质和脱水，亦可能转为慢性感染，也可能康复。慢性型禽霍乱可由急性病例转化而来，也可由低毒力菌株的感染导致。临床上主要表现为局部感染，肉髯、鼻窦、腿或翅关节等通常出现肿胀，也可见渗出性结膜炎，呼吸道感染可致气管啰音和呼吸困难。慢性型病鹅可能死亡或长期保持感染状态或康复，但是生长、增重甚至产蛋长期不能恢复。

3. 病理变化　禽霍乱的病变不固定，多因病程长短不同或严重程度不同，其大体病变有较大的差异。分为急性型和慢性型。急性型表现浆膜有小点状出血，心外膜和心冠脂肪有出血点，肝脏表面有很细微的黄白色坏死灶（彩图 4 和彩图 5）。大部分病鹅的肺呈多发性肺炎，有气肿和出血，鼻腔黏膜充血或出血。肝脏肿大，质地较脆呈黄棕色，主要典型的病变为肝表面有针尖状出血点和白色坏死点。有的肝脏发生脂肪变性和局部坏死。脾脏、肾脏出血，肿大。肌胃出血显著。肠道以小肠前段和大肠黏膜充血和出血最严重。十二指肠呈卡他性出血性肠炎，肠系膜出血，肠内容物混有血液，小肠后段和盲肠较轻。气囊和肠管表面有干酪样渗出物。慢性型主要表现为关节面粗糙，附着有黄色的干酪样物质或红色的肉芽组织，关节囊增厚，内含有红色或灰黄色的浆液。

4. 鉴别诊断 本病与大肠杆菌病、鹅副黏病毒病和禽流感有相似之处，在诊断时应注意区别。大肠杆菌病与巴氏杆菌病都由细菌感染引起。相比较而言，大肠杆菌会感染任何年龄的鹅群，临床症状和病理变化较多变；然而，巴氏杆菌病主要多发生于青年期的鹅群和种鹅，初次发生多以急性型为主，出现典型的病理变化。鹅副黏病毒病在病理变化上如肝和脾脏肿大，有较多白色坏死点，与巴氏杆菌病相似；但是对于鹅副黏病毒病的主要典型病理变化是肠道内有较多糠麸样溃疡。与禽流感的区别是，一般禽流感死亡也多是急性死亡，剖检后，病理变化比较复杂，虽然急性鹅巴氏杆菌感染后，无明显临床症状，突然死亡，但是可见心外膜和心冠脂肪有出血点，肝脏表面有很细微的黄白色坏死灶。

（三）防治

1. 管理措施 鹅巴氏杆菌病，是一种侵害鹅的接触性传染病。此病可由其他禽类，如鸭、鸡等传染给鹅。饲养鹅群的周围不能再饲养其他禽类。平时注意鹅的饲养管理，避免鹅群拥挤和受凉，消除可能降低机体抗病力的因素。

2. 免疫接种 在市场上有禽霍乱弱毒苗和禽霍乱油乳剂苗2种疫苗，前者免疫保护期为3个月，后者约为6个月。由于多杀性巴氏杆菌有多种血清群，各血清群之间不能产生完全的交叉保护；因此，选用的疫苗最好应针对当地常见的血清群，选用来自同一鹅群的相同血清群菌株的疫苗进行预防接种，否则免疫效果不好。禽霍乱油乳剂苗用法和用量：每只鹅颈部或翅膀内侧皮下注射 1～2 毫升，适用于 3 月龄以上的鹅。接种 14～20 天后可产生免疫力，免疫期为 6 个月。注意事项：①被注射的鹅必须健康。如鹅体瘦弱、有病或精神委顿时，均不能注射，特别是在有鹅传染病流行的地区注射本苗时，更应慎重。②注射前应对疫苗仔细检查。如有破瓶、封口不严，疫苗外漏，瓶签印字不清，以及瓶内有杂质异物和过期失效的，均不得使用。③注射器，针头要严格消毒。注射 1 只鹅要换 1 个针头。④注射前应充分振摇，用碘酒消毒瓶塞顶部。如当日用不完时，要严格消毒并封闭塞上的针眼，放入冰箱内保存，以备次日再用。⑤注射部位应用碘酒或 75% 酒精消毒。⑥因本苗黏稠，在吸取疫苗和注射时动作要慢，宜选用较粗的针头。

3. 药物控制　一旦发病，应及早隔离治疗，加强环境卫生，严格执行卫生消毒制度。周边环境用 2% 的氢氧化钠溶液消毒，被污染的器具也必须按照要求严格消毒。病死鹅必须进行无害化处理后深埋。

（1）西药治疗　发病鹅可选用链霉素治疗，每千克体重 3 万～5 万单位，用蒸馏水稀释注射，每日 1 次，连用 2～3 天。青霉素、卡那霉素和磺胺类等广谱抗生素均有较好的疗效。肉鹅在屠宰前 1 个月应停用抗生素。

（2）中药治疗　本病属外感瘟病，治疗时宜清热解毒。

方一：白头翁 60 克，连翘 20 克，黄连、黄柏和金银花各 40 克，雄黄 4 克。共为细末（雄黄先研细），充分混匀，日食中添加 4%，或每天按每千克体重 3 克拌料给药。

方二：生地 45 克，茵陈、半枝连和大青叶各 30 克，白花蛇舌草 60 克，藿香、当归、车前子、赤芍和甘草各 15 克。按每天每千克体重 5～6 克，水煎取汁，分 3～4 次饮服。

二、大肠杆菌病

鹅大肠杆菌病，是由致病性埃希氏大肠杆菌所引起的局部或全身性感染的疾病，不同品种和日龄的鹅均可发病，但仔鹅最易感，在临床上主要表现为大肠杆菌性败血症、纤维素性气囊炎、肝周炎、心包炎和腹膜炎。对于成年鹅患大肠杆菌病多表现为卵黄性腹膜炎，俗称"鹅蛋子瘟病"。近几年，随着养鹅业的发展，鹅大肠杆菌病也有逐年上升的趋势，给养鹅业带来一定的经济损失。

（一）病原

鹅大肠杆菌病的病原为多种血清型的埃希氏大肠杆菌。此细菌为革兰氏阴性、不形成芽孢的杆菌，许多菌株可运动、菌体周身有鞭毛。鹅大肠杆菌血清型较多。大肠杆菌对外界环境有中等抵抗力，可在室温条件下生存数周，在土壤和水中生存可达数月，对低温有一定的抵抗力，但对高温的抵抗力较弱，一般60℃加热15分钟即可被杀死，在干燥环境下也容易死亡。对化学消毒药品都比较敏感，如5％～10％的漂白粉、3％来苏儿或5％石炭酸等。但是由于用药过多，大肠杆菌的耐药性较强。

（二）诊断

1. 流行特点　各种血清型的大肠杆菌是鹅肠道内的正常定居菌群，大量存在于粪便中，鹅可通过直接或间接接触粪便而传播此病。病禽和带菌者是本病菌的主要传染源，致病性大肠杆菌通过粪便排出，散布于环境中，污染水源、饲料，并通过呼吸道或消化道感染健康鹅群；或病菌经过入孵种蛋的裂隙使胚胎发生感染。此病一年四季均可发生，各种日龄的鹅都可能感染。一般来说，在每年的11月份到第二年的5月份雏鹅发病较多。在这时期，有时气温突然下降，育雏时期如果未对雏鹅及时采取保温措施,则雏鹅容易感染;雏鹅抵抗力低下时易于感染;开产后公、母鹅也易感染。大型集约化养殖场鹅群密度过大、温度过低、通风换气不良、饲养用具及环境消毒不彻底或循环套养,是加速本病流行不容忽视的因素。值得注意的是循环套养是较多养殖场鹅群发生纤维素性气囊炎的主要原因。

2. 临床症状 鹅大肠杆菌病在临床上有多种表现:大肠杆菌性败血症、纤维素性气囊炎、脐炎和腹膜炎。成年鹅患大肠杆菌病多表现为卵黄性腹膜炎,俗称"鹅蛋子瘟病"。

(1)大肠杆菌性败血症 该类型多出现于新生雏鹅孵化后48小时内。2周内死亡率最高。成年鹅偶尔暴发,死亡为突发性的。

(2)纤维素性气囊炎 此病多发于10～15日龄以上的鹅,表现为消瘦、腹泻,以拉白色粪便或绿色粪便为主,出现呼吸道症状,甩头,鼻腔流出黏液。

(3)卵黄性腹膜炎 对于成年鹅患大肠杆菌病多表现为卵黄性腹膜炎,俗称"鹅蛋子瘟病"。该病一年四季均可发生,是开产后公、母鹅的常见传染病。此病能成批发病,一旦发病其发病率常高达35%～40%,病死率70%～100%。当鹅抵抗力降低、气温突变或大肠杆菌侵入肠道以外的组织器官时即引起感染。粪便污染是主要的传播方式。被污染了的江、河、尘土、饲料和工具等都是传染源。鹅群在污染的水中寻食、交配时很容易将病原传入生殖道和消化道;特别是春季、初夏和秋、冬换季时,气候暖和,水温适宜,此时正是母鹅的产卵旺季,公、母鹅交配频繁,生殖道感染机会增加。如这时生殖道有寄生虫感染,就易促发本病,所以,产蛋高峰季节的公、母鹅多发生本病。病鹅主要表现为精神委顿、减食或食欲废绝,行走缓慢,常蹲伏地上,不愿下水或漂浮于水面,离群落伍,触摸腹部有疼痛反应,产蛋明显减少或停止,也常见产软壳蛋;有的病鹅从泄殖腔排出蛋白和卵黄,肛门周围亦常被污染结成硬块;部分公鹅外生殖器上出现红肿、溃疡和坏死结痂，病程 3～7 天；病鹅常因严重脱水、消瘦和心力衰竭而死亡。

（4）全眼球炎　发病鹅表现精神委顿，缩颈闭眼，食欲减少，口渴，饮水增加。眼睑肿胀，一侧或两侧下方出现绿豆大的红色肿块，肿块逐渐向四周扩散，以至整个头部。由于肿块扩散，使眼睛呈强迫性闭合，出现怕光、流泪。重病者发生下痢，排出绿白色稀便。后期精神萎靡、呆立嗜睡、食欲废绝，极度衰竭，个别病鹅出现头部侧歪，最后抽搐而死。

3. 病理变化

（1）大肠杆菌性败血症　该类型多发生于孵化后 48 小时内的新生雏鹅。2 周内死亡率最高。成年鹅偶尔暴发，死亡为突发性的。主要以多器官出血性炎症病变为特征。

（2）纤维素性气囊炎　气囊增厚，表面有纤维素性渗出物覆盖，呈灰白色或黄色，心包膜和肝被膜上附有纤维素性假膜，心脏与心包膜粘连或心包液增量、混浊（彩图 6），肝、脾肿大，密布白色坏死点。

（3）卵黄性腹膜炎（鹅蛋子瘟病）　公鹅主要是生殖器局部病变。母鹅输卵管黏膜发炎，并有轻微腹膜炎，卵巢中不少卵子有变形、变质和色泽变化；较大的卵黄色膜松弛，内容物凝固，不少卵子破裂，卵黄积于腹腔，整个腹腔有腥臭气味；肠浆膜显黄色，有卡他性出血性炎性病变（彩图 7）。

（4）全眼球炎　眼睑肿胀，一侧或两侧下方出现绿豆大的红色肿块，肿块逐渐向四周扩散至整个头部。由于肿块扩散，使眼睛呈强迫性闭合，出现怕光、流泪。眼结膜内有炎性干酪物质，角膜混浊，有时一侧或两侧眼睛失明。后期精神萎靡、呆立嗜睡、食欲废绝，极度衰竭。病程后期，个别病鹅出现头部侧歪，抽搐而死。剖检眼结膜充血、水肿，头部肿胀，皮下水肿、出血，并有大量炎性黄色或带血胶冻样渗出物；心包膜增厚，心包内积留豆腐渣样渗出物；肝脏肿大、淤血、质脆易碎，有白色纤维膜覆盖；气囊增厚、混浊，肾脏肿大，小肠、直肠黏膜充血、出血。

4. **鉴别诊断** 本病应与沙门氏菌病相区别，鹅大肠杆菌病的两种表现型大肠杆菌性败血症和卵黄性腹膜炎在临床上难与雏鹅沙门氏菌病相区别，但后者病死雏鹅的肝多呈古铜色。

（三）防治

1. **重点在于预防** 在引进雏鹅之前，养殖场地要做到彻底的清扫和消毒；鹅进舍后，要做好保温工作，避免应激，先饮水后开食；垫草及时清除，要保持干燥，切忌用后晒干再用；鹅舍也要维持一定的湿度，防止灰尘过多。多采用全进全出的模式养殖，尽量避免循环套养的方式，这种方式随着养殖批量的增加，大肠杆菌病越来越严重。对于产蛋母鹅来说，在产卵旺季，公、母鹅交配频繁，生殖道感染机会大增，要及时对公、母鹅进行检查，如有发病，要单独治疗或淘汰。同时可选用商品化的鹅蛋子瘟疫苗进行防疫，一般于开产前 15 天免疫接种，具体方法见疫苗的说明书。但由于大肠杆菌血清型多样性的特点，易导致疫苗保护性的不一致。

2. **药物控制**

（1）**西药治疗** 发病雏鹅可用链霉素治疗，请参考鹅巴氏杆菌病的用法；亦可先用卡那霉素和新霉素等药物治疗。肉鹅在屠宰前 1 个月应停用抗生素。

（2）**中药治疗** 本病属外感湿毒瘟病，治疗时宜清热解毒，凉血止痢。

方一：市售白龙散（中华人民共和国兽药典 2005 年版，430页）：白头翁 600 克，龙胆 300 克，黄连 100 克。共为细末，充分混匀，日食中添加 3%；或每天按每千克体重 2～3 克拌料给药。

方二：市售四黄止痢颗粒（中华人民共和国兽药典 2005 年

版，428页），每1升水中加入本品0.5～1克，混饮给药。

方三：市售白头翁散（中华人民共和国兽药典2010年版590页），日粮中每天添加2%，或每天按每千克体重1～2克拌料给药。

三、沙门氏菌病

鹅沙门氏菌病，是由沙门氏菌属细菌引起的疾病的总称。该病常为败血型和肠炎型。此病可由其他禽类，如鸭、鸡等传染给鹅。此病广泛存在，对家禽的饲养产生极大的危害，影响养殖业的经济效益；同时，沙门氏菌的许多血清型能感染人类，发生食物中毒和败血症等，是重要的人兽共患病原体。

（一）病原

鹅沙门氏菌病的病原为沙门氏菌。此细菌为革兰氏阴性菌，无运动性、不形成芽孢的小杆菌，单个或成对，偶尔呈链状或丝状。该病原也具有多种血清型。本菌对干燥、腐败和日光等因素有一定的抵抗力，可在外界环境下生存数周或数月，对化学消毒剂的抵抗力不强，一般常用消毒剂和消毒方法均能达到消毒目的。此菌耐药性也较普遍。

（二）诊断

1. 流行特点　各种年龄的鹅均可感染，但幼年鹅较成年鹅易感。病鹅和带菌鹅是本病的主要传染源，由粪便污染水源和饲料等，经消化道感染，也可通过带菌卵而传播。带菌卵有时来自康复或带菌母鹅所产的卵，有的是健康卵污染病菌后，通过卵壳而成为感染卵。染菌卵孵化时，有的形成死胚，有的孵出病雏鹅。与病雏鹅共同饲养的健康鹅可通过消化道、呼吸道或眼结膜而受感染。

2. 临床症状　病雏鹅表现食欲废绝、口渴、渴欲增加，嗜睡呆钝、畏寒、垂头闭眼、两翅下垂羽毛松乱、颤抖；下痢，疾病初期粪便呈稀粥样，后期变为水样；肛门周围有粪便污染，粪便干固后常阻塞肛门导致排便困难；眼结膜发炎、流泪、眼睑水肿；从鼻腔流出黏液性分泌物；身体衰弱、腿软、不愿走动或行走迟缓，痉挛抽搐，突然倒地，头向后仰，或出现间歇性痉挛，持续数分钟后死亡。成年鹅感染后常无临床症状，产蛋鹅的产蛋量与受精率均降低。

3. **病理变化** 剖检病死雏鹅，可见肝肿大，呈古铜色，表现常有灰白色或灰黄色坏死灶；胆囊肿胀，充满黏稠的胆汁；脾脏肿大、色暗淡；心包炎或心肌有坏死结节；盲肠肿胀，内有干酪样团块，小肠后段和直肠肿胀；有的病死雏鹅气囊混浊，常附有黄色纤维素性团块；肾脏色淡，肾小管内有尿酸盐沉积，输尿管扩张，管内亦有尿酸盐；个别病鹅腿部关节炎性肿胀。

成年母鹅最常见的病变为卵子变性，变色，呈囊状，部分病鹅出现腹膜炎、泄殖腔炎（彩图8）。

4. **鉴别诊断** 与大肠杆菌病的区别参见大肠杆菌病的鉴别诊断。

（三）防治

1. 由于沙门氏菌可垂直传播，所以对种鹅要求健康无病。孵化中要注意严格消毒种蛋和孵化器，对小鹅应注意温度、湿度和通风等条件。在雏鹅饲养的前3天应注意在饲料或饮用水中添加抗菌药物进行预防。

2. **西药防治** 发病鹅群立刻投服抗菌药物治疗。

（1）**氟哌酸** 按每千克饲料中加入50～100毫克拌料喂3～5天；或每升水中加入20～40毫克，饮水3～5天。

（2）**环丙沙星** 每升水中加入50毫克，饮水3～5天。

（3）**恩诺沙星** 按每千克饲料中加入100毫克拌料喂3～5天；或每升水中加入50毫克，饮水3～5天。

(4) 氧氟沙星　每升水中加入 250~500 毫克,饮水 3~5 天。

治疗时,沙门氏菌易产生耐药性,应注意交替给药。肉鹅在屠宰前 1 周应停用抗生素。

3. 中药防治　本病属外感湿毒瘟病,治疗时宜清热解毒、凉血止痢。方药可参考大肠杆菌病的中药治疗;也可选用市售七清败毒颗粒(中华人民共和国兽药典 2010 年版 559 页),每升水中加入本品 3~4 克,混饮给药。

四、链球菌病

鹅链球菌病,包括急性败血症和慢性感染两种,死亡率在 0.5%~50%不等。常见兽疫链球菌感染引起的急性败血症,随着病程发展,败血性链球菌感染转变成亚急性或慢性阶段时就会发生心内膜炎。此病可由其他禽类,如鸭、鸡等传染给鹅。该病常为败血型,表现为鹅出现急性死亡;有时可转为慢性型。

(一) 病原

鹅链球菌病的病原为链球菌。此细菌为革兰氏阳性球菌,无运动性、不形成芽孢的、单个成对或呈短链存在。链球菌对热和普通消毒药抵抗力不强,60℃加热 30 分钟后可以被杀死,常用的消毒剂,如 2‰石炭酸和 1‰煤酚皂液 3~5 分钟后可杀死该病菌。链球菌在日光直射 2 小时可死亡。

(二) 诊断

1. 流行特点　链球菌可感染各种年龄的鹅群,主要通过口腔和气囊传播,也可通过皮肤伤口传播。

2. 临床症状　病鹅精神沉郁、食欲减退、有的废绝,羽毛松乱,消瘦、嗜睡,两翅轻瘫,嘴触地、驱赶不起、强行驱赶步态蹒跚、共济失调,排绿色或灰白色稀便,口腔内有黏液。急性病鹅几小时内死亡，病程短者 1～2 天死亡。

3. **病理变化**　剖检可见肝脏肿大、淤血呈紫黑色、有出血斑点，肝质地脆弱，切面结构模糊不清、胆囊胀满、胆汁外溢、脾脏肿大，表面可见局灶性密集的小出血点或出血斑。肾脏肿大、出血，胃肠充盈黄绿色液体，肠黏膜呈卡他性炎症。心包腔内有淡黄色液体，心冠脂肪、心内膜和心外膜出血，并有小出血点。慢性病鹅心瓣膜上有赘生物，胸腔内有纤维素渗出物，黏膜出血，喉头有出血点，卵黄吸收不全（彩图 9 和彩图 10）。

4. **鉴别诊断**　鉴别诊断时注意与其他细菌性疾病相区别。在幼鹅中出现败血性疾病时要与葡萄球菌病、大肠杆菌病相区别，在成年时期患病时要与葡萄球菌病和巴氏杆菌病相区别。

（三）防治

链球菌分布广泛，常以正常菌和致病菌共同生活在环境和动物体内，如果饲养管理不当，环境卫生差，夏季气候炎热、干燥，冬季寒冷、潮湿等原因都会诱使鹅群暴发此病，因此，对本病的防治需减少应激反应和预防免疫。常规的卫生消毒能减少暴露于环境中的链球菌。

1. **西药治疗**　鹅群发生此病时可选用青霉素治疗，注射量为每次每千克体重 3 万～5 万单位，用蒸馏水稀释注射，每日 3～4 次，连用 2～3 天，有显著疗效。

2. **中药治疗**　本病属外感瘟病，治疗时宜清热解毒。方药可参考巴氏杆菌病的中药治疗。

五、葡萄球菌病

鹅葡萄球菌病，由金黄色葡萄球菌引起鹅坏疽性皮炎、败血病和脐炎，或化脓性关节炎。此病可由其他禽类，如鸭、鸡等传染给鹅。

（一）病原

鹅葡萄球菌病的病原为葡萄球菌。此菌呈葡萄串状排列的革兰氏阳性菌，无运动性。葡萄球菌对外界环境的抵抗力较强，在环境中能存活几个月，80℃加热 30 分钟才能将其杀死。

（二）诊断

1. 流行特点　葡萄球菌是皮肤和黏膜的正常菌系。在鹅孵化、饲养或加工环境中常见的大多数葡萄球菌是正常菌群，仅有少量的葡萄球菌，如金黄色葡萄球菌有潜在的致病性，可通过皮肤或黏膜进入机体而引起疾病。

2. 临床症状　鹅葡萄球菌病有多种表现形式，如败血症、脐炎、化脓性关节炎及坏疽性皮炎。10 日龄以内的幼鹅易患败血病和脐炎，临床上常不表现明显症状而突然死亡。成年鹅感染葡萄球菌后多为化脓性关节炎或由于外伤导致坏疽性皮炎，关节炎的早期临床症状包括羽毛粗乱，一条或两条腿跛行，一侧翅膀或双翅下垂，不愿行走，发热；随后极度沉郁和死亡。急性耐过的病鹅关节肿大，跗关节或膝部蹲坐，不愿或不能站立，抵抗力差的鹅群死亡率增高。坏疽性皮炎主要表现病鹅逐渐消瘦，体表翅下、脊背等处出现充血、溃烂等现象。

3. 病理变化　败血性葡萄球菌感染的病变为许多内脏器官，如肝脏、脾、肾和肺等坏死和血管充血。坏疽性皮炎症状是皮下出现黑色湿润区。化脓性关节炎的病变表现为受侵害的关节肿大并充满炎性渗出物，进而可从临近的骨骺部扩展发生感染。

4. 鉴别诊断　注意与大肠杆菌、多杀性巴氏杆菌和沙门氏菌引起的关节感染和败血症相区别。

（三）防治

葡萄球菌是皮肤和黏膜的正常菌系，是鹅孵化、饲养或加工环境中常见的微生物。大多数葡萄球菌是正常菌群，仅有少量的葡萄球菌，如金黄色葡萄球菌有潜在的致病性，可通过皮肤或黏膜进入机体引起疾病。因此，减少引起鹅体表损害的措施都有助预防葡萄球菌病。创伤是金黄色葡萄球菌侵入机体的门户，消除饲养环境中可引起创伤的尖锐物质，减少创伤的发生，有助预防本病。

1. 西药治疗　鹅群发生此病时，全群可采取在每千克饲料中加入 50～100 毫克氟哌酸拌料或每升水中加入 50 毫克环丙沙星饮水给药 3～5 天；并将病鹅隔离，逐只肌肉注射青霉素，注射剂量为每千克体重 3 万～5 万单位，每日 3～4 次，连用 2～3 天，有显著疗效。肉鹅在屠宰前 1 周应停药。

2. 中药治疗　本病属外感瘟病，治疗时宜清热解毒。方药可参考巴氏杆菌病的中药治疗。

六、李氏杆菌病

鹅李氏杆菌病是一种散发性传染病，主要表现为坏死性肝炎和心肌炎，有的还可出现单核细胞增多。此病比较少见，只有少数发病，但病死率高。如果人食用污染有李氏杆菌的鹅肉而感染时危害极大。

（一）病原

鹅李氏杆菌病的病原是产单核细胞李氏杆菌。此细菌为革兰氏阳性的小杆菌。该菌不耐酸，对食盐和热的耐受性强。常规巴氏消毒法不能将其杀灭，65℃经 30～40 分钟才被杀灭，但一般消毒药都易使之灭活。

（二）诊断

1. 流行特点　本病为散发性，一般只有少数发病，但病死率高。各种年龄的鹅都可感染，以幼龄鹅较易感染，发病较急。

病鹅和带菌鹅是本病的传染源。由粪便污染饲料与水。自然感染可能是通过消化道、呼吸道、眼结膜以及皮肤损伤，饲料与水可能是主要的传染媒介。

2. 临床症状　自然感染的潜伏期 2～3 周。临床表现以败血症为主，出现精神沉郁、停食、下痢，短时间内死亡。病程较长的可能有痉挛、斜颈等神经症状。

3. 病理变化　心肌和肝脏有小坏死灶或广泛坏死，脾肿大，前胃有淤斑。

4. 鉴别诊断　本病应注意与其他表现神经症状的疾病，如鹅副黏病毒病、链球菌病等相区别。

（三）防治

平时须驱除鼠类和其他啮齿动物，驱除外寄生虫，不要从有病地区引入种鹅。发病时应实施隔离、消毒、治疗等一般防疫措施。

1. 西药治疗　鹅群发生此病时，全群可采取在每千克饲料中加入 100～150 毫克复方磺胺氯哒嗪钠拌料给药 3～5 天；并将病鹅隔离，逐只肌肉注射青霉素，注射剂量为每千克体重 3 万～5 万单位，每日 3～4 次，连用 2～3 天，有一定疗效。肉鹅在屠宰前 1 周应停药。

2. 中药治疗　本病属外感瘟病，治疗时宜清热解毒。方药可参考巴氏杆菌病的中药治疗。

七、螺旋体病

鹅螺旋体病是由鹅疏螺旋体引起的急性败血症，可由蜱传播，非复发性。其特点为发病率不一，死亡率高。

（一）病原

鹅螺旋体病的病原为鹅疏螺旋体，此细菌为革兰氏阴性菌，螺旋状。该病原体在宿主体外抵抗力弱，对一般消毒药及青霉素等敏感。

（二）诊断

根据蜱咬病史和特征性的症状病变，可以对本病作出初步诊断。

1. 流行特点　鹅螺旋体病主要发生于亚热带和热带地区，与蜱分布有关。该蜱既是贮存宿主，也是主要传播媒介。

2. 临床症状　病鹅表现为虚弱、冠发绀或苍白、羽毛蓬乱、脱水、萎靡和厌食。感染后体温迅速升高，体重降低。病鹅排液体状绿色稀粪，内含胆汁和过多尿酸，饮水量增加。疾病后期，病鹅局部或全身麻痹，发展为贫血症、昏睡。死前体温低于正常。患病鹅康复后表现为消瘦、体虚，一侧或两侧翅或腿麻痹。

3. 病理变化　病鹅出现典型病变，脾明显肿大，呈斑驳状出血和坏死灶。肝肿大，有针尖大小的出血点，或边缘梗死。肾肿大，灰白色，输尿管有过多的尿酸盐。肠内容物常为绿色、黏液样，小肠有不同程度的出血。尤其在腺胃与肌胃交界处有出血。

4. 鉴别诊断　注意与鹅呼肠孤病毒感染所引起的肝脾肿大病相区别。

（三）防治

蜱是本病的传播者，平时应做好灭蜱工作。可用 0.002 5%～0.005% 的溴氰酸菊酯溶液喷雾杀虫，也可用 0.5% 的马拉硫磷水溶液喷洒鹅舍及墙壁缝隙。对于发病的鹅应隔离治疗或淘汰，病死鹅和粪便应作无害化处理。

1. 西药治疗　病鹅肌肉注射青霉素，注射量为每千克体重 3 万～5 万单位，每日 3～4 次，连用 2～3 天，有较好的疗效。

2. 中药治疗　本病属外感瘟病，治疗时宜清热解毒。然而，有效的治疗方药未见报道。

八、肉毒梭菌中毒症

鹅肉毒梭菌中毒症是由于吸收肉毒梭菌毒素而发生的一种中毒性疾病，以运动神经麻痹的症状为特征。

（一）病原

肉毒梭菌广泛分布于自然界。土壤为其自然居留场所，常存在于动物肠道内容物、粪便、腐败尸体、饲料和各种植物中，在动物尸体、肉类、饲料和罐头食品内繁殖时产生毒素。

（二）诊断

1. 流行特点　鹅群发病主要由于摄食腐败尸体、腐烂草料而引起。

2. 临床症状　鹅摄食含肉毒梭菌毒素后，一般在 4~20 小时发作。主要表现颈部肌肉麻痹，头颈软弱无力，向前低垂。翅部、腿部肌肉麻痹，翅膀下垂，行动困难。病鹅羽毛松乱，容易脱落，闭目瞌睡，处于昏迷状态。最终呼吸困难，窒息死亡。一般经数小时至 4~5 天死亡。有些病鹅仅表现共济失调等症状，最后死亡。中毒很轻的病鹅可以康复。

3. 病理变化　病死鹅剖检病理变化不明显，仅可见肠道黏膜有一定程度的充血、出血。

4. 鉴别诊断　本病临床症状与许多细菌/病毒感染性高热病症患鹅有类似的肌肉麻痹、软弱无力的症状，但本病无发热症状，可以区分。

（三）防治

预防须注意在鹅群放养的地方避免有腐败的动物尸体和草

料。一旦发病无特效药物治疗。

中药治疗：对于病症较轻的病鹅可灌服适量的甘草绿豆汤；针刺蹼脉穴，扎针时将脚掌对光，看清血管，用小圆利针或毫针点刺出血。

九、曲霉菌病（霉菌性疾病）

鹅曲霉菌病是由曲霉菌属的真菌引起的多种禽类和哺乳动物（包括人类）的疾病，以雏鹅受感染时危害严重，常呈急性暴发，导致大批发病和死亡。

（一）病原

鹅曲霉菌病的病原主要为曲霉菌属中的烟曲霉、黄曲霉等，本菌为需氧菌，在室温和 $37 \sim 45℃$ 均能生长。在一般霉菌培养基，如马铃薯培养基和其他糖类培养基上等均可生长。曲霉菌的孢子抵抗力很强，煮沸后 5 分钟才能被杀死。常用的消毒剂有：5%甲醛、石炭酸、过氧乙酸和含氯消毒剂。曲霉菌能产生毒素，可使动物痉挛、麻痹、致死和组织坏死等。

（二）诊断

1. 流行特点 曲霉菌的孢子广泛分布于自然界，鹅常因接触发霉饲料和垫料经呼吸道或消化道感染。主要以幼鹅最易感染，常为急性和群发性发病。饲养环境卫生状况恶劣，空气潮湿、温暖造成霉菌大量繁殖，是促使本病发生的重要原因。在幼鹅育雏时期，室内温度较高，再加上湿度过高很易造成霉菌大量繁殖，引起幼鹅发病。

2. 临床症状 感染初期病雏鹅表现呼吸困难：张口呼吸，伸颈喘气，呼吸急促，轻度啰音。精神委顿，食欲减退，喝水增多。后期两腿麻痹，不能站立。腹泻，拉白色水样粪便，很快消瘦死亡。

3. **病理变化** 取濒死及死亡不久的雏鹅剖检，最典型病变是在肺和气囊。肺脏充血，组织内布满针尖大小的灰白色或者灰黄色结节（彩图 11）。严重的结膜苍白，口腔和咽部有大量黏稠的液体；颈部皮下有小米粒大小的黄白色结节。肝脏稍肿大，有的肝脏上有米粒大至黄豆大的淡黄色结节。胆囊充满油样胆汁。肾表面散在有出血点。肠黏膜充血，胸腹部气囊、胸腹腔浆膜、心外膜密布有粟粒大到绿豆大的结节，且结节呈球形，易剥离，其质地坚硬似软骨，切面呈均质干酪样（彩图 12）。个别病鹅的整个肺脏成为黄白色干酪样物质，切面可见大小不同的圆形淡黄色结节。对病变肺脏作组织学检查，见病变区肺组织发生严重实变，结节中心为干酪样坏死区，坏死灶内含有大量的、呈现不同切面的菌丝体，坏死灶外周为一层细胞性肉芽组织。

4. **鉴别诊断** 本病临床症状要注意与大肠杆菌等细菌感染引起的呼吸道症状相区别，一般通过剖检和观察可以进行区分：大肠杆菌等引起的炎性病变质地较软，而曲霉菌形成的病变是较为规则的圆形结节，质地较硬。

（三）防治

1. 为了防制本病，育雏前要对育雏室进行熏蒸消毒，进雏后要注意卫生消毒，保持养殖场地通风干燥，避免场地、用具、垫料和饲料发霉。

2. **西药治疗** 对发病鹅可采用制霉菌素治疗。幼鹅每天 1 万～2 万单位/只，中、成年鹅每天 5 万～10 万单位/只，连用 3～5 天；或用 0.3%～0.5%硫酸铜溶液饮水，连用 3～5 天，亦有一定疗效。

3. **中药治疗** 对发病病鹅可灌服荷叶绿豆汤（干荷叶 100 克和绿豆 500 克，熬汤适量，供 100 只雏鹅 1 天服完）；针刺翼脉穴（位于翅膀内侧，桡骨与尺骨间的血管上），以毫针或小圆

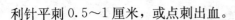

利针平刺 0.5～1 厘米，或点刺出血。

十、口疮（霉菌性疾病）

鹅口疮又名念珠菌病、消化道真菌病，是发生在消化道上部的一种霉菌性传染病，其特征为口腔、喉头和食道等部位的黏膜形成假膜和溃疡。本病除发生于鹅、鸡、鸭和火鸡等禽类外，哺乳动物和人也会感染并发病。

（一）病原

鹅口疮的病原是白色念球菌，此菌在自然界广泛存在，在健康的畜禽及人的口腔、上呼吸道和肠道等处寄居。本菌为类酵母菌，在病变组织及普通培养基中皆产生芽生孢子及假菌丝。出芽细胞呈卵圆形，似酵母细胞状，革兰氏染色阳性。

（二）诊断

1. 流行特点　饲养管理条件不好，机体抵抗力较弱等因素，均可诱发本病。多数情况下，4 周龄以内的雏鹅易感染发病，且死亡率也较高。消化道黏膜如有损伤以及过多地使用抗菌药物而引起消化道正常菌群紊乱，都可引起本病的发生。此外，本病也可通过蛋壳感染。

2. 临床症状　患病后，病鹅精神沉郁，闭目呆立，不愿走动，羽毛蓬乱。呼吸困难，时而发出咕咕声，叫声嘶哑，口腔黏膜上常形成黄色、干酪样的口疮，吞咽困难，影响采食，生长不良。

3. 病理变化　剖检病鹅可见病死鹅形体消瘦；口腔、咽和食道有灰白色溃疡状的斑块，口腔黏膜上的病变呈黄色、豆腐样；食道膨大部黏膜增厚，表面有易剥离的坏死物；腺胃黏膜肿胀、出血，有渗出性的坏死物。

4. 鉴别诊断

（三）防治

1. 预防

（1）本病与环境卫生条件不良有关，因此，预防的关键是注意改善环境卫生，尤其是在暑伏天气里，饲料易发霉变质，一定要加强环境消毒，坚决不喂霉变饲料；加强饲养管理，保证鹅群有良好的体况，以增强机体的抗病力。

（2）科学、合理地使用抗菌药物，避免滥用、乱用而影响消化道正常的细菌区系。

（3）种蛋入孵前，要用消毒药液浸洗消毒。

2. 治疗　如果仅有少量的病鹅，应立即隔离。将病鹅口腔假膜刮去，涂制霉菌素甘油液（10 毫升甘油中加入 1 片研为细末的制霉菌素并搅匀）或碘甘油治疗。大群发病，全群治疗时可在每千克饲料中添加制霉菌素 50～100 毫克，连喂 1～3 周。

中药治疗：未见有效治疗方药报道。

第四节　寄生虫病的中西医结合防治

由于目前国内养鹅基本以规模化、集约化的方式为主，所以在寄生虫病的防治上，一般都选用广谱高效的抗寄生虫药。应用时只需注意做到定时集中给药，避免药物对环境、水体等的污染；肉鹅上市前 1 月停药便可。由于几乎没有养殖企业选用中兽药来防治鹅的寄生虫病；因此，本节不再书写有关中兽药防治寄生虫病方面的内容。

一、前殖吸虫病

鹅前殖吸虫病是由前殖吸虫引起的危害产蛋鹅的一种寄生虫病。其虫体主要寄生于鹅的直肠、腔上囊、泄殖腔和输卵管，严重者会继发卵黄性腹膜炎而死亡。本病分布广泛，国内许多省、市、自治区均有报道，尤以华东和华南地区多见。目前已知的前殖吸虫中常见的有 6 种，即卵圆前殖吸虫、楔形前殖吸虫、巨睾前殖吸虫、鲁氏前殖吸虫、鸭前殖吸虫和透明前殖吸虫，其中最为常见的是透明前殖吸虫和卵圆前殖吸虫。

（一）病原

前殖吸虫梨形或椭圆形，有口吸盘、咽、食道。卵圆前殖吸虫大小（3～6）毫米×（1～2）毫米，透明前殖吸虫大小（6.5～8.2）毫米×（2.5～4.2）毫米。两个椭圆形睾丸水平排列于腹吸盘之后，生殖孔在口吸盘附近，卵巢位于腹吸盘与睾丸之间或在腹吸盘背面，子宫蟠盘曲，大部分在虫体后部。卵黄腺呈簇状分布于身体的两侧。虫卵深褐色，有卵盖，另一端有小刺。

成虫寄生在鹅的生殖器官内，主要是输卵管和泄殖腔的腔上囊里。虫卵随粪便排出体外落入水中，在淡水螺体内孵化发育成尾蚴。尾蚴离开螺体后在水中游动，被蜻蜓幼虫吃进体内并在其中继续发育。鹅吃了蜻蜓或蜻蜓幼虫之后受到感染，幼虫沿鹅肠管下行到泄殖腔，进入腔上囊或输卵管，在其中继续发育为成虫。

（二）诊断

1. 临床症状　各种年龄的鹅均有发生感染，但以产蛋母鹅发病严重。在疾病初期，鹅没有明显的症状，当虫体破坏输卵管的黏膜和分泌蛋白及蛋壳的腺体时，就使形成蛋的正常机能发生障碍，鹅则产出无壳蛋、软壳蛋或无卵黄蛋等。一旦卵子破裂患卵黄性腹膜炎时，则精神委顿、食欲不振、消瘦，并排出蛋壳碎片、流出大量黏稠的蛋白，泄殖腔充血，严重者泄殖腔脱出，继而发生死亡。

2. 病理变化　主要变化是输卵管炎，输卵管黏膜充血、增厚，黏膜上附着虫体，内有破碎的蛋壳、蛋白。有时还有腹膜

247

炎，腹腔内含有大量黄色浑浊的液体，脏器被干酪样物质粘在一起，有时发现浓缩或破碎的蛋黄，浆膜充血和出血。

3. 确诊　根据症状和流行特点可以初步诊断。粪便水洗沉淀法检查发现大量虫卵或剖检发现大量虫体和病变则可确诊。

（三）防治

在流行地区进行有计划的定期驱虫，消灭第一中间宿主，有条件的地区可用药物杀灭。在蜻蜓出现的季节的清晨、傍晚或雨后勿到池塘边放牧或采食。鹅粪便集中堆积处理，防止虫卵进入水中，以切断其生活循环。药物治疗，可用丙硫咪唑，按每千克体重 50 毫克，一次口服，疗效良好；也可用吡喹酮，按每千克体重服用 10~15 毫克，也有良好的疗效。

二、棘口吸虫病

鹅棘口吸虫病是由棘口科的多种吸虫寄生于鹅的肠道而引发的寄生虫病。本病分布广泛，在长江流域以南各省流行普遍。本病主要危害雏鹅，可全年感染，但以 6~8 月份为感染的高峰季节。

（一）病原

棘口吸虫有 50 多种，常见有卷棘口吸虫、宫川棘口吸虫、接睾棘口吸虫、曲颈棘缘吸虫、似锥低颈吸虫、日本棘隙吸虫等。棘口吸虫长叶形，淡红色，中等大小，卷棘口吸虫大小 (7.6~12.6) 毫米×（1.26~1.60）毫米，体表被有小棘。具口、腹吸盘，口吸盘小于腹吸盘，口吸盘周围形成口领，上有 1~2 列头棘。睾丸呈椭圆形，边缘光滑，前后排列，位于卵巢后方。卵巢呈圆形或扁圆形，位于虫体中央或中央稍前部分。子宫弯曲在卵巢的前方，其内充满虫卵。卵黄腺发达，分布在腹吸盘后方的两侧，伸达虫体后端，在睾丸后方不向体中央扩展。虫

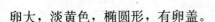

卵大，淡黄色，椭圆形，有卵盖。

成虫寄生在鹅的肠道内，虫卵随粪便排出后在水中孵化成毛蚴；毛蚴钻进淡水螺蛳体内，发育成尾蚴；尾蚴离开螺蛳后又钻入某些螺蛳、鱼类和两栖类的体内发育成囊蚴；鹅吃入含有囊蚴的螺类、蝌蚪、蚬、鱼类等而受到感染，经20天左右发育为成虫。

（二）诊断

1. 临床症状　本病对雏鹅危害较为严重，少量寄生时危害较轻；当严重感染时，由于虫体的机械刺激和毒素作用，可引起鹅肠黏膜损伤、出血和炎症。病鹅表现食欲不振，消化不良，下痢，粪便中带有黏液和血丝，贫血，消瘦，生长发育受阻，最后由于极度衰竭而死亡。成年鹅体重下降，母鹅产蛋量减少。

2. 病理变化　可见肠道出血性炎症，盲肠和直肠黏膜损伤，有点状出血，肠内容物充满黏液，并在黏膜上附着大量虫体。

3. 确诊　剖检病死鹅发现虫体和肠道病变即可以确诊，生前粪便检查发现大量虫卵也可做出诊断。

（三）防治

该病流行地区应对鹅进行计划驱虫，驱出的虫体和排出的粪便应严格处理，从鹅舍中清扫出来的粪便应堆积发酵，杀灭虫卵。应经常杀灭放牧雏鹅池塘中的中间宿主。勿以浮萍或水草（螺类经常夹杂在水草中）等作饲料，勿以生鱼或蝌蚪及贝类等饲喂鹅，以防感染。药物治疗，可用硫双二氯酚，按每千克体重一次口服150～200毫克；也可以选用氯硝柳胺（每千克体重使用50～100毫克）、丙硫苯咪唑（每千克体重使用10～25毫克）或吡喹酮（每千克体重使用5～10毫克）一次口服。

三、后睾吸虫病

鹅后睾吸虫病是由多种后睾吸虫寄生于鹅的肝脏胆管和胆囊

而引起的寄生虫病，分布广泛，7～9月发病较多。我国各地都有报道。

（一）病原

寄生在鹅胆管胆囊内的后睾吸虫有2种，即东方次睾吸虫和台湾次睾吸虫，临床上常见的主要是东方次睾吸虫。虫体呈叶状，大小（2.4～4.7）毫米×（0.5～1.2）毫米，具口腹吸盘。睾丸大，稍分叶，前后排列于虫体的后端。卵巢位于睾丸前，子宫在卵巢和肠叉之间盘曲。虫卵呈浅黄色，椭圆形，有卵盖，内含毛蚴。

成虫寄生在鹅的胆管胆囊内，虫卵随粪排出，在水中孵化成毛蚴；毛蚴钻进纹沼螺体内，发育成尾蚴；尾蚴离开螺蛳后，又钻入麦穗鱼等体内发育成囊蚴；鹅食入含有囊蚴的鱼类等而受到感染，经20天左右囊蚴便发育为成虫。

（二）诊断

1. 临床症状　轻度感染时，不表现临床症状。严重感染时，病鹅精神委顿、食欲不振、羽毛松乱、两肢无力、消瘦贫血、常下痢、粪便多呈水样，最后多因衰竭而死。产蛋母鹅感染后产蛋率下降，发病严重者则停止产蛋，而且发生死亡。

2. 病理变化　肝脏显著肿大，有的可比正常肝脏大1～2倍。色泽变淡，表现常见胆管增生的白色花纹和斑点。病程稍长的，肝脏质地变硬，切面可见胆管壁增厚，管腔扩大，内含有黄绿色胆汁的凝固物和虫体。胆囊充盈，胆汁呈深绿色或墨绿色，囊腔内有数量不等的虫体，胆囊壁增厚，肠道黏膜呈卡它性炎症。少数病例还出现心包积液，脾脏肿大，盲肠扁桃体出血。

3. 确诊　剖检时，发现病死鹅的肝脏、胆管、胆囊内有虫体和病变即可以确诊，生前粪便检查发现大量虫卵也可做出诊断。

（三）防治

加强环境卫生消毒，对清除的粪便堆积发酵，进行生物热处理。灭螺也是预防的重要环节。治疗可用吡喹酮按每千克体重10～15毫克一次口服，也可用丙硫咪唑，按每千克体重一次口服50～100毫克，疗效良好。

四、嗜气管吸虫病

鹅嗜气管吸虫病是由舟形嗜气管吸虫寄生于鹅的气管、支气管引起的寄生虫病，多发生于水网地区。我国许多地区都有报道。

（一）病原

虫体扁平、椭圆形，两端钝圆，暗红色或粉红色，大小（6.0～11.5）毫米×（2.5～4.5）毫米。无口、腹吸盘，口孔位于体前端，咽圆球形，食道短，两根肠管在体后合并成"肠弧"。睾丸圆形或卵圆形，前后斜列，与圆形卵巢在肠弧之内呈三角形排列。子宫发达，充满肠管之内的全部空隙。虫卵呈卵圆形，具卵盖，卵内含毛蚴。

．舟形嗜气管吸虫的发育过程需要扁卷螺、圆扁螺、凸旋螺等作为中间宿主，尾蚴不离开螺体便形成囊蚴，鹅食入含有囊蚴的螺蛳而感染，经过2～3个月囊蚴发育为成虫。

（二）诊断

1. 临床症状　病鹅叫声嘶哑，摇头，鼻腔内有多量分泌物，呼吸困难，喉头发出"卡、卡"的声音，运动后张口呼吸，消瘦、贫血，最后窒息死亡。

2. 病理变化　气管内渗出物增多，有时充血、出血，附着有数量不等的暗红色虫体。

3. 确诊　剖检病死鹅发现气管内虫体和病变即可以确诊，生前鼻腔黏液检查发现大量虫卵也可作出诊断。

（三）防治

加强环境卫生消毒，对清除的粪便堆积发酵，进行生物热处理。注意灭螺，避免到水边螺区放牧。不要喂食含有囊蚴的螺蛳。治疗可用吡喹酮和丙硫咪唑。

五、嗜眼吸虫病

鹅嗜眼吸虫病是由嗜眼科的鹅嗜眼吸虫寄生于鹅的眼结膜囊和瞬膜下引起的一种寄生虫病。在一些养鹅地区，感染率可以高达80%，每年的7～9月为高发期。该病在我国南方地区较为流行。

（一）病原

嗜眼属吸虫种类多，以涉禽嗜眼吸虫较为常见。虫体呈较窄的扁圆筒状，体表光滑无棘，大小（2.15～6.40）毫米×（1.12～1.92）毫米。口吸盘亚顶位，腹吸盘位于体前1/4～1/3处，大于腹吸盘。咽发达。睾丸圆形或椭圆形前后排列于虫体后1/4～1/5部的中央，生殖孔位于肠分叉处的腹面。卵巢圆形，位于睾丸前方。虫卵椭圆形，淡黄色，壳薄，无卵盖，内含毛蚴。

嗜眼吸虫以淡水螺作为中间宿主。尾蚴在螺蛳体表或水草上形成囊蚴，鹅采食囊蚴后感染，幼虫从口和嗉囊中逸出后经鼻泪管到达眼部寄生；鹅也可通过眼部直接接触囊蚴而受到感染。

（二）诊断

1. 临床症状　病鹅初期怕光流泪，眼结膜充血，并出现小点状出血或糜烂，或流出带有血液的泪液。眼睑水肿，两眼紧闭。重症病鹅角膜混浊、溃疡，并有黄色块状坏死物突出于眼睑之外，形成脓性溃疡。大多数呈单侧性眼病，也有呈双侧性眼病的病例。病鹅初期食欲减少，常摇头、勾颈，用爪挠眼。重症者双目失明，采食困难，表现消瘦，最后死亡。成年鹅感染后症状较轻，主要呈现结膜、角膜炎，消瘦，母鹅产蛋量下降。

2. 病理变化　剖检病死鹅时，可见眼内瞬膜处有虫体附着。肠黏膜充血，部分有出血。其他实质器官均无异常病变。

3. 确诊　检查病鹅眼部病变，并从结膜囊中发现虫体即可确诊。

（三）防治

禁止鹅群到易感染疫病的水域放牧，同时做好杀灭瘤拟黑螺等工作。在流行地区，用做饲料的牧草、螺蛳和浮萍应做杀灭囊蚴处理后再喂食。治疗可用 75% 酒精滴眼：由 1 人将鹅固定，另 1 人固定鹅头，右手用钝头金属棒或眼科玻璃棒，从眼内拨动瞬膜，用药棉吸干泪液后，立即滴入 4～6 滴 75% 的酒精。此法操作简便，可使病鹅症状很快消失，驱虫率 100%。由于酒精的刺激，眼睛会出现暂时性的充血，可滴用环丙沙星眼药水，不久即可恢复。

六、背孔吸虫病

鹅背孔吸虫病是由背孔科背孔属的吸虫寄生于盲肠和直肠内引起的一种寄生虫病。虫体种类很多，常见的是纤细背孔吸虫。在我国各地普遍存在。

（一）病原

纤细背孔吸虫呈长椭圆形，前端稍狭，后端钝圆，粉红色，大小（2～5）毫米×（0.65～1.4）毫米，只有口吸盘。虫体腹面具有圆形或椭圆形的腹腺，分三行纵列，中列为 14～15 个，两侧列各为 14～17 个。两个分叶状睾丸，左右排列于虫体后部。卵巢分叶，位于两睾丸之间。虫卵小，大小（15～21）微米×（9～12）微米，两端各有 1 条长 0.26 毫米的卵丝。

成虫在宿主肠腔内产卵，卵随粪便排到外界，孵出毛蚴。毛蚴侵入淡水螺（萝卜螺、扁卷螺及椎实螺等）体内经 11 天发育为胞蚴，后变为雷蚴和尾蚴。尾蚴自螺体逸出，附在水草或其他物体上形成囊蚴。鹅吞食含囊蚴的水草等而受到感染，23 天囊蚴在肠内发育成熟。

（二）诊断

1. 临床症状　大量感染时可引起雏鹅盲肠黏膜糜烂，出现卡他性肠炎。病鹅表现运动失调，精神沉郁，贫血，消瘦，下痢，生长发育受阻，严重者可引起死亡。

2. 病理变化　剖检病死鹅时，可见到鹅盲肠黏膜充血，部分有出血，有数量不等的虫体附着。

3. 确诊　可根据尸体剖检发现虫体或粪便中检出特征性虫卵而确诊。

（三）防治

该病流行地区对鹅应有计划地进行驱虫，驱出的虫体和排出的粪便应严格处理，从鹅舍中清扫出来的粪便应堆积发酵，杀灭虫卵。放牧雏鹅的池塘，应经常杀灭中间宿主。浮萍或水草等应经过杀灭囊蚴处理后再饲喂鹅，以防感染。药物治疗可用硫双二氯酚，按每千克体重一次口服 150～200 毫克；也可以选用五氯柳酰苯胺（每千克体重使用 15～30 毫克），效果良好。

七、杯尾吸虫病

鹅杯尾吸虫病是由枭形科杯尾属的角杯尾吸虫寄生于鹅大肠

内而引起的一种寄生虫病。我国许多地区都有报道。

（一）病原

角杯尾长 1.8~2.4 毫米，分前、后两个部分。前部呈杯状，长 0.7~0.9 毫米；后部呈圆柱状，长 1.1~1.6 毫米。生殖器官位于后部，睾丸卵圆形前后排列，卵巢位于睾丸之前。虫体后部还有 1 个球状的肌肉突起。虫卵呈长椭圆形。

成虫在宿主肠腔内产卵，卵随粪便排到外界，孵出毛蚴。毛蚴侵入淡水螺体内后发育为尾蚴。尾蚴自螺体逸出，进入蛭类体内形成囊蚴。鹅吞食含囊蚴的蛭类等而受感染。

（二）诊断

1. 临床症状　少量感染症状不明显，大量感染时可引起鹅精神沉郁，贫血，消瘦，下痢，生长发育受阻；严重时，可引起雏鹅死亡。

2. 病理变化　剖检病死鹅时，可见到鹅肠道黏膜有出血性炎症，并有大量虫体附着。

3. 确诊　可根据尸体剖检发现大量虫体确诊。

（三）防治

该病流行地区对鹅应有计划地进行驱虫，驱出的虫体和排出的粪便应严格处理，从鹅舍中清扫出来的粪便应堆积发酵，杀灭虫卵。放牧雏鹅的池塘，应经常杀灭中间宿主。药物治疗可用硫双二氯酚、丙硫咪唑、吡喹酮等。吡喹酮按每千克体重一次口服 10 毫克，疗效良好。

八、剑带绦虫病

鹅剑带绦虫病是由矛形剑带绦虫寄生于小肠引起的一种鹅常见的寄生虫病，临床上以消瘦、下痢和神经症状为特征。该病一

般常发生于每年的 5～9 月，雏鹅易感；分布广泛，多呈地方性
流行。

（一）病原

矛形剑带绦虫长 3～13 厘米，呈矛形。头节小，顶突上有 8
个小钩，颈短。链体有节片 20～40 个，前端窄，往后逐渐加宽，
最后的节片宽 5～18 毫米。睾丸 3 个，呈椭圆形，横列于卵巢内
方生殖孔的一侧；卵巢和卵黄腺则在睾丸的外侧，生殖孔位于节
片上角的侧缘。卵无色，椭圆形。

成虫寄生于鹅小肠。孕节或卵随粪便排出，在水中被中间宿
主剑水蚤吞食，六钩蚴逸出，发育为成熟的似囊尾蚴。鹅吞食含
有似囊尾蚴的剑水蚤后，剑水蚤被消化，似囊尾蚴和胃内食物一
同进入小肠，翻出头节，用吸盘固着于肠黏膜上，约经 19 天发
育为成虫。

（二）诊断

1. 临床症状　雏鹅感染后，精神委顿，消瘦，虚弱，不愿
活动，常离群独居，翅膀下垂，羽毛松乱，排出淡黄色稀便，粪
便中有水草碎片，可发现白色绦虫节片。食欲减少，而渴欲增
加。鹅生长发育不良，并有神经症状，表现为步态不稳，突然倒
地，头往后仰，作划水动作，两腿和头颈震颤，滚转几次后死
亡。后期病鹅极度贫血，多数在瘦弱中死亡。

2. 病理变化　小肠黏膜增厚，充血、出血，并散布米粒大
小的结节状溃疡，肠腔内积有数条白色、扁平、分节状虫体，有
的肠段变硬、变粗。当虫体大量积聚时，可造成肠腔阻塞、肠扭
转，甚至肠破裂。

3. 确诊　粪便检查出节片或虫卵，剖检发现虫体和小肠病
变即可确诊。

（三）防治

有条件的地区应杀灭剑水蚤，对已污染的池塘，将水排干，重新灌入新水或施用农药、化肥，均可杀灭剑水蚤。流行带病的成年鹅是主要的传染源，通过粪便可排出大量的虫卵，在每年的入冬及开春季节，应对成年鹅进行及时、彻底地驱虫。雏鹅应在18日龄（因虫体成熟为20天）全群驱虫1次。治疗可用硫双二氯酚，按每千克体重一次口服150～200毫克；也可选用氯硝柳胺（每千克体重使用60～100毫克）、吡喹酮（每千克体重使用10～15毫克）一次口服，疗效良好。另外，氢溴酸槟榔碱可按每千克体重加1～1.5毫克，溶于水中内服，效果良好。

九、皱褶绦虫病

鹅皱褶绦虫病是由片形皱褶绦虫寄生于鹅小肠内引起的绦虫病，多呈散发，偶尔呈现地方性流行。不少省市都有报道。

（一）病原

虫体长20～40厘米，在其前部有一个扩展的皱褶状假头节。假头节长1.9～6.0毫米，宽1.5毫米，由许多无生殖器官的节片组成，为附着器官。真头节位于假头节的顶端，顶突上有10个小钩。睾丸3个，为卵圆形，雄茎上有小棘。卵巢呈网状分布，串联于全部成节，子宫亦贯穿整个链体，孕节的子宫为短管状，管内充满虫卵。虫卵为椭圆形，两端稍尖，大小（13×74）微米。

片形皱褶绦虫以剑水蚤或镖水蚤作为中间宿主，鹅吞食了含有似囊尾蚴的水蚤而感染，从吃到似囊尾蚴到发育成成虫约需要16天。

（二）诊断

1. 临床症状　轻度感染，症状不明显。严重感染时，鹅精神不振，食欲减少，轻微拉稀。

2. 病理变化　小肠黏膜增厚，充血、出血，并散布溃疡，肠腔内有数条白色、扁平、分节状虫体。

3. 确诊　粪便检查出节片或虫卵，剖检发现虫体和小肠病变即可确诊。

（三）防治

可参照剑带绦虫病进行防治。

十、膜壳绦虫病

鹅膜壳绦虫病是由多种膜壳绦虫寄生于鹅小肠引起的一种绦虫病，对雏鹅危害严重。本病分布广泛，常呈地方性流行。

（一）病原

膜壳绦虫种类较多，鹅最常见的是冠状膜壳绦虫。成虫长12～19厘米，宽2.5～3.0毫米，顶突上有20～26个小钩，排成一圈呈冠状，吸盘上无钩。睾丸3个排列成等腰形，生殖孔位于节片一侧的中部。虫卵为椭圆形，大小（24～35）微米×（22～32）微米，内含六钩蚴。

冠状膜壳绦虫以小的甲壳类和蝇类作为中间宿主，鹅吞食了含有似囊尾蚴的中间宿主后而受到感染。

（二）诊断

1. 临床症状　雏鹅感染后，精神委顿，消瘦，贫血，腹泻，食欲减少，而渴欲增加。后期病鹅极度消瘦，出现渐进性麻痹而死亡。

2. 病理变化　小肠黏膜增厚、充血、出血，形成溃疡，肠腔内有数条白色、扁平、分节状虫体。

3. 确诊 粪便检查出孕片或剖检发现虫体和小肠病变即可确诊。

（三）防治

可参照剑带绦虫病进行防治。

十一、蛔虫病

鹅蛔虫病是由鹅蛔虫寄生于鹅小肠内引起的一种线虫病。本病主要发生于 3 月龄的幼鹅，分布广泛，饲养管理和卫生条件差的鹅场发病严重，感染鹅消瘦，贫血，甚至引起大批死亡。

（一）病原

鹅蛔虫是寄生在鹅体内最大的一种线虫，形态结构与鸡蛔虫基本相同，也有人认为鹅蛔虫就是鸡蛔虫。鹅蛔虫呈淡黄白色，圆柱形，头端有 3 个唇片。雄虫长 26～70 毫米，尾端向腹面弯曲，有尾翼和尾乳突，一个圆形或椭圆形的泄殖腔前吸盘，二根交合刺近等长。雌虫长 65～110 毫米，阴门开口于虫体中部，尾端钝直。虫卵呈深灰色，椭圆形，卵壳厚，表面光滑或不光滑，新排出虫卵内含一个椭圆形胚细胞。虫卵大小（7～90）微米×（47～51）微米。

成虫主要寄生在鹅小肠内，每天能产大量虫卵，并随粪便将其排出体外。在外界适宜的温度和湿度条件下，虫卵经 10～12 天的发育，被鹅吃后，其幼虫脱离卵壳分散到整个小肠，并钻入肠内，在肠腺中继续生长发育经过一段时间后离开肠腺进入肠腔发育为成虫。

（二）诊断

1. 临床症状 幼鹅感染后症状明显，表现生长发育缓慢，精神委顿，消瘦，贫血，拉稀，最后病鹅逐渐衰竭而死。

2. 病理变化　小肠黏膜增厚，充血、出血，肠腔内有多量虫体，有时肠道黏膜形成粟粒大小的结节。

3. 确诊　粪便检查出虫卵或剖检发现虫体和小肠病变即可确诊。

（三）防治

主要做好饲养管理和环境卫生。对鹅舍和运动场定期消毒，及时清除鹅的粪便并堆积发酵，以便杀灭虫卵。雏鹅与成年鹅要分开饲养，避免互相感染。治疗可用左旋咪唑，按每千克体重一次口服 25 毫克；还可以用丙硫咪唑（每千克体重使用 50 毫克）和驱蛔灵（每千克体重使用 150 毫克），均有较好的疗效。

十二、裂口线虫病

鹅裂口线虫病是由裂口线虫或瓣口线虫寄生在鹅肌胃角质膜下引起的一种寄生虫病。此病在各地流行较广，有的地区感染率可达 90％以上。主要危害小鹅，常造成大批死亡。

（一）病原

裂口线虫病的病原有裂口线虫或瓣口线虫，最常见的是鹅裂口线虫。鹅裂口线虫为小型线虫，虫体表皮具有横纹，微红色。头部有杯状的口囊，口囊底部有 3 枚长三角形尖齿。雄虫长 9.6～14 毫米，交合伞侧叶较大，交合刺等长，末端分两枝。雌虫长 15.6～21.3 毫米，尾部呈指状，生殖孔位于体后部，由椭圆形的瓣膜覆盖。虫卵椭圆形，具有厚而光滑的膜，大小为（68～80）微米×（45～52）微米。

鹅裂口线虫不需要中间宿主，虫卵随粪便排出体外，在适宜的温度下发育为感染性的幼虫，鹅饮食含有感染性幼虫的饲料、水草或水而受到感染。

（二）诊断

1. **临床症状** 病雏表现精神委靡，食欲减退或不食，生长发育受阻，体弱，贫血，消化障碍，有时腹泻。在虫体多、饲养管理不当时，可造成大批死亡；虫体少或鹅的日龄较大，则症状不明显，而成为带虫者和传播者。

2. **病理变化** 剖检时，可见肌胃发生严重的溃疡、坏死、变色（呈棕黑色），有大量红色细小的虫体寄生在肌胃角质层较薄部位，部分虫体埋在角质层内，在腺胃和食道有时也可以找到虫体。

3. **确诊** 剖检发现肌胃病变和虫体即可确诊。

（三）防治

成年鹅和幼鹅要分开饲养，避免使用同一场地。对鹅舍和运动场定期消毒，及时清除鹅的粪便，并堆积发酵，以便杀灭虫卵。从放牧开始，经 17～22 天要对雏鹅进行第一次预防性驱虫，以后依据具体情况制定第二次驱虫计划。驱虫应在隔离的鹅舍内进行，投药后 2 天内彻底清除粪便，并对其进行生物发酵处理。治疗可用左旋咪唑，按每千克体重口服 25 毫克，间隔 3～7 天驱虫 1 次；还可选用丙硫咪唑（每千克体重使用 10～30 毫克）和甲苯咪唑（每千克体重使用 30～50 毫克），也有较好的疗效。

十三、四棱线虫病

鹅四棱线虫病是由分棘四棱线虫寄生在鹅腺胃引起的一种寄生虫病，我国各地都有分布。

（一）病原

分棘四棱线虫雄虫和雌虫形态各异。雄虫纤细，长 3～5.45

毫米，体表具有横纹，有 1 对不等长的交合刺。雌虫血红色，长
2.66～3.73 毫米，呈球形，体内充满虫卵。虫卵椭圆形，大小
为（43～57）微米×（25～32）微米，内含 1 条幼虫。分棘四棱
线虫以钩虾和异壳虫作为中间宿主。

（二）诊断

1. 临床症状　成虫寄生在鹅腺胃内，引起腺胃卡他性炎症，
虫体吸血和分泌毒素，影响消化机能。严重感染的病鹅消瘦，贫
血，甚至死亡。

2. 病理变化　腺胃黏膜溃疡，出血，形成暗红色血样突起，
内含有暗红色的雌虫。

3. 确诊　剖检时，发现腺胃病变和虫体即可确诊。

（三）防治

对鹅舍和运动场定期消毒。及时清除鹅的粪便，并堆积发
酵，以便杀灭虫卵。禁止鹅到该病流行地区的水塘放牧。消灭中
间宿主。预防驱虫和治疗药物可选用左旋咪唑、丙硫咪唑等驱线
虫药。

十四、异刺线虫病

鹅异刺线虫病是由异刺科异刺属的多种异刺线虫寄生于鹅盲
肠内引起的一种线虫病。该病在鹅群中普遍存在。

（一）病原

寄生于鹅的异刺线虫有鸡异刺线虫、巴氏异刺线虫、满陀异
刺线虫等，最常见是鸡异刺线虫。鸡异刺线虫细小，呈白色，头
端略向背面弯曲，食道末端有一膨大的食道球。雄虫长 7～13 毫
米，尾直，末端尖细，两根交合刺不等长、不同形，有一个圆形
泄殖腔前吸盘。雌虫长 10～15 毫米，尾细长，阴门位于虫体中

部稍后方。虫卵呈灰褐色，椭圆形，大小为（65～80）微米×（35～46）微米，卵壳厚，内含1个胚细胞。

成熟雌虫在盲肠内产卵，卵随粪便排到外界，在适宜的温度和湿度条件下，约经2周发育成含幼虫的感染性虫卵；鹅吞食了被感染性的虫卵污染的饲料和饮水或带有感染性虫卵的蚯蚓时而受到感染，幼虫在其小肠内脱掉卵壳并移行到盲肠而发育为成虫。从感染性虫卵被吃入到在盲肠内发育为成虫约需24～30天。

（二）诊断

1. 临床症状　病鹅消化机能出现障碍，食欲不振或废绝，下痢，贫血。雏鹅发育停滞，消瘦甚至死亡。成年鹅产蛋量下降或停止。

2. 病理变化　尸体消瘦，盲肠肿大，肠壁发炎和增厚，有时出现溃疡灶。盲肠内可见到虫体，尤以盲肠尖部虫体最多。

3. 确诊　检查粪便发现虫卵或剖检在盲肠内查到虫体均可确诊。

（三）防治

参考鹅蛔虫病。

十五、比翼线虫病

比翼线虫病又称交合虫病、开嘴虫病、张口线虫病，是由比翼科比翼属的线虫寄生于鹅气管内而引起的。本病对雏鹅危害严重，死亡率极高，成年鹅很少发病和死亡，常呈地方性流行。

（一）病原

寄生于鹅的比翼线虫主要为气管比翼线虫。虫体因吸血而呈红色，头端大，呈球形，口囊宽阔呈杯状，口囊底部有 6～10 个齿。雄虫长 2～4 毫米，雌虫长 7～20 毫米，雌虫大于雄虫，阴门位于体前部。雄虫以交合伞附着于雌虫阴门部，形成交配状态。虫卵大小（78～110）微米×（43～46）微米，两端有厚卵盖，卵内含 16 个卵细胞。

比翼线虫的发育不需要中间宿主，雌虫在气管内产卵，卵随气管黏液到达口腔，或被咳出，或被咽入消化道，随粪便排到外界，约经 3 天发育为感染性的虫卵或孵化为外被囊鞘的感染性幼虫。感染性虫卵或幼虫被蚯蚓、蛞蝓、蜗牛、蝇类及其他节肢动物等延续宿主食入后，在其肌肉内形成包囊，此时虫体不发育但保持感染能力。鹅吞食了感染性虫卵或幼虫，或带有感染性幼虫的延续宿后而受到感染，幼虫钻入肠壁，经血流移行到肺泡、细支气管、支气管和气管，于感染后 18～20 天便发育为成虫并产卵。

（二）诊断

1. **临床症状** 病鹅伸颈，张嘴呼吸，头部左右摇甩，以排出黏性分泌物，有时可见虫体。病初食欲减退甚至废绝，精神不振，消瘦，口内充满泡沫性唾液。最后因呼吸困难，窒息死亡。本病主要侵害雏鹅，死亡率几乎达 100%；成年鹅症状轻微或症状不明显，极少死亡。

2. **病理变化** 幼虫移经肺脏，可见肺淤血，水肿和肺炎病变。成虫期可见气管黏膜上有虫体附着及出血性卡他性炎症，气管黏膜潮红，表面有带血黏液覆盖。

3. **确诊** 粪便或口腔黏液检查见有虫卵，或剖检病鸡在其气管或喉头附近发现虫体可确诊。

（三）防治

及时清除粪便，并对其进行发酵消毒。保持禽舍和运动场卫生、干燥，杀灭蛞蝓、蜗牛等延续宿主。流行区要对禽群体进行定期预防性驱虫，发现病禽及时隔离并用药治疗。治疗或预防性驱虫可用丙硫咪唑，按每千克体重一次口服 30～50 毫克；或用噻苯唑，按每千克体重一次口服 500 毫克，均有较好的治疗效果。另外，可将噻苯唑按 0.05％～0.1％比例混入饲料中连续喂服，亦有良好的疗效。

十六、毛细线虫病

鹅毛细线虫病是由毛首科毛细线虫属的多种线虫寄生于鹅消化道，如嗉囊、食道、小肠引起的。我国各地均有发生。严重感染时，可引起鹅死亡。

（一）病原

鹅的毛细线虫种类多，有鹅毛细线虫、膨尾毛细线虫、封闭毛细线虫等。毛细线虫虫体细小，呈毛发状。前部细，为食道部；后部粗，内含肠管和生殖器官。雄虫有一根交合刺，雌虫阴门位于粗细交界处。虫卵呈棕黄色，腰鼓形，卵壳厚，两端有卵塞，卵内含一椭圆形胚细胞。鹅毛细线虫雄虫长 10～13.5 毫米，雌虫长 16～26.4 毫米。膨尾毛细线虫雄虫长 9～14 毫米，尾部两侧各有一个大而明显的伞膜；雌虫长 14～26 毫米。封闭毛细线虫雄虫长 8.6～10 毫米，尾部有铲状的交合伞；雌虫长 10～12 毫米。

毛细线虫有直接型发育史和间接型发育史 2 种类型，鹅食入外界环境中的感染性虫卵或中间宿主蚯蚓体内的感染性幼虫时而受到感染。食入的感染性虫卵约经 1 个月发育为成虫，食入的带有感染性幼虫的蚯蚓后约经 19～26 天发育为成虫。

（二）诊断

1. 临床症状　病鹅精神萎靡，头下垂，食欲不振，常做吞咽动作，消瘦，下痢，严重者可发生死亡。

2. 病理变化 虫体寄生部位黏膜发炎，增厚，黏膜表面覆盖有絮状渗出物或黏液脓性分泌物，黏膜溶解、脱落甚至坏死。病变程度的轻重因虫体寄生的多少而不同。

3. 确诊 饱和盐水漂浮法检查粪便虫卵，或剖检病鹅在消化道发现虫体和病变可确诊。

（三）防治

主要搞好环境卫生，及时清除粪便并作发酵处理，消灭鹅舍中的蚯蚓。对鹅群可定期进行预防性驱虫。治疗和预防性驱虫可用左旋咪唑，按每千克体重一次内服 20～30 毫克，也可选用甲苯咪唑按每千克体重一次口服 20～30 毫克；还可选用甲氧啶（按每千克体重用量为 200 毫克，用灭菌蒸馏水配成 10% 溶液，皮下注射），也有良好的疗效。

十七、棘头虫病

鹅棘头虫病是由多形属和细颈属的虫体寄生于鹅的小肠引起的一种寄生虫病。主要虫种有大多形棘头虫、小多形棘头虫、腊肠形棘头虫和鸭细颈棘头虫。不同种寄生虫的地理分布不同，多为地域性分布，于春、夏季流行。

（一）病原

大多形棘头虫橘红色，纺锤形，前端大，后端狭细。吻突上有 18 个纵列的小钩，每行 7～8 个。雄虫长 9.2～11 毫米，雌虫长 12.4～14.7 毫米，宽 1.3～2.3 毫米。小多形棘头虫虫体较小，纺锤形。雄虫长 3 毫米，雌虫长 10 毫米，新鲜虫体呈橘红色，吻突卵圆形，有 16 个纵列的钩，每列 7～10 个，前部的大，向后逐渐变小。鸭细颈棘头虫虫体呈白色纺锤形，前部有小刺。雄虫大小（4～6）毫米×（1.5～2）毫米。吻突呈椭圆形，具有

18 个纵列的小钩，每列 10～16 个。雌虫呈黄白色，大小 10～（25×4）毫米，前后两端稍狭小，吻突膨大呈球形，直径 2～3 毫米，其前端有 18 个纵列的小钩。棘头虫虫卵一般纺锤形，内含棘头蚴。

大多型棘头虫与小多型棘头虫的中间宿主为钩虾类，鸭细颈棘头虫中间宿主为栉水虱。成虫在小肠内产卵，卵随粪便进入水中；虫卵被中间宿主吞食，棘头蚴从卵逸出，14～15 天后变为前棘头体，30～35 天变为棘头体，54～60 天成为具有感染性的棘头囊，鹅食入含有棘头囊的中间宿主而受到感染。

（二）诊断

1. 临床症状　棘头虫以吻突牢固地附着在肠黏膜上，引起卡他性肠炎。鹅主要表现为下痢，消瘦，生长与发育受阻。有时吻突深入黏膜下层，甚至穿透肠壁，造成出血、溃疡，严重者可穿孔。当严重感染而饲养条件又较差时可引起死亡，雏鹅死亡率较高。

2. 病理变化　肠壁浆膜面上可看到肉芽组织增生的小结节，黏膜面上可见虫体和不同程度的创伤。

3. 确诊　粪便检查发现虫卵或死后剖检见到虫体，即可确诊。

（三）防治

加强鹅群的饲养管理，饲喂全价饲料，雏鹅与成年鹅分开饲养。对流行区的鹅群进行预防性驱虫。选择未受污染或没有中间宿主的水域进行放牧。治疗可用四氯化碳，按每千克体重 0.5 毫升灌服。

十八、蜱　病

寄生于鹅体表的蜱主要是软蜱中的波斯锐缘蜱，大量寄生时可使鹅消瘦、生产力降低，甚至造成死亡；另外，蜱还可以传播部分疾病。本病分布于全国，华北、西北最为常见。

(一)病原

波斯锐缘蜱淡黄色，呈卵圆形，前部稍窄。背面无盾板，腹面无几丁质板。体缘薄，由许多不规则的方格形小室组成。背面表皮高低不平，形成无数细密的弯曲皱纹。假头在虫体前部腹面，基部小，无眼。雄蜱大小（7.5×4.7）毫米，雌蜱大小（9.5×5.5）毫米。虫卵棕色，球形。

波斯锐缘蜱发育过程包括卵、幼虫、若虫和成虫 4 个阶段。幼虫、若虫和成虫均吸血，虫体在吸血时附着在鹅的体表，吸完血从鹅体表落入鹅舍等周围环境中。吸血多在半夜进行。

(二)诊断

1. 临床症状　锐缘蜱寄生在鹅翅下或羽毛少的部位，大量叮咬吸血后可引起贫血、消瘦、生产力下降；病鹅出现麻痹症，侧卧，严重死亡。此外，锐缘蜱叮咬还会引起化脓，并能传播一些疾病。

2. 病理变化　病鹅消瘦、贫血，皮肤损伤处常见有小脓肿，内脏无病变。

3. 确诊　鹅体表和周围环境发现大量虫体即可确诊。

(三)防治

对鹅舍垫料、墙壁、地面和顶棚采用药物彻底喷雾，并使药物进入缝隙，鹅舍外界环境也要彻底喷雾杀虫。喷雾杀虫和治疗可以选用敌敌畏、马拉硫磷、氰戊菊酯、溴氰菊酯等。

十九、虱　病

寄生于鹅的虱为羽虱，是鹅体表的永久性寄生虫，常引起鹅奇痒、羽毛断折、消瘦、产蛋下降。本病分布广泛，全国各地均有，冬、春季节较为严重。

（一）病原

常见有鹅巨毛虱、鹅颊白羽虱和鹅羽虱 3 种。鹅巨毛虱寄生在鹅体上，鹅颊白羽虱寄生在鹅的外耳道、颈部和羽翼下的绒毛处，鹅羽虱寄生在鹅的翅部。羽虱小，一般不到 1 毫米，大的也仅仅 5～6 毫米。淡黄色或灰色，虫体背腹扁平。羽虱头部钝圆，宽于胸部，胸部无翅，有 3 对足，腹部分节。各种羽虱形态结构有一定的差异。

羽虱的发育过程包括卵、若虫和成虫 3 个阶段，整个发育过程都在鹅的体表进行，主要传播途径是鹅与鹅之间的直接接触，通过饲养用具、垫料等的间接接触也可传播。

（二）诊断

1. 临床症状　虱大量繁殖时，啮食鹅的羽毛和皮肤，刺激体表神经末梢，鹅因受刺激表现瘙痒，用嘴啄毛，羽毛被折断脱落，使鹅食欲减退，发育停止，影响鹅的产蛋量和抵抗力，严重时鹅因贫血消瘦而死亡。

2. 病理变化　病鹅消瘦、贫血，羽毛被折断脱落，内脏无病变。

3. 确诊　鹅体表发现大量羽虱即可确诊。

（三）防治

本病防治措施主要是灭虱，主要方法有喷涂法、药浴法和药物内服。

1. 喷涂法

（1）用 0.2% 敌百虫或 0.3% 杀灭菊酯于夜间喷洒鹅的体表羽毛，夜间虱出来活动沾上药物后会中毒死亡；也可以选用溴氰菊酯和二氯苯醚菊酯。

（2）同时对鹅舍墙壁、地面及一切用具用药物喷洒，使虱无藏身之地。

（3）用3%～5%硫黄粉喷涂羽毛效果也好。

（4）烟草1份，水20份，煎煮1小时，晾温后于温暖的天气涂洗鹅身。

2. 药浴法

（1）取2.5%的敌杀死20毫升加水10升，配成药液，将此药液喷洒于鹅的体表羽毛，或将鹅浸入药液中1～2秒钟后取出，但鹅头要露出水面。

（2）取氟化钠1份，清水99份，配成1%氟化钠溶液，将鹅浸入药液几秒钟即提出。以羽毛浸湿为宜。

（3）取精致敌百虫0.5份，温水99.5份，将鹅浸入药液内几秒钟，取出淋干多余药液。

药浴时要提高舍温，以防鹅发生感冒。药物内服采用灭虫灵（阿维菌素），鹅每千克体重一次内服0.1～0.3克，效果很好。

在灭鹅虱同时，应对鹅舍、用具垫料、场地进行灭虱消毒，以求彻底消除隐患。由于灭虱药物对虱卵的杀灭效果均不理想，因此经10天后需再驱灭1次，以便杀死新孵化出来的幼虱。

二十、球 虫 病

鹅球虫病是由艾美耳属和泰泽属的各种球虫寄生于鹅的肠道或肾脏引起的一种原虫性寄生虫病。2周～3月龄的雏鹅和幼鹅易感染，死亡率高，康复鹅易成为带虫者。本病发病季节与气温、雨量有关，一般每年5～8月多发。

（一）病原

已报道的鹅球虫有16种之多，分别属于艾美耳属、等孢属和泰泽属，其中以寄生于肾小管的截形艾美耳球虫致病性最强，主要危害3周～3月龄幼鹅，死亡率甚高。其他15种均寄生于肠道的上皮细胞，以鹅艾美耳球虫和柯氏艾美耳球虫致病性较强，出现消化道症状，其余种无显著致病性。截形艾美耳球虫卵囊椭圆形，大小（14～27）微米×（12～22）微米，前端截平，较狭窄。卵囊壁光滑，具有卵膜孔和极帽。鹅艾美耳球虫卵囊梨形，大小（20～17.5）微米×（17.5～15）微米，无色。卵囊壁单层，具有卵膜孔，无极粒。

鹅球虫发育过程需要3个阶段，其中裂殖生殖和配子生殖在肠道上皮细胞或肾小管上皮细胞内完成，最终排出未孢子化卵囊，孢子生殖在外界环境，形成具有感染性的孢子化卵囊。鹅食入饲料、水以及放牧场地中的孢子化卵囊而感染，从吃到孢子化卵囊到排出未孢子化卵囊需要5～7天。

（二）诊断

1. 临床症状　按寄生部位不同，可分为肠球虫和肾球虫2种类型。

肠球虫病：急性病例多见于雏鹅，病程初期精神不振，羽毛松乱无光泽，缩头，行走缓慢，闭目呆立，卧地时头弯曲藏至背部羽下，食欲减少或不食，喜饮水，先便秘后排稀便，粪便由糊状逐渐变为白色稀便或水样便，泄殖腔周围粘有粪便。后期由于肠道损伤及中毒，使翅膀轻瘫，共济失调，渴欲增加，食道膨大部充满液体，粪便带血，逐渐消瘦。出现神经症状，痉挛性收缩，不久即死亡。

肾球虫病：由致病力很强的截形艾美耳球虫引起，此种球虫分布很广，对3～12周龄的幼鹅和中鹅有致病力，其死亡率高达30%～100%，甚至引起暴发流行。发病急，食欲不振，排白色粪便，翅膀下垂，目光迟钝，眼睛凹陷。存活者歪头扭颈，步态不稳，摇晃。

2. **病理变化**　肠球虫病尸体干瘦，黏膜苍白或发绀，泄殖腔周围的羽毛被粪血污染，急性者呈严重的出血性卡他性炎症。肠黏膜增厚、出血、糜烂，在回盲段和直肠中段的肠黏膜具有糠麸样的假膜覆盖，黏膜上有溢血点和球虫结节，肠内容物为红色或褐色稠状物，不形成肠芯。

肾球虫病变主要在肾脏，肾脏体积增大，表面有针尖大至粟粒大灰白色或灰黄色的病灶，肾小球被严重破坏，管内充满球虫卵囊。

3. **确诊**　根据剖检病理变化，结合肾脏和肠黏膜涂片镜检球虫的各个发育阶段可以确诊。

（三）防治

做好饲养管理和卫生消毒工作，是防治球虫病的重要措施。及时清除舍内的粪便、垫草、垃圾及污物，并对其进行堆积发酵，以杀灭球虫卵囊。饲养场地要保持清洁卫生、干燥，不到低洼、潮湿地带放牧。幼鹅与成鹅分开饲养，放牧时要避开高度污染地区。在流行地区的发病季节，可用药物预防。复方磺胺甲基异恶唑按 0.02% 混于饲料中，连续饲喂 4～5 天；或用氯苯胍，按每千克体重使用 120～150 毫克拌料饲喂或在每升水中加入 80～120 毫克，连续饮用 4～6 天。

治疗鹅球虫病主要应用磺胺类药，尤以磺胺间甲氧嘧啶和磺胺喹恶啉值得推荐，其他药物，如氨丙啉、克球粉、尼卡巴嗪、盐霉素等控制人工感染鹅球虫病也有较好的效果。为防止抗药性可选用 2 种以上药物交替使用。

二十一、毛滴虫病

鹅毛滴虫病是由禽毛滴虫引起鹅的一种原虫性寄生虫病，可造成鹅的大批死亡。其特征是呼吸困难和口腔黏膜溃疡、坏死等。鹅的易感日龄为数周至 5～8 月龄。本病多发生于春、秋两季。

（一）病原

禽毛滴虫是移动迅速、梨状的原虫。虫体大小（5～19）微米×（2～9）微米，具有 4 根起源于前端毛基体的游离鞭毛，一个细长的轴刺延伸到虫体后缘；另外，还具有波动膜作为运动器官。虫体以二分裂法进行繁殖，通过饲料、饮用水或场地传播。

（二）诊断

1. 临床症状　幼鹅多呈急性型，精神沉郁，食欲减少或不食，出现跛行，喜卧，活动困难，身体蜷缩成团，吞咽与呼吸困难，排淡黄色稀便。慢性型多见于成鹅，表现为消瘦，绒毛脱落，生长发育缓慢，常在头、颈、腹部出现秃毛区。一般口腔黏膜有干酪样物质积聚，难以张嘴，出现采食困难。

2. 病理变化　口腔及喉头黏膜充血，并有绿豆大小的淡黄色小结节。有的出现食道溃疡而穿孔，个别病例可发生坏死性肠炎。盲肠乳头突黏膜肿胀、充血，并有凝血块。肝脏肿大，呈褐色或黄色。母鹅的输卵管发炎和蛋滞留，滞留的蛋壳表面呈黑色，其内容物腐败变质。输卵管黏膜坏死，管腔内积液，呈粥状暗灰色，卵泡变形。

3. 确诊　根据剖检病理变化，结合口腔、食道、嗉囊分泌物涂片内发现虫体，或刮取病变处黏液制成涂片，染色镜检出虫体而确诊。

（三）防治

保持鹅舍通风、清洁卫生、干燥。定期对鹅舍、用具、周围环境进行严格消毒，以杀灭病原。雏鹅与成鹅必须分开饲养，防止交叉感染。在饲料中适当增加蛋白质和维生素，以提高鹅的抗病能力。保证饲料和饮用水的卫生，做到常年灭鼠。治疗可选用灭滴灵或二甲硝哒唑，按每千克体重口服 50 毫克；也可用

0.05％二甲硝哒唑溶液饮水连用 5 天，可以控制该病。另外，用 1∶2 000 硫酸铜溶液饮水，有一定疗效，但要慎重，饮用过量会引起中毒。

第五节　普通病的中西医结合防治

一、咽 喉 炎

咽喉炎是一种常见的内科疾病，以吞咽困难、咳嗽、咽喉部肿胀及敏感为特征。可分为急性咽喉炎和慢性咽喉炎 2 种。冬、春季最为多见。

（一）病因

受凉、受化学气体或粉尘的刺激等，容易促其发病。

（二）症状

病鹅食量减少，吞咽困难，流涎，进食时咳嗽、甩头，严重者可见吐食。运动后咳嗽更甚，呼吸粗厉，吸气明显延长，呼气时伴有喉头狭窄音。慢性者症状不明显，仅见轻微咳嗽和吞咽困难。检查时，口腔咽喉部充血、肿胀，严重者可见咽部黏膜糜烂或坏死。

（三）防治

鹅群用青霉素、葡萄糖、维生素 C 饮水。或以蒲公英、金银花、黄芩、板蓝根、甘草等入药煎汁口服。

定期清扫鹅舍，喷洒 5％来苏儿消毒液；设立空气对流门窗，适时通风，调节舍内温度；饮用水中添加葡萄糖、维生素 C 等以增强机体抵抗力。

二、食 管 炎

食管炎是食管黏膜表层及深层的炎症。

（一）病因

原发性食管炎，主要是由于机械性、化学性和温热刺激，损伤食管黏膜。

继发性食管炎，可由于咽或胃黏膜炎症的蔓延，亦可见于食管梗塞、食管痉挛、食管憩室的后期。

（二）症状

咽下困难，大量流涎，呕吐。触诊食管有疼痛反应，常有呃逆动作，呕吐物中可混有血液。

（三）防治

内服少量消毒剂或收敛剂，如 0.1%高锰酸钾液或 0.5%～1%鞣酸液，或内服青霉素。

三、硬　嗉　病

鹅食入的粗硬多纤维饲料或异物在食道部积滞，造成鹅食道部膨大，出现采食和消化机能障碍的一种现象称鹅硬嗉病。

（一）病因

鹅因刚出巢时，饥饿贪食，往往无选择地吃入粗硬多纤维饲料或过大的块根饲料，或咽下羽毛、麻绳、塑料膜等异物，一时消化不了；小鹅因消化系统机能不健全，难于消化均能引起硬嗉病；成年鹅亦可因食入过长的草等引起硬嗉病。

（二）症状

病鹅不食，精神不振，翅膀下垂，触诊食道膨大部有胀大、坚实感，里面充满硬固食物，1～2 天不消化，有时还充满气体，口腔内发出腐臭气味。不及时治疗，常导致死亡。

（三）防治

小鹅可喂些酵母片；大鹅可喂些植物油（豆油），或注射植物油（或温和生理盐水）于食道膨大部内，轻轻按摩一会儿后使病鹅头低下，轻压硬部，让积物排出；或使阻塞硬块软化排入胃内。严重病例，可在其食道膨大部切2~3厘米的小口，将硬塞物取出，用0.01％高锰酸钾水冲洗干净后再缝合。术后1天不喂饲，可喂些盐水，第3天可喂些较易消化的饲料。

忌在鹅饥饿时对其进行外放。饲料要切短，切碎并定时、定量喂饲。

四、中　暑

鹅中暑是在烈日照射或环境闷热、通风不良等情况下出现体热散发困难而引起的一种以神经症状为主的疾病。可呈大群发生，尤其以雏鹅最为常见。

（一）病因

鹅无汗腺，绒毛隔热。在烈日照射或环境闷热、通风不良等情况下易发生中暑。

（二）症状

病鹅瘫痪不能行动，张口呼吸，头、喙、蹼发热烫手，食欲废绝，口吐黏液，拉白色粪便，急性的快速死亡；有的呈昏迷状态，有的出现神经症状。

（三）防治

头颈发生扭曲者，应立即用右手抓住鹅翅，左手抓鹅头，轻轻矫正头颈回原位，淋浴少许凉水（15日龄以内的雏鹅不宜淋浴），将鹅移至阴凉处，供给清凉的饮用水或淡盐水，口服

0.1%～0.15%碳酸氢钠，复合维生素，一日3次。此外，全群服用VE-亚硒酸钠添加剂，维生素C能有效提高机体的抗热应激能力。或以绿豆100克，荷叶40克，淡竹叶100克煎汁2 000毫升，按每千克体重30～40毫升灌服（中华人民共和国兽药典2010年版二部627页），香薷30克，黄芩45克，黄连30克，甘草15克，柴胡25克，当归30克，连翘30克，栀子30克，天花粉30克，粉碎混匀，每只成年鹅3～4克灌服，雏鹅参照体重酌减。

为预防中暑，3～9月宜早、晚放牧，11：00～15：00时的烈日下不宜在陆地上放牧，宜在水中、阴凉处或收牧于通风的圈舍内，炎热季节供给2%的冷凉绿豆汤饮水。雏鹅初次由室内到室外饲喂、放牧时，宜在通风处，不宜在太阳直射的不通风处。首次日光浴不宜超过30分钟，以后逐步增加室外活动时间。若有条件，在圈舍或牧地植树遮阴，这样可避免鹅中暑。

五、亚硝酸盐中毒

鹅亚硝酸盐中毒是指由于鹅采食了大量含有亚硝酸盐的青绿饲料后而引起的中毒，俗称"烂菜叶中毒"。

（一）病因

一般来说食草的鹅类发生亚硝酸盐中毒的可能性很小，但由于初春贮备的青菜堆放不当，加上阳光直射，导致堆放的白菜温度升高，使硝酸盐的含量升高；加之饲喂前未经清洗和晾晒，直接饲喂后，硝酸盐便转化为亚硝酸盐造成鹅中毒。

（二）症状

鹅采食后约半小时会表现出不安，流涎，食欲减退或废绝，口吐白沫，步态不稳，排稀粪，驱赶时行走无力，摇摆、瘫痪。张口呼吸，口腔黏膜、眼结膜和胸、腹部皮肤发绀。全身抽搐，下肢瘫痪，卧地不起，很快因窒息而死亡。

（三）防治

（1）停喂霉烂菜叶。用5％葡萄糖水，任其自饮3～5天。

（2）用美蓝溶液按体重0.4毫克/千克肌肉注射或腹腔注射，同时，每只鹅口服维生素 C；或用5％纯蓝墨水代替美蓝治疗；或用10％的绿豆5％甘草汤，任其自饮。

对于本病，应以预防为主。饲喂新鲜的菜类饲料，要注意青绿饲料的堆放位置，不喂腐败变质的菜类饲料。菜类饲料应堆放在阴凉、通风的地方，且要摊开敞放，并经常翻动。

六、雏鹅水中毒

雏鹅暴饮后，体内水分突然增加，水进入细胞内引起细胞水肿，特别是脑细胞水肿，引起神经功能障碍或脑内压升高，出现倒地抽搐，瘫软昏睡，0.5～1小时内死亡。

（一）病因

由于管理上的疏忽，鹅群停水时间过长，雏鹅见水暴饮后出现水中毒。通常发生在天热季节，在饲养密度较大，通风不良等情况下也易发生水中毒。

（二）症状

雏鹅多在暴饮后半小时左右出现精神沉郁，走路摇晃，口流黏液，张口扬头，反复后仰，脚乱蹬划，排出水样粪便，两脚急步呈直线后退或就地转圈，数分钟后死亡。部分雏鹅在倒地30～40分钟后苏醒康复。

（三）防治

雏鹅出壳后要及早饮水，开食之前应以少量饮水进行"开水"或"潮口"。平时应加强饲养管理，注意通风换气，保持全天 24 小时都给予清洁的饮用水，饮水槽高度应适中，防止湿羽。发生水中毒后应先适当控制饮水量，多次少饮，水中加少量食盐（0.9%左右），如能在饮用水中加入少许葡萄糖和维生素 C 或 0.5%苍术熬成的汁液效果更好。待症状缓解后，再保持正常饮水量。对已正常采食因饮水不足而造成脱水的 30 日龄的雏鹅，可采用先加大饲喂青绿多汁的饲料，再逐步加大饮水量的方法。

七、食盐中毒

鹅食盐中毒是在饮水不足的情况下，过量摄入食盐或含盐饲料而引起以消化紊乱和神经症状为特征的中毒性疾病。

（一）病因

食盐是动物机体内必需的矿物质营养，在动物饲料中添加 0.3%~0.8%的食盐可提高食欲、增强代谢、促进发育，但当动物采食过量食盐或饲喂方法不当、尤其是限制饮水时常引起食盐中毒。鹅食盐中毒多见于以下一些情况：①鹅是草食动物，多以采食青饲料为主，但当舍饲期间喂给配合饲料时，往往由于加入食盐比例不当，或拌不匀而造成食盐中毒。②由于商品鹅价格一直较高，促使养鹅户对雏鹅加大投入，很多养鹅户给雏鹅喂含蛋白高的鸡、猪饲料。由于鸡、猪饲料中食盐含量较高，常会导致食盐中毒现象发生。③有时，养鹅户为了减少麻烦，减少饲喂次数，一次投放饲料过多；再加上夜间供水减少，易出现鹅群食盐中毒。④雏鹅对食盐的毒性比成年鹅敏感，可能与肾脏尚未发育完全有关。

（二）症状

发病多为急性经过，病鹅表现为烦躁不安而尖叫，饮水量增加，口鼻内有黏液流出，排水样稀粪，发出"呼啦呼啦"的声音，且呼吸变快。有些病鹅表现两肢无力，发瘫，不愿走动，精神委顿。有些病鹅表现不断鸣叫，运动失调，伸颈摇头，盲目冲撞，时而转圈，时而倒地，步态不稳；有些病鹅出现神经症状，头向后仰，头颈弯曲，胸腹朝天，仰卧挣扎，抽搐，痉挛，最后衰竭死亡。

（三）防治

全群给以新鲜、充足的饮水，并在水中加入葡萄糖、维生素C，饲料中增加维生素的用量。同时，加大青饲料的投入。

鹅应以放牧食草为主，但需喂给配合饲料时，食盐的含量一般以 0.3% 为宜。如配制不当或超量过大，会导致鹅积累性食盐中毒。所以为预防食盐中毒，应不要用猪、鸡料喂鹅，并要严格控制饲料中食盐的含量，尤其是雏鹅更应注意。

八、有机磷农药中毒

有机磷农药中毒是由于有机磷化合物进入动物体内，抑制胆碱酯酶的活性，导致乙酰胆碱大量积聚，引起以流涎、腹泻和肌肉痉挛等为特征的中毒性疾病。

（一）病因

①鹅采食喷洒过农药不久的农作物、牧草、蔬菜或拌、浸农药的种子。②饮水或饮水器具被有机磷农药污染。③蓄意投毒。④有机磷化合物种类很多，除了误食农药引起的中毒外，还可能由于保管不当，或用于鹅舍的杀虫灭蝇或驱杀鹅体表寄生虫等喷洒或混入饲料中农药的浓度过大，使用过量，造成中毒。

（二）症状

病鹅精神不振，流泪，流涕，流涎，口吐白沫，下痢，全身肌肉震颤，摇头，欲甩出食人的毒物；运动失调，双翅张开、下

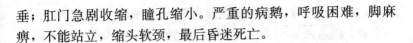

垂；肛门急剧收缩，瞳孔缩小。严重的病鹅，呼吸困难，脚麻痹，不能站立，缩头软颈，最后昏迷死亡。

（三）防治

①将病鹅迅速转移到中毒场地外。②用手挤压病鹅食道膨大部，促使毒物从口腔吐出。③灌服 $0.1\%\sim0.2\%$ 高锰酸钾液或稀石灰、烧碱溶液，敌百虫中毒禁用碱性溶液。④病鹅肌肉注射或者灌服阿托品（或 654-2）和解磷啶（每千克体重用量为 $15\sim30$ 毫克），重症病鹅隔 2 小时重复用药一次。⑤病鹅灌服葡萄糖、维生素 C。

对于本病，应以预防为主，积极做好预防工作。农药的保管、贮存和使用必须注意安全。严禁用含有有机磷农药的饲料和饮用水喂鹅。放牧地如喷洒过农药或被污染，有效期内不能放牧。毒鼠药饵要放在安全可靠地方防止鹅误食。一般不要用敌百虫作鹅的内服驱虫药，但可用其消除体表寄生虫，用时注意浓度不要超过 0.5%。加强农药厂废水的处理和综合利用，对环境进行定期检测，以便有效地控制有机磷化合物对环境的污染。

九、汞 中 毒

汞中毒是指汞化合物进入机体后释放汞离子，通过对局部组织的刺激作用及与多种酶蛋白的巯基结合阻碍细胞正常代谢，从而引起以消化、泌尿和神经系统症状为主的中毒性疾病。

（一）病因

医疗用汞制剂或工业含汞废水污染饲料、饮用水及器具等。

（二）症状

1. 急性中毒　见于鹅误食大量的汞化合物，或吸入高浓度汞蒸气所造成的损伤。前者表现流涎，腹痛，腹泻，粪便内混有血液、黏液和假膜。后者则主要表现呼吸困难，发出"卡、卡"的声音。随着疾病的发生和发展，病鹅出现肌肉震颤，共济失调，终因休克而死。

2. 慢性中毒　病鹅食欲减退，日渐消瘦；眼无神，羽毛发枯无光；产蛋率及蛋品质明显下降；最终呈麻痹状态，全身抽搐，在昏迷中死亡。

（三）防治

立即停喂可疑饲料和饮水，同时禁喂食盐，因食盐可促进有机汞溶解，使其与蛋白质结合而增加毒性。治疗可选择下列制剂：①二巯基丙磺酸钠，按每千克体重 5～8 毫克的剂量进行肌内注射；或二巯基丁二酸钠，按每千克体重 20 毫克的剂量进行静脉注射；②依地酸钙钠；③硫代硫酸钠。

严格防止工业生产中汞的挥发和流失，从严治理工业"三废"带来的环境汞污染。医用汞制剂在应用时应严格控制剂量和避免滥用。

十、夹竹桃中毒

鹅采食夹竹桃引起以心律不齐和出血性胃肠炎为特征的中毒性疾病。

（一）病因

夹竹桃是夹竹桃科（Apocynaceae）夹竹桃属（*Nerium*）的植物，包括同科的另一属植物黄花夹竹桃（*Thevetia* L.），是一种四季常青，花色鲜艳，抗虫害，受人喜爱的庭院观赏植物，多产于热带及亚热带地区，我国各地都有种植。常见的夹竹桃有红花、黄花和白花三种，一般栽植于公园、庭院中；南方常在城市道路和公路两旁作为风景树，有的用作庭院篱墙和畜舍围栏。其树皮、叶、根、花及种子均有毒，毒性成分为多种强心苷。鹅多因误食被风吹落的叶、花而引起中毒。

（二）症状

鹅中毒表现为停食，口鼻流出大量黏液，不断摇头，企图甩出口鼻的黏液，并发出"卡、卡"的声音，排粪频繁，粪便呈水样有乳白色黏液。精神沉郁，两眼半闭，喜卧，驱赶起立后两腿轻微震颤，又立即卧下。

（三）防治

本病尚无特效治疗方法。发现中毒，立即用 $0.1\% \sim 0.2\%$ 高锰酸钾水溶液和木炭末灌服，同时肌注阿托品（每千克体重 0.2 毫克），以缓解肠痉挛及降低血压。

鹅是一种草食禽类，应避免在夹竹桃生长的地区及周围放牧，因此在夹竹桃栽植地区，应作好宣传。

十一、一氧化碳中毒

鹅因吸入过量的一氧化碳（CO）与血液中红细胞的血红蛋白结合形成稳定的碳氧血红蛋白（COHb），引起全身组织缺氧为特征的中毒性疾病。多见于雏鹅。

（一）病因

在生产和生活中，含碳物质燃烧不完全都可产生一氧化碳，煤气管道泄漏也可逸出大量一氧化碳。一氧化碳是一种无色、无味的窒息性气体，在冬季用煤、煤气等燃烧进行保暖育雏时，若不注意通风换气，当室内空气中的一氧化碳浓度高于 1% 时，雏鹅就会发生中毒。

（二）症状

病初，病鹅流泪，不安，伸颈吸气，呼吸浅而频；随后反应迟钝，站立不稳，摇头，全身抽搐，呼吸困难，呆立嗜睡，排黄白色粪；最后陷入昏迷状态，窒息而亡。血液呈鲜红色，肺脏呈樱桃红色，并有出血点，心脏、肝脏亦有少量出血点，肠道黏膜轻度出血性炎症。

（三）防治

立即通风换气，清除炉内余煤，将雏鹅转移到空气新鲜、温暖的场所给予治疗。中毒轻的鹅可在数分钟内很快康复。在全群的饮用水中加入葡萄糖、维生素 C、碳酸氢钠适量，以补充能量，缓解酸中毒，增强机体的抗病能力；并且在治疗同时，料中添加广谱抗生素，控制呼吸道感染，以减少死亡。

附　录

附录一　畜禽养殖业污染防治技术规范

中华人民共和国环境保护行业标准《畜禽养殖业污染防治技术规范》HI/T81—2001，2001年12月9日国家环境保护总局发布，2002年4月1日实施。

前言

随着我国集约化畜禽养殖业的迅速发展，养殖场及其周边环境问题日益突出，成为制约畜牧业进一步发展的主要因素之一。为防止环境污染，保障人、畜健康，促进畜牧业的可持续发展，依据《中华人民共和国环境保护法》等有关法律、法规制定本技术规范。

本技术规范规定了畜禽养殖场的选址要求、场区布局与清粪工艺、畜禽粪便贮存、污水处理、固体粪肥的处理利用、饲料和饲养管理、病死畜禽尸体处理与处置、污染物监测等污染防治的基本技术要求。

本技术规范为首次制定。

本技术规范由国家环境保护总局自然生态保护司提出。

本技术规范由国家环境保护总局科技标准司归口。

本技术规范由北京师范大学环境科学研究所、国家环境保护总局南京环境科学研究所和中国农业大学资源与环境学院共同负责起草。

本技术规范由国家环境保护总局负责解释。

1　主题内容

本技术规范规定了畜禽养殖场的选址要求、场区布局与清粪工艺、畜禽粪便贮存、污水处理、固体粪肥的处理利用、饲料和饲养管理、病死畜禽尸体处理与处置、污染物监测等污染防治的基本技术要求。

2　技术原则

2.1　畜禽养殖场的建设应坚持农牧结合、种养平衡的原则，根据本场区土地（包括与其他人签约承诺消纳本场区产生粪便污水的土地）对畜禽粪便的消纳能力，确定新建畜禽养殖场的养殖规模。

2.2　对于无相应消纳土地的养殖场，必须配套建立具有相应加工（处理）能力的粪便污水处理设施或处理（置）机制。

2.3　畜禽养殖场的设置应符合区域污染物排放总量控制要求。

3　选址要求

3.1　禁止在下列区域内建设畜禽养殖场：

3.1.1　生活饮用水水源保护区、风景名胜区、自然保护区的核心区及缓冲区；

3.1.2　城市和城镇居民区，包括文教科研区、医疗区、商业区、工业区、浏览区等人口集中地区；

3.1.3　县级人民政府依法划定的禁养区域；

3.1.4　国家或地方法律、法规规定需特殊保护的其他区域。

3.2　新建改建、扩建的畜禽养殖场选址应避开3.1规定的禁建区域，在禁建区域附近建设的，应设在3.1规定的禁建区域常年主导风向的下风或侧风向处，场界与禁建区域边界的最小距离不得小于 500 米。

4　场区布局与清粪工艺

4.1　新建、改建、扩建的畜禽养殖场应实行生产区、生活管理区的隔离，粪便污水处理设施和禽畜尸体焚烧炉，应设在养殖场的生产区、生活管理区的常年主导风向的下风向或侧风向处。

4.2　养殖场的排水系统应实行雨水和污水收集输送系统分离，在场区内外设置的污水收集输送系统，不得采取明沟布设。

4.3　新建、改建、扩建的畜禽养殖场应采取干法清粪工艺，采取有效措施将粪及时、单独清出，不可与尿、污水混合排出，并将产生的粪渣及时运至贮存或处理场所，实现日产日清。采用水冲粪、水泡。粪湿法清粪工艺的养殖，要逐步改为干法清粪工艺。

5　畜禽粪便的贮存

5.1　畜禽养殖场产生的畜禽粪便应设置专门的贮存设施，其恶臭及污染物排放应符合《畜禽养殖业污染物排放标准》。

5.2　贮存设施的位置必须远离各类功能地表水体（距离不得小于 400m），并应设在养殖场生产及生活管理区的常年主导风向的下风向或侧风向处。

5.3　贮存设施应采取有效的防渗处理工艺，防止畜禽粪便污染地下水。

5.4　对于种养结合的养殖场，畜禽粪便贮存设施的总容积不得低于当地农林作物生产用肥的最大间隔时间内本养殖场所产生粪便的总量。

5.5　贮存设施应采取设置顶盖等防止雨（水）进入的措施。

6　污水的处理

6.1　畜禽养殖过程中产生的污水，应坚持种养结合的原则，经无害化处理后尽量充分还田，实现污水资源化利用。

6.2 畜禽污水经治理后向环境中排放，应符合《畜禽养殖业污染物排放标准》的规定，有地方排放标准的应执行地方排放标准。

污水作为灌溉用水排入农田前，必须采取有效措施进行净化处理（包括机械的、物理的、化学的和生物学的），并须符合《农田灌溉水质标准》（GB5084—92）的要求。

6.2.1 在畜禽养殖场与还田利用的农田之间应建立有效的污水输送网络，通过车载或管道形式将处理（置）后的污水输送至农田，要加强管理，严格控制污水输送沿途的弃、洒和跑、冒、滴、漏。

6.2.2 畜禽养殖场污水排入农田前必须进行预处理（采用格栅、厌氧、沉淀等工艺流程），并应配套设置田间贮存池，以解决农田在非施肥期间的污水出路问题，田间贮存池的总容积不得低于当地农林作物生产用肥的最大间隔时间内畜禽养殖场排放污水的总量。

6.3 对没有充足土地消纳污水的畜禽养殖场，可根据当地实际情况选用下列综合利用措施：

6.3.1 经过生物发酵后，可浓缩制成商品液体有机肥料。

6.3.2 进行沼气发酵，对沼渣、沼液应尽可能实现综合利用，同时要避免产生新的污染。沼、渣及时清运至粪便贮存场所；沼液尽可能进行还田利用，不能还田利用并需外排的要进行进一步净化处理，达到排放标准。沼气发酵产物应符合《粪便无害化卫生标准》（GB7959—87）。

6.4 制取其他生物能源或进行其他类型的资源回收综合利用，要避免二次污染，并应符合《畜禽养殖业污染物排放标准》的规定。

6.5 污水的净化处理应根据养殖种类、养殖规模、清粪方式和当地的自然地理条件，选择合理、适用的污水净化处理工艺

和技术路线，尽可能采用自然生物处理的方法，达到回用标准或
排放标准。

6.6 污水的消毒处理提倡采用非氯化的消毒措施，要注意
防止产生二次污染。

7 固体粪肥的处理利用

7.1 土地利用

7.1.1 畜禽粪便必须经过无害化处理，并且须符合《粪便
无害化卫生标准》后，才能进行土地利用，禁止未经处理的畜禽
粪便直接施入农田。

7.1.2 经过处理的粪便作为土地的肥料或土壤调节剂来满
足作物生长的需要，其用量不能超过作物当年生长所需养分的需
求量。在确定粪肥的最佳使用量时需要对土壤肥力和粪肥肥效进
行测试评价，并应符合当地环境容量的要求。

7.1.3 对高降雨区、坡地及沙质容易产生径流和渗透性较
强的土壤，不适宜施用粪肥或粪肥使用量过高易使粪肥流失引起
地表水或地下水污染时，应禁止或暂停使用粪肥。

7.2 对没有充足土地消纳利用粪肥的大中型畜禽养殖场和
养殖小区，应建立集中处理畜禽粪便的有机肥厂或处理（置）
机制。

7.2.1 固体粪肥的堆制可采用高温好氧发酵或其他适用技
术和方法，以杀死其中的病原菌和蛔虫卵，缩短堆制时间，实现
无害化。

7.2.2 高温好氧堆制法分自然堆制发酵法和机械强化发酵
法，可根据本场的具体情况选用。

8 饲料和饲养管理

8.1 畜禽养殖饲料应采用合理配方，如理想蛋白质体系配
方等，提高蛋白质及其他营养的吸收效率，减少氮的排放量和粪
的生产量。

8.2 提倡使用微生物制剂、酶制剂和植物提取液等活性物

質，减少污染物排放和恶臭气体的产生。

8.3 养殖场场区、畜禽舍、器械等的消毒应采用环境友好的消毒剂和消毒措施（包括紫外线、臭氧、双氧水等方法），防止产生氯代有机物及其他二次污染物。

9 病死畜禽尸体的处理与处置

9.1 病死畜禽尸体要及时处理，严禁随意丢弃，严禁出售或作为饲料再利用。

9.2 病死畜禽尸体处理应采用焚烧炉焚烧的方法，在养殖场比较集中的地区，应集中设置焚烧设施；同时焚烧产生的烟气应采取有效的净化措施，防止烟尘、一氧化碳、恶臭等对周围大气环境的污染。

9.3 不具备焚烧条件的养殖场应设置两个以上的安全填埋井，填埋井应为混凝土结构，深度大于2米，直径1米，井口加盖密封。进行填埋时，在每次投入畜禽尸体后，应覆盖一层厚度大于10厘米的熟石灰，井填满后，须用黏土填埋压实并封口中。

10 畜禽养殖场排放污染物的监测

10.1 畜禽养殖场应安装水表，对厨水实行计量管理。

10.2 畜禽养殖场每年应至少两次定期向当地环境保护行政主管部门报告污水处理设施和粪便处理设施的运行情况，提交排放污水、废气、恶臭以及粪肥的无害化指标的监测报告。

10.3 对粪便污水处理设施的水质应定期进行监测，确保达标排放。

10.4 排污口应设置国家环境保护总局统一规定的排污口标志。

11 其他

养殖场防疫、化验等产生的危险废水和固体废弃物应按国家的有关规定进行处理。

290

附录二　生态养鹅疫病防治的常用药物简介

随着现代养鹅业规模化、集约化程度的不断提高，其养殖过程中疾病的发生率亦愈趋严重。为了减少疾病的发生及其危害，提高养殖效益，除对鹅群进行科学的饲养管理，做好消毒隔离、免疫接种等工作外，合理使用饲料添加剂或药物防治鹅病，也是搞好疾病综合性防治的重要环节之一。鹅场应本着高效、方便、经济的原则，通过饲料、饮用水或其他途径有针对性地对鹅使用一些药物，能有效地防止各种疾病的发生和蔓延。然而近年来，有许多养殖场、养殖户在鹅病的预防过程中过分依赖药物添加剂，既造成了药物的巨大浪费，又造成了严重的药物残留，对食品和环境造成污染。因此，针对这一现象和存在的问题，近十多年来世界上许多发达国家甚至发展中国家都出台了许多相应的药物或兽药的使用规范条例，并将无药物、农药、重金属残留或低药物、农药、重金属残留的食品命名为"无公害食品"或"绿色食品"。虽然我国也出台了许多相应的无公害食品的用药准则，但目前国家尚未发布肉鹅、种鹅的用药准则。现将"无公害食品肉鸡饲养允许使用的药物饲料添加剂"（附表 1）、"无公害食品肉鸡饲养允许使用的治疗药"（附表 2）、"无公害食品蛋鸡饲养允许使用的预防用药"（附表 3）、"无公害食品蛋鸡饲养允许使用的治疗用药"（附表 4）以表格形式呈现，供参考。

附表1　无公害食品肉鸡饲养允许使用的药物饲料添加剂

类别	药品名称	用量（以有效成分计）	休药期（天）	类别	药品名称	用量（以有效成分计）	休药期（天）
抗菌药物	阿美拉霉素	5～10毫克/千克	0	抗寄生虫药	氯羟吡啶	125毫克/千克	5
	杆菌肽锌	以杆菌肽汁,4～40毫克/千克,16周龄以下使用	0		复方氯羟吡啶预混剂	115毫克/千克	7
	杆菌肽锌＋硫酸黏杆菌素	(25＋5)～(50＋10)毫克/千克	7		地克珠利	1毫克/千克	7
	盐酸金霉素	20～50毫克/千克	7		二硝托胺	125毫克/千克	3
	硫酸黏杆菌素	2～20毫克/千克	7		氢溴酸常山酮	3毫克/千克	5
	恩拉霉素	1～5毫克/千克	7		拉沙洛西钠	75～125毫克/千克	3
	黄霉素	5毫克/千克	0		马杜霉素铵	5毫克/千克	5
	吉他霉素	促生长5～10毫克/千克	7		莫能菌素	90～110毫克/千克	5
	那西肽	2.5毫克/千克	3		甲基盐霉素	60～80毫克/千克	5
	牛至油	促生长1.25～12.5毫克/千克,预防11.25毫克/千克	0		甲基盐霉素＋尼卡巴嗪	(40＋40)～(50＋50)毫克/千克	5
	土霉素钙	混饲12.5毫克/千克；10周龄以下使用	7		尼卡巴嗪	125毫克/千克	4
	维吉尼霉素	5～20毫克/千克	1		尼卡巴嗪＋乙氧酰胺苯甲酯	125毫克/千克＋8毫克/千克	9
抗寄生虫药	盐酸氨丙啉＋乙氧酰胺苯甲酯	125毫克/千克＋8毫克/千克	3		盐酸氯苯胍	30～60毫克/千克	5
	盐酸氨丙啉＋乙氧酰胺苯甲酯＋磺胺喹噁啉	100毫克/千克＋5毫克/千克＋60毫克/千克	7		盐霉素	60毫克/千克	5
					赛杜霉素钠	25毫克/千克	5

附表2　无公害食品肉鸡饲养允许使用的治疗药

类别	药品名称	剂　型	用法与用量（以有效成分计）	休药期（天）
抗生素	硫酸安普霉素	可溶性粉	混饮，0.25～0.5克/升，连饮5天	7
	亚甲基水杨酸杆菌肽	可溶性粉	混饮，预防25毫克/升，治疗50～100毫克/升，连饮5～7天	1
	硫酸黏杆菌素	可溶性粉	混饮，20～60毫克/升	7
	甲磺酸达氟沙星	溶液	20～50毫克/升，每日1次，连用3天	
	盐酸二氟沙星	粉剂、溶液	内服，每千克体重5～10毫克，2次/日，连用3～5天	1
	恩诺沙星	溶液	混饮，25～75毫克/升，连用3～5天	2
	氟苯尼考	粉剂	内服，每千克体重20～30毫克，2次/日，连用3～5天	40（暂定）
	氟甲喹	可溶性粉	内服，每千克体重3～6毫克，2次/日，连用3～4天，首次使用时量加倍	
	吉他霉素	预混剂	100～300毫克/千克，连用5～7天，不得超过7天	7
	酒石酸吉他霉素	可溶性粉	混饮，250～500毫克/升，连用3～5天	7
	牛至油	预混剂	混饲，预防：11.25毫克/千克；治疗：22.5毫克/千克，连用7天	
	金荞麦散	粉剂	治疗：混饲，2克/千克；预防：混饲，1克/千克	0
	盐酸沙拉沙星	溶液	混饮，50～100毫克/升，连用3～5天	
	复方磺胺氯哒嗪钠（磺胺氯哒嗪钠＋甲氧苄啶）	粉剂	内服，每千克体重20～30毫克，连用3～6天	1
	延胡索酸泰妙菌素	可溶性粉	混饮，125～250毫克/升，连用3天	

（续）

类别	药品名称	剂 型	用法与用量（以有效成分计）	休药期（天）
抗寄生虫药	磷酸泰乐菌素	预混	混饲，26～53 毫克/千克	5
	酒石酸泰乐菌素	可溶性粉	混饮，500 毫克/升，连用3～5 天	1
	盐酸氨丙啉	可溶性粉	混饮，0.12 克/升，连用 5～7 天	7
	地克珠利	溶液	混饮，0.5～1 毫克/升	
	磺胺氯吡嗪钠	可溶性粉	混饮，400 毫克/升，混饲 600 毫克/千克，连用 3 天	1
	越霉素 A	预混剂	混饲，10～20 毫克/千克	3
	芬苯哒唑	粉剂	内服，每千克体重 10～50 毫克	
	氟苯哒唑	预混剂	混饲，40 毫克/千克，连用4～7 天	14
	潮霉素 B	预混剂	混饲，8～12 毫克/千克，连用 8 天	3
	妥曲珠利	溶液	混饮，25 毫克/升，连用 2 天	

附表3　无公害食品蛋鸡饲养允许使用的预防用药

类别	药物名称	剂型	用法与用量	休药期(天)	用途	注意事项
抗寄生虫药物	盐酸氨丙啉+乙氧酰胺苯甲酯	预混剂	混饲：(125+8)毫克/千克	3	球虫病	
	盐酸氨丙啉+磺胺喹噁啉钠	可溶性粉	混饮：0.5毫克/升，连用2~4天	7	球虫病	
	盐酸氨丙啉+乙氧酰胺苯甲酯+磺胺喹噁啉钠	预混剂	混饲：(100+5+60)毫克/千克	7	球虫病	
	氯羟吡啶	预混剂	混饲：125毫克/千克	5	球虫病	
	地克珠利	预混剂	混饲：1毫克/千克		球虫病	
		溶液	混饮：0.5~1毫克/升		球虫病	
	二硝托胺	预混剂	混饲：125毫克/千克	3	球虫病	
	氢溴酸常山酮	预混剂	混饲：3毫克/千克	5	球虫病	
	拉沙洛西钠	预混剂	混饲：75~125毫克/千克	3	球虫病	
	马杜霉素铵	预混剂	混饲：5毫克/千克	5	球虫病	
	尼卡巴嗪	预混剂	混饲：100~125毫克/千克	4	球虫病	
	尼卡巴嗪+乙氧酰胺苯甲酯	预混剂	混饲：(12.5+8)毫克/千克	9	球虫病	
	赛杜霉素钠	预混剂	混饲：25毫克/千克	5	球虫病并促生长	
	盐霉素钠	预混剂	混饲：50~70毫克/千克	5	球虫病	禁与泰妙菌素、竹桃霉素并用

（续）

类别	药物名称	剂型	用法与用量	休药期（天）	用途	注意事项
抗寄生虫药物	甲基盐霉素	预混剂	混饲：60~80毫克/千克	5	球虫病	禁与泰妙菌素、竹桃霉素并用；高温季节慎用
	莫能霉素钠	预混剂	混饲：90~110毫克/千克	5	球虫病	禁与泰妙菌素、竹桃霉素并用；高温季节慎用
	甲基盐霉素+尼卡巴嗪	预混剂	混饲：(40+40)~(50+50)毫克/千克	5	球虫病	禁与泰妙菌素、竹桃霉素并用；高温季节慎用
	磺胺喹噁啉+二甲氧苄啶	预混剂	混饲：(100+20)毫克/千克	10	球虫病	凭兽医处方购买
	磺胺氯吡嗪钠	可溶性粉	混饮：0.3克/升，混饲：0.6克/千克，连用5~10天	1	球虫、霍乱及伤寒病	不得作饲料添加剂长期使用；凭兽医处方购买
抗菌药物	亚甲基水杨酸杆菌肽	可溶性粉	混饮：25毫克/升（预防量）	0	治慢性呼吸道病，提高产蛋量、饲料报酬	每日新配
	杆菌肽锌	预混剂	混饲：4~40毫克/千克	7	促进生长	用于16周龄以下
	杆菌肽锌+硫酸新霉素	预混剂	混饲：(25+5)~(50+10)毫克/千克	7	革兰氏阴性菌感染	
	金霉素	预混剂	混饲：20~50毫克/千克（10周龄以内）	7	促生长	

（续）

类别	药物名称	剂型	用法与用量	休药期（天）	用途	注意事项
抗菌药物	硫酸黏杆菌素	可溶性粉	混饮：20～60毫克/升	7	革兰氏阴性菌所致的肠道病；促生长	
		预混剂	混饲：2～20毫克/千克			
	恩拉霉素	预混剂	混饲：1～10毫克/千克	7	促生长	
	黄霉素	预混剂	混饲：5毫克/千克	0	促生长	
	吉他霉素	预混剂	混饲：促生长，5～11毫克/千克；治疗，100～300毫克/千克，连用5～7天	7	革兰氏阳性菌、支原体感染；促生长	
	那西肽	预混剂	混饲：2.5毫克/千克	3	促生长	
	牛至油	预混剂	混饲：促生长，1.25～12.5毫克/千克；预防：11.5毫克/千克	0	大肠杆菌、沙门菌感染	
	土霉素钙	粉剂	混饲：12.5毫克/千克（10周龄以内）；添加干钙≤0.55%的饲料	5	促生长	
	酒石酸泰乐菌素	可溶性粉	混饮：500毫克/升，连用3～5天	1	革兰氏阴性菌、支原体感染	
	维吉尼霉素	预混剂	混饲：5～20毫克/千克	1	革兰氏阳性菌、支原体感染	

附表 4 无公害食品蛋鸡饲养允许使用的治疗用药（必须在兽医指导下使用）

类别	药物名称	剂型	用法与用量	休药期（天）	用途	注意事项
抗寄生虫药物	盐酸氨丙啉	可溶性粉	混饮：0.12克/升，连用5~10天	1	预防球虫病	维生素B₁含量10毫克/千克以上时有明显拮抗
	盐酸氨丙啉+磺胺喹噁啉钠	可溶性粉	混饮：0.5克/升，治疗，连用3天，停2天，再用2~3天	7	球虫病	
	越霉素A	预混剂	混饲：5~10毫克/千克饲料。连用8周	3	蛔虫病	
	二硝托胺	预混剂	混饲：125毫克/千克	3	球虫病	
	芬苯哒唑	粉剂	口服：每千克体重10~50毫克		绦虫和线虫病	
	氟苯咪唑	预混剂	混饲：30毫克/千克 连用4~7天	14	除胃肠道线虫、绦虫	
	潮霉素B	预混剂	混饲：8~10毫克/千克 连用8周	3	蛔虫病	
	甲基盐霉素+尼卡巴嗪	预混剂	混饲：(40+40)~(50+50)毫克/千克饲料	5	球虫病	禁与泰妙菌素、竹桃霉素并用，高温季节慎用
	盐酸氯苯胍	片剂	口服：每千克体重10~15毫克	5	球虫病	影响肉品质质
		预混剂	混饲：30~60毫克/千克			

（续）

类别	药物名称	剂型	用法与用量	休药期（天）	用途	注意事项
抗寄生虫药物	磺胺喹恶啉钠	可溶性粉	混饮：300～500毫克/升，连续饮用不得超过5天	10	球虫病	
	妥曲珠利	溶液	混饮：25毫克/升，连用2天		球虫病	
抗菌药物	硫酸安普霉素	可溶性粉	混饮：250～500毫克/升，连用5天	7	大肠杆菌、沙门菌及部分支原体感染	
	亚甲基水杨酸杆菌肽	可溶性粉	混饮：50～100毫克/升，连用5～7天 作治疗	0	治疗慢性呼吸道病，提高产蛋量和产蛋率	每日新配
	甲磺酸达氟沙星	溶液	混饮：20～50毫克/升，1日1次，连用3天 内服：每千克体重5～10毫克，1日2次，连用3～5天	3	细菌和支原体感染	
	盐酸二氟沙星	可溶性粉/溶液		3	细菌性痢疾、支原体感染	
	硫氰酸红霉素	可溶性粉/溶液	混饮：125毫克/升，连用3～5天		革兰氏阳性菌、支原体感染	
	恩诺沙星	可溶性粉/溶液	混饮：25～75毫克/升，连用3～5天	2	细菌性疾病、支原体感染	避免与四环素、氯霉素、大环内酯类抗生素合用，避免与含铁、钴、镁药物或高价饲料合同同用

（续）

类别	药物名称	剂型	用法与用量	休药期（天）	用途	注意事项
抗菌药物	氟苯尼考	粉剂	内服：每千克体重20~30毫克，1天2次，连用3~5天	30	敏感细菌所致感染	
	氟甲喹	可溶性粉	内服：每千克体重3~5毫克，首次加倍，1日2次，连用3~4天		革兰氏阴性菌所致急性肠道、呼吸道病	
	吉他霉素	预混剂	混饲：促生长，5~10毫克/千克；治疗，100~300毫克/千克，连用5~7天		革兰氏阳性菌、支原体病；促生长	
	酒石酸吉他霉素	可溶性粉	混饮：250~500毫克/升，连用3~5天		革兰氏阴性菌、支原体病；促生长	
	硫酸新霉素	可溶性粉	混饮：50~75毫克/升	5	革兰氏阴性菌、支原体病；促生长	
		预混剂	混饲：77~154毫克/千克			
	牛至油	预混剂	混饲：22.5毫克/千克，连用7天治疗		大肠杆菌、沙门菌	
	盐酸土霉素	可溶性粉	混饮：150~250毫克/升，连用3~5天		霍乱、白痢、肠炎球虫等	
	延胡索酸泰妙菌素	可溶性粉	混饮：125~250毫克/升，连用3天	7	慢性呼吸道病	禁与莫能菌素、盐霉素等聚醚类抗生素混合使用

（续）

类别	药物名称	剂型	用法与用量	休药期（天）	用途	注意事项
抗菌药物	盐酸沙拉沙星	可溶性粉	混饮：50～100 毫克/升，连用 3～5 天		细菌及支原体感染	
	磺胺喹噁啉钠＋二甲氧苄啶	预混剂	混饲：（100＋20）毫克/千克，连用 10 天	1	大肠杆菌、沙门菌感染	
	复方磺胺嘧啶钠	可溶性粉	混饮：220 毫克/升，连用 5 天			
	酒石酸泰乐菌素	可溶性粉	混饮：500 毫克/升，连用 3～5 天	1	革兰氏阳性菌及支原体感染	

附录三 各国（地区）禁止使用的兽药和添加剂

国内外畜禽养殖中禁止使用的兽药和饲料添加剂的情况介绍如下。

（一）中国

2005年，农业部公布的在所有食品动物中禁止使用的兽药及其化合物清单如下：

（1）β-兴奋剂类 盐酸克仑特罗（瘦肉精）、沙丁胺醇、西马特罗及其盐、酯及制剂，所有用途；

（2）性激素类 己烯雌酚及其盐、酯及制剂，所有用途；

（3）具有雌激素样作用的物质 玉米赤霉醇、去甲雄三烯醇酮、醋酸甲孕酮及制剂，所有用途；

（4）氯霉素类 氯霉素及盐、酯（包括琥珀氯霉素）及制剂，所有用途；

（5）氨苯砜类 氨苯砜及制剂，所有用途；

（6）硝基呋喃类 呋喃唑酮、呋喃它酮、呋喃苯烯酸钠及制剂，所有用途；

（7）硝基化合物 硝基酚钠、硝呋烯腙及制剂，所有用途；

（8）催眠、镇静类 安眠酮及制剂，所有用途；

（9）各种汞制剂包括 氯化亚汞（甘汞）、硝酸亚汞、醋酸汞、吡啶基醋酸汞，杀虫剂使用；

（10）性激素类 甲基睾丸酮、丙酸睾酮、苯丙酸诺龙、苯甲酸雌二醇及其盐、酯及制剂，促生长使用；

（11）催眠、镇静类 氯丙嗪、地西泮（安定）及其盐、酯及制剂，促生长使用；

（12）硝基咪唑类 甲硝唑、地美硝唑及其盐、酯及制剂，促生长使用。

（二）欧盟

1996 年 4 月 29 日，96/22/EEC 指令规定禁止销售施用于动物的反二苯代乙烯及其衍生物、盐和酯以及甲状腺素类物质；禁止销售施用于其肉和制品拟供人类使用的动物的 β-促生长素；禁止以任何方式对饲养或水产养殖动物施用具有甲状腺素、雌激素、雄激素或孕激素作用的物质和促生长素，以及镇静剂（氟派酮）、β-兴奋剂（盐酸克伦特罗）。

1973 年，欧共体规定：青霉素、氨苄青霉素、头孢菌素、四环素类抗生素、磺胺类药物、喹诺酮类药物、三甲氧苄氨嘧啶、氨基糖苷类（新霉素、链霉素）和氯霉素类抗生素不宜做饲料添加剂。从 1997 年 4 月起，全面禁止使用阿伏霉素。1999 年禁止使用维吉尼霉素、磷酸泰乐菌素、螺旋霉素、杆菌肽锌、喹乙醇、卡巴氧为饲料添加剂。停止生产和使用 3 种促进增重的药物添加剂，它们是氯氟苄腺嘌呤、二硝甲苯酰胺（球痢灵）和异丙硝哒唑。2006 年 1 月停止使用 4 种抗生素饲料添加剂：莫能霉素钠、盐霉素钠、阿维霉素和黄霉素。现在，欧盟全面禁止使用洛硝哒唑和氯羟吡啶。

另外，欧盟只批准恩诺沙星、氟甲喹、马波沙星和达氟沙星用于家畜；恩诺沙星、二氟沙星、氟甲喹和噁喹酸用于家禽；批准恩诺沙星、二氟沙星和马波沙星用于伴侣动物；批准沙拉沙星和噁喹酸用于鱼。

（三）日本

日本肯定列表发布的不得检出物质名单有：2，4，5-涕（2，4，5 T）、三唑锡和三环锡、杀草强、敌菌丹、卡巴多司、香豆磷、氯霉素、氯丙嗪、己烯雌酚、二甲硝咪唑、丁酰肼、硝基呋喃类、苯胺灵、甲硝唑和罗硝唑。

日本对家禽禁止使用的药物有：氯羟吡啶、尼卡巴嗪、螺旋霉素、喹乙醇、甲砜霉素、噁喹酸（喹噁酸）、氨丙啉、磺胺喹恶啉、磺胺二甲基嘧啶、磺胺嘧啶、磺胺间甲基嘧啶（制菌磺）、磺胺-5-甲氧嘧啶、万能胆素、前列斯汀、甲苯、苯酚类消毒药，以及含有磺胺喹恶啉成分的药物等。

日本仅批准恩诺沙星、达氟沙星、奥比沙星、二氟沙星和恶喹酸用于家畜；批准用于家禽的有恩诺沙星、达氟沙星、氧氟沙星、马波沙星和恶喹酸；批准用于伴侣动物的有恩诺沙星和奥比沙星；批准用于鱼的有恶喹酸。

（四）美国

美国从1997年8月20日起，禁止将氟喹诺酮和氨基糖苷类药物作为非限制性药物使用。美国FDA公布了禁止在进口动物源性食品中使用的11种药物名单，具体包括：①氯霉素；②克仑特罗；③己烯雌酚；④地美硝唑；⑤异丙硝唑；⑥其他硝基咪唑类；⑦呋喃唑酮（外用除外）；⑧呋喃西林（外用除外）；⑨泌乳牛禁用磺胺类药物，但磺胺二甲氧嘧啶、磺胺溴甲嘧啶和磺胺乙氧嗪除外；⑩氟喹诺酮；⑪糖肽类抗生素，如万古霉素和阿伏霉素。

美国没有批准任何沙星类药物用于家畜和鱼类；仅批准恩诺沙星和沙拉沙星用于家禽；批准恩诺沙星、二氟沙星、马波沙星和奥比沙星用于伴侣动物。

（五）中国香港

中国香港《公众卫生（动物及禽鸟）（化学物残余）规例》规定禁止使用的7种药物是：盐酸克仑特罗、沙丁胺醇、氯霉素、阿伏霉素、己二烯雌酚、己烯雌酚和己烷雌酚。

从2001年12月31日起实施管制的10种药物分别是：磺胺类、四环素、土霉素、金霉素、强力霉素、羟氨苄青霉素、氨苄青霉素、苄青霉素、邻氯青霉素和双氯青霉素。

　　此外，澳大利亚没有批准任何沙星类药物用于家畜、家禽和鱼类；只批准恩诺沙星用于伴侣动物；加拿大仅批准恩诺沙星用于家禽和伴侣动物；英国禁止青霉素、金霉素、土霉素、磺胺类和呋喃类药物作饲料添加剂。

参 考 文 献

B. W. 卡文尼克 . 1999. 禽病学 [M] . 2 版 . 北京：中国农业出版社 .

陈溥言 . 2006. 兽医传染病学 [M] . 5 版 . 北京：中国农业出版社 .

陈五湖 . 2006. 扬州鹅对来源不同的日粮纤维消化利用研究 [D] . 扬州：扬州大学 .

胡元亮 . 2006. 中兽医学 [M] . 北京：中国农业大学出版社 .

孔繁瑶 . 1997. 家畜寄生虫病学 [M] . 2 版 . 北京：中国农业大学出版社 .

李文增，卢建，杨海明 . 2008. 我国养鹅业产业化存在问题的思考及对策 [J] . 家禽科学，9：3 - 5.

陆承平 . 2007. 兽医微生物学 [M] . 4 版 . 北京：中国农业出版社 .

王健 . 2002. 扬州鹅对日粮纤维消化利用的研究 [D] . 扬州：扬州大学 .

王志跃 . 2005. 养鹅生产大全 [M] . 南京：江苏科学技术出版社 .

王志跃 . 2006. 怎样养鹅赚钱多 [M] . 南京：江苏科学技术出版社 .

温学治，柏玉升，黄开华，等 . 2008. 扬州鹅规模化配套饲养技术 [J] . 中国禽业导刊，21：49.

杨光友 . 2005. 动物寄生虫病学 [M] . 成都：四川科学技术出版社 .

杨海明，居勇，施寿荣 . 2010. 鹅健康高效养殖 [M] . 北京：金盾出版社 .

杨宁 . 2002. 家禽生产学 [M] . 北京：中国农业出版社 .

张亚俊 . 2008. 纤维水平对仔鹅生产性能、消化道发育及养分利用的影响 [D] . 扬州：扬州大学 .

赵辉元 . 1996. 畜禽寄生虫与防治学 [M] . 长春：吉林科学技术出版社 .

中国兽药典委员会 . 中华人民共和国兽药典（2010 年版）[M] . 北京：中

国农业出版社.

周秀丽. 2004. 日粮中苜蓿、黑麦草和小麦麸含量对仔鹅生产性能及消化生
　理影响的研究 [D]. 扬州：扬州人学.

图1　10～15日龄鹅小鹅瘟病之肠管增粗，黏膜脱落呈明显的肠栓

图2　25～30日龄鹅亚急性小鹅瘟病之整个肠道黏膜脱落形成肠栓

图3　10～15日龄鹅副黏病毒病之肠道黏膜出血性溃疡

图4 280日龄鹅巴氏杆菌病之肝脏表面大量的灰白坏死灶

图5 280日龄鹅巴氏杆菌病之心脏严重出血坏死

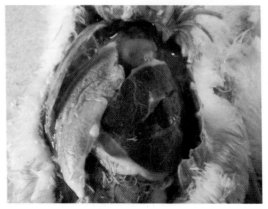

图6 15～25日龄鹅大肠杆菌病之肝脏肿胀、出血、坏死及渗出的纤维素性薄膜

图7 350日龄鹅大肠杆菌病（蛋子瘟）之腹腔内大量干酪样或脓性分泌物

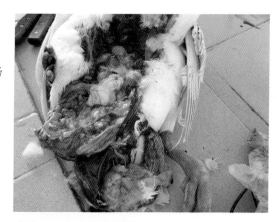

图8 300日龄鹅沙门氏菌病之泄殖腔弥漫性糠麸样溃疡

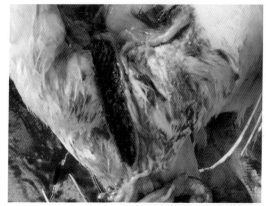

图9 10～15日龄鹅链球菌病之心尖出血

图10 10～15日龄
鹅链球菌病
之胰腺肿胀
出血

图11 20～25日龄鹅
曲霉菌病之
肺脏充血并
布满灰黄色
结节

图12 20～25日龄鹅
曲霉菌病之
胸部气囊及
浆膜上的曲
霉菌结节